看懂中國企業的財務報表分析
實訓
第二版

主編 韋秀華

崧燁文化

再版前言

　　本書分上下兩篇：上篇爲案例分析點評篇，通過兩個上市公司的實際案例系統地介紹了企業財務報表分析的基本方法，重點闡述了從財務能力、財務結構等方面評價企業財務狀況的一般思路。下篇爲基礎訓練和實訓篇，分償債能力分析、營運能力分析、盈利能力分析、獲現能力分析、發展能力分析和綜合分析六大模塊。其中，基礎訓練是爲課程的同步訓練而設計，分單項選擇、多項選擇、判斷、計算與分析等類型，通過本篇的訓練，爲學習后面的案例實訓奠定基礎。每個模塊均設計若干個上市公司的實際案例，以此營造一個企業財務分析的實訓環境，增強學生的實際應用能力。總之，我們的初衷旨在通過「案例點評—基礎訓練—案例實訓」這樣一個學習步驟，完成「示範—實踐」這樣一個實訓教學過程，使學生能更好地將理論與實踐緊密結合，迅速提高其財務分析的能力。

　　本書可作爲財經院校特別是高職高專院校經濟類專業財務報表分析課程的實訓教材；同時，對所有想通過案例分析方法來提升其財務分析能力的朋友也有一定的參考價值。

　　最后，希望《企業財務報表分析實訓（第二版）》一書能對您學習和工作有所幫助，衷心地希望您對書中可能出現的錯漏提出寶貴意見。

編者

目 錄

上篇 案例分析點評

案例一 招商局地產控股股份有限公司 2009 年財務狀況綜合分析 …（3）

案例二 亨通光電與三維通信財務狀況對比分析 ……………（66）

下篇 基礎訓練與實訓

模塊一 償債能力分析 ………………………………………（111）
　【實訓目的】………………………………………………（111）
　【分析內涵】………………………………………………（111）
　【基礎訓練】………………………………………………（113）
　【實訓案例】………………………………………………（120）

模塊二 營運能力分析 ………………………………………（145）
　【實訓目的】………………………………………………（145）
　【分析內涵】………………………………………………（145）
　【基礎訓練】………………………………………………（147）
　【實訓案例】………………………………………………（150）

模塊三 盈利能力分析 ………………………………………（152）
　【實訓目的】………………………………………………（152）
　【分析內涵】………………………………………………（152）
　【基礎訓練】………………………………………………（155）
　【實訓案例】………………………………………………（160）

模塊四 獲現能力分析 ………………………………………（163）
　【實訓目的】………………………………………………（163）
　【分析內涵】………………………………………………（163）

目 錄

【基礎訓練】……………………………………………………（164）

【實訓案例】……………………………………………………（169）

模塊五　發展能力分析 ……………………………………（175）

【實訓目的】……………………………………………………（175）

【分析內涵】……………………………………………………（175）

【基礎訓練】……………………………………………………（177）

【實訓案例】……………………………………………………（179）

模塊六　綜合分析 …………………………………………（185）

【實訓目的】……………………………………………………（185）

【基礎訓練】……………………………………………………（185）

【實訓案例】……………………………………………………（187）

附錄一　2009—2010年年度中國上市公司業績評價標準 ………（264）

附錄二　2008—2010年年度中國上市公司分行業財務指標平均值 …
………………………………………………………………（267）

參考文獻 …………………………………………………………（272）

上篇
案例分析點評

案例一 招商局地產控股股份有限公司 2009 年財務狀況綜合分析

【案例分析目標】

通過本案例讀者能明確財務報表分析的基本內容，掌握企業財務狀況評價的方法，並從中尋找企業存在的財務問題，預測企業的發展前景。

【案例分析資料】

【資料一】招商局地產控股股份有限公司 2009 年年度報告相關資料

下面是招商局地產控股股份有限公司 2009 年年報中的主要內容：

招商局地產控股股份有限公司 2009 年年度報告（摘要）

一、公司基本情況（如表 1-1 所示）

表 1-1　　　　　　　　　　公司基本情況表

股票簡稱	招商地產、招商局 B
股票代碼	000024、200024
上市交易所	深圳證券交易所
註冊地址	深圳南山區蛇口工業區興華路 6 號南海意庫 3 號樓
註冊地址郵政編碼	518067
辦公地址	深圳南山區蛇口工業區興華路 6 號南海意庫 3 號樓
辦公地址的郵政編碼	518067
公司國際互聯網網址	http://www.cmpd.cn
電子郵箱	investor@cmpd.cn

二、會計數據和業務數據摘要

(一) 主要會計數據（如表1-2所示）

表1-2　　　　　　　　　　主要會計數據

指標項目年度	2009年（元）	2008年（元）	本年比上年增減（%）	2007年（元）
營業總收入	10,137,701,049	3,573,184,200	183.72	4,111,644,668
利潤總額	2,273,730,035	1,301,864,971	74.65	1,454,440,222
歸屬於上市公司股東的淨利潤	1,644,143,880	1,227,615,829	33.93	1,157,877,638
歸屬於上市公司股東的扣除非經常性損益的淨利潤	1,654,768,378	1,254,636,882	31.89	1,069,028,729
經營活動產生的現金流量淨額	7,054,731,333	-3,919,843,675	279.97	-4,002,591,582
總資產	47,897,160,497	37,437,014,995	27.94	25,107,163,682
歸屬於上市公司股東的股東權益	16,278,736,754	14,862,746,365	9.53	7,902,920,455
股本	1,717,300,503	1,717,300,503	0	844,867,002

(二) 主要財務指標（如表1-3所示）

表1-3　　　　　　　　　　主要財務指標

指標	2009年	2008年	本年比上年增減	2007年
基本每股收益（元/股）	0.96	0.94	2.13%	1.08
稀釋每股收益（元/股）	0.96	0.94	2.13%	1.01
扣除非經常性損益後的基本每股收益（元/股）	0.96	0.96	0	0.99
加權平均淨資產收益率	10.54%	13.70%	-3.16%	21.77%
扣除非經常性損益後加權平均淨資產收益率	10.61%	14.01%	-3.40%	20.10%
每股經營活動產生的現金流量淨額（元/股）	4.11	-2.28	280.26%	-4.74
指標項目年度	2009年	2008年	本年比上年增減	2007年
歸屬於上市公司股東的每股淨資產（元/股）	9.48	8.65	9.60%	9.35

(三) 按國際會計準則調整對淨利潤和淨資產的影響（未經審計，如表1-4所示）

表1-4　　　　按國際會計準則調整對淨利潤和淨資產的影響　　　　單位：元

項目	歸屬於上市公司股東的淨利潤		歸屬於上市公司股東的淨資產	
	2009年	2008年	2009年年末	2008年年末
按國際財務報告準則	1,644,143,880	1,227,615,829	17,618,565,983	16,202,575,594

表1-4(續)

項目	歸屬於上市公司股東的淨利潤		歸屬於上市公司股東的淨資產	
	2009年	2008年	2009年年末	2008年年末
按中國會計準則	1,644,143,880	1,227,615,829	16,278,736,754	14,862,746,365
境內外會計準則差異	—	—	1,339,829,229	1,339,829,229
其中：商譽調整	—	—	1,339,829,229	1,339,829,229
境內外會計準則差異說明	根據國際財務報告準則及中國會計準則計算的歸屬於上市公司股東的淨利潤沒有差異，根據國際財務報告準則對歸屬於上市公司股東的淨資產進行調整的主要原因是：根據中國會計準則及其相關規定，同一控制下企業合併產生的股權投資差額應當調整資本公積，而國際財務報告準則對合併產生的商譽作爲資產單獨列示			

三、股本變動及股東情況

（一）股份變動情況（如表1-5所示）

表1-5　　　　　　　　　　股份變動情況　　　　　　　　　　單位：股

	本報告期變動前		報告期變動增減（+，-）				本報告期變動後	
	數量（股）	比例(%)	送股	公積金轉股	其他（股）	小計（股）	數量（股）	比例(%)
一、有限售條件股份	929,481,534	54.12	—	—	-42,050	-42,050	929,439,484	54.12
1. 國家持股	—	—						
2. 國有法人持股	731,298,105	42.58	—	—	—	—	731,298,105	42.58
3. 其他內資持股								
其中：境內非國有法人持股								
境內自然人持股								
4. 外資持股	197,709,640	11.51	—	—	-200	-200	197,709,440	11.51
其中：境外法人持股	197,709,640	11.51	—	—	-200	-200	197,709,440	11.51
境外自然人持股								
5. 高管持股	473,789	0.03	—	—	-41,850	-41,850	431,939	0.03
二、無限售條件股份	787,818,969	45.88			42,050	42,050	787,861,019	45.88
1. 人民幣普通股	646,407,544	37.64			26,850	26,850	646,434,394	37.64
2. 境內上市的外資股	141,411,425	8.24			15,200	15,200	141,426,625	8.24
3. 境外上市的外資股	—	—						
4. 其他								
三、股份總數	1,717,300,503	100.00					1,717,300,503	100.00

說明：

（1）有限售條件中的外資持股系蛇口工業區下屬子公司持股，報告期變化數爲其券商對年初數的統計差異；

（2）報告期內，公司前任監事持有的有限售條件股份解除限售，轉入無限售條件股份；

（3）有限售條件的股份包括：蛇口工業區直接持有的A股693,419,317股和間接

持有的 B 股 197,709,440 股；漳州開發區直接持有 A 股 37,878,788 股；高管持有的 A 股 238,664 股，B 股 193,275 股。

限售股份變動情況表略。

(二) 前 10 名股東、前 10 名無限售條件股東持股情況（如表 1-6 所示）

表 1-6　　　　前 10 名股東、前 10 名無限售條件股東持股情況　　　　單位：股

股東總數	94,965 戶（其中，A 股 85,810 戶，B 股 9,155 戶）			
前 10 名股東情況				
股東名稱	股東性質	持股比例	持股總數	持有有限售條件股份數	質押或凍結的股份數量
蛇口工業區	國有法人	40.38%	693,419,317	693,419,317	無
全天域投資	境外法人	5.48%	94,144,050	94,144,050	無
招商證券香港有限公司	境外法人	2.97%	50,479,885	49,242,245	無
漳州開發區	國有法人	2.21%	37,878,788	37,878,788	無
FOXTROT INTERNATIONAL LIMITED	境外法人	1.61%	27,720,000	27,720,000	無
ORIENTURE INVESTMENT	境外法人	1.55%	26,603,145	26,603,145	無
鵬華優質治理股票型證券投資基金（LOF）	境內非國有法人	1.10%	18,839,837	0	未知
中國人壽保險股份有限公司——分紅——個人分紅——005L-FH002	境內非國有法人	0.99%	17,000,115	0	未知
鵬華價值優勢股票型證券投資基金	境內非國有法人	0.78%	13,371,593	0	未知
中國人壽保險股份有限公司——傳統——普通保險產品——005L-CT001	境內非國有法人	0.66%	11,405,620	0	未知

持股情況說明	招商證券香港有限公司持有的 49,242,245 股系達峰國際委託買入		
前 10 名無限售條件股東ふ		
股東名稱	持有無限售條件股份數量	股份種類
鵬華優質治理股票型證券投資基金（LOF）	18,839,837	A 股
中國人壽保險股份有限公司——分紅——個人分紅——005L-FH002	17,000,115	A 股
鵬華價值優勢股票型證券投資基金	13,371,593	A 股
中國人壽保險股份有限公司——傳統——普通保險產品——005L-CT001	11,405,620	A 股
富國天瑞強勢地區精選混合型開放式證券投資基金	10,137,461	A 股
華夏藍籌核心混合型證券投資基金（LOF）	9,602,600	A 股

表1-6(續)

鵬華動力增長混合型證券投資基金	9,410,467	A股
景順長城精選藍籌股票型證券投資基金	9,367,100	A股
DREYFUS PREMIER INVESTMENT FDS INC. - DREYFUS GREATERCHINA FD	8,378,941	B股
景順長城鼎益股票型開放式證券投資基金	8,079,699	A股
上述股東關聯關係或一致行動的說明	1. 鵬華優質治理股票型證券投資基金、鵬華價值優勢股票型證券投資基金、鵬華動力增長混合型證券投資基金同屬鵬華基金管理有限公司管理 2. 景順長城精選藍籌股票型證券投資基金、景順長城鼎益股票型開放式證券投資基金同屬景順長城基金管理有限公司管理	

(三) 公司控股股東及實際控制人情況簡介

(1) 控股股東：蛇口工業區。
法定代表人：傅育寧。
註冊時間：1992年2月。
註冊資本：22.36億元。
經營範圍：交通運輸、工業製造、金融保險、對外貿易、房地產、郵電通信、旅遊、文藝演出、有限廣播電視業務、酒店和其他各類企業的投資和管理；碼頭、倉儲服務；所屬企業產品的銷售和所需設備、原材料、零配件的供應和銷售；舉辦體育比賽；提供與上述業務有關的技術、經營、法律諮詢和技術、信息服務。

(2) 實際控制人：招商局集團。
法定代表人：秦曉。
註冊時間：1986年10月。
註冊資本：63億元。
經營範圍：水陸客貨運輸及代理、水陸運輸工具、設備的租賃及代理、港口及倉儲業務的投資和管理，海上救助、打撈、拖航；工業製造；船舶、海上石油鑽探設備的建造、修理、檢驗和銷售；鑽井平臺、集裝箱的修理、檢驗；水陸建築工程和海上石油開發工程的承包、施工及後勤服務；水陸交通運輸設備及相關物資的採購、供應和銷售；交通進出口業務；金融、保險、信託、證券、期貨行業的投資和管理；投資管理旅遊、酒店、飲食業及相關服務業；房地產開發及物業管理、諮詢業務；石油化工業務投資管理；交通基礎設施投資及經營；境外資產經營；開發和經營管理深圳蛇口工業區、福建漳州開發區。

四、董事、監事、高級管理人員和員工情況（略）

五、董事會報告

(一) 管理層討論與分析

1. 2009年經營環境分析

從年初的「危機重重」，到明顯的「V」型反轉，中國宏觀經濟在挑戰和壓力中成功走過了2009年。而中國房地產市場在2009年更是經歷了一個從低迷到迅速升溫的

行情，為宏觀經濟的企穩回升發揮了舉足輕重的作用。房地產市場逐步繁榮的動力來自國家積極的財政政策和適度寬鬆的貨幣政策。然而，經濟刺激計劃促進中國房地產乃至中國經濟回穩的同時也帶來了通貨膨脹預期和部分城市資產價格泡沫隱患。公司認為，資產價格泡沫的積聚不利於行業的健康發展，因此，政府推出調控政策勢在必行。公司相信，在全社會共同努力下，中國的房地產業必將健康前行。

2009年，招商局地產控股股份有限公司（以下簡稱「招商地產」）25歲了。從精耕蛇口到佈局全國，公司繼承了招商局一貫的穩健經營風格，並以先進的經營理念，精益求精的專業追求，敢於擔當、注重人文關懷的核心價值觀，錘煉成一個穩健但不乏個性的企業。25年的歷練，逐漸形成了有招商地產特色的核心競爭力。

作為國務院國有資產監督管理委員會（以下簡稱「國資委」）保留的16家以「房地產開發與經營」為主營業務的央企之一，公司是招商局集團下屬的唯一經營房地產業務的平臺。招商局集團力爭將公司打造成一個有實力、有責任的地產旗艦，在資源及資金的獲取上，集團憑藉其較為強大的綜合實力將逐漸加大對公司的支持力度，成為公司發展的強大后盾。

公司的優勢還來自多年經營累積並逐步成熟的「住宅與商業並舉模式」「綠色地產技術」和「社區綜合開發」經驗。公司在經營房地產開發銷售業務的同時逐年增加商業租賃物業，目前擁有約70萬平方米可租物業，大部分集中在蛇口海上世界商業圈。隨著2010年蛇口地鐵開通的臨近及深港合作一體化的深入，公司的商業出租物業增值空間非常廣闊。未來，大股東對建設蛇口太子灣國際郵輪母港和海上世界中央商務區（CBD）的大手筆規劃，以及其他城市商業地產的逐步增加，將給公司商業地產業務的發展提供更充足的資源，並為公司金融創新、融資渠道多元化提供新的空間。

綠色地產技術的領先和實踐，使公司產品更具有獨特的競爭力。在綠色地產技術方面，公司走在了同行的前列，可以說是國內「綠色地產」的領跑者。緣於對行業乃至城市的可持續發展的思考與擔當，對新的居住以及房地產開發模式的不斷探索，公司於2004年至2009年分別以「可持續發展的理念與實踐」「綠色社區和諧家園」「綠色建築循環經濟」「綠色實踐城市再生」「綠色開發城市更新」「綠色新城低碳發展」為主題舉辦了六次「中外綠色地產論壇」。歷經六屆，中外綠色地產論壇已經成為境內外生態開發和綠色建築領域內的專家、學者以及媒體的年度盛會，也是目前中國綠色開發領域學術水平最高的公益性國際會議之一。在倡導綠色地產理念的同時，公司積極應用綠色技術，建造「綠色建築」。通過採用溫濕度獨立控制空調、太陽能光伏電池、集中新風系統等各種不同的節能技術，公司在探索實踐中建造出像深圳泰格公寓、廣州金山谷、深圳南海意庫等一批高舒適、低能耗的綠色建築，並獲得了行業認可和高度的評價。從2001年至今，公司獲得了37項省級以上的「綠色榮譽」，其中廣州金山谷項目更是榮獲2009年聯合國人居署頒發的聯合國HBA「人居最佳範例獎」，這是中國唯一當選的獲獎項目，且全球僅有5個項目獲此殊榮。目前，公司正在全國各個項目中推廣綠色技術體系，使之標準化、普及化，著力打造更多的綠色節能建築。

社區綜合開發，仍然是公司突出的優勢所在。社區綜合開發理念解決了對居民生活多樣需求的整體大循環問題，使社區具有很強的凝聚力和多重社會功能，為社區開發提供一套最為合適的綜合解決方案，為社區賦予真正的活力和良性運作的發展動力。蛇口這11平方千米就是最好的例證。如今，公司正在嘗試將綜合社區開發方式有選擇

地複製到其他地區的項目中，成為進行異地擴張的核心競爭力。在廣州金山谷、蘇州小石城、重慶江灣城、北京公園1872都可以看到產品類型多樣、涵蓋面廣的大型社區正在形成。

對公司而言，隨著規模化發展和經營管理流程的逐步成熟，現正步入「精細化管理」的階段。2009年公司重點加強了對成本、行銷、服務三項能力的提升，做到全過程成本控制、全員行銷、全員服務。

降低成本是企業管理的永恆主題之一。2009年公司深入開展持續降低成本工作，優化成本目標管理體系，執行從項目總投資、成本估算、成本目標、執行預算四階段的控制體系，逐級降低目標成本，並針對成本細項的主要環節提出改進方案，特別是做實策劃設計源頭階段的成本控制，對主體結構、公共部位裝修、會所、樣板房及景觀工程等影響成本關鍵環節和主要要素執行限額設計，從設計環節把控主要成本項，有效降低了項目的目標成本。在費用管理方面，公司執行預算剛性管理，嚴控行政開支，實行「總額和可控費用分項雙不突破」的嚴格管理，有效控制了管理費用的增長。

繼2008「銷售年」之後，2009年公司提出全員行銷的口號。在市場乏力的年初，公司謹慎而不悲觀，堅持「靈活應對、快速反應」的銷售策略，全面建設公司全國行銷體系，形成專業的銷售技術共享平臺。之後，隨著市場出現復甦跡象，公司及時提出「把握時機、加速銷售」的階段性策略。銷售策略和銷售力度及時調整，公司全年銷售總額完成近150億元。

2009年是公司的「服務年」。公司通過推行「鬱金香行動」，從準交樓、入伙、投訴處理三大關鍵環節落實十一項措施，如舉辦「客戶開放日」、設立「項目經理接待處」、開通「保修綠色通道」，致力於進一步建立有招商地產特色的服務體系。公司首先啟動了PDA驗房系統和制度，不僅將驗房所有環節的信息全部系統化、實效化，而且將客戶反饋的所有信息全部電子化和檔案化，全方位與客戶信息無縫對接；設置了完善的監督體系，所有服務內容均納入公司內部考核體系。「鬱金香行動」整合併提升了「客戶服務」的多項內涵，兌現了公司「家在情在」的諾言，贏得了客戶的認可與肯定，具體表現為商品房交付時客戶問題的明顯降低，客戶的滿意度不斷提升。

公司一貫堅持「規模、質量、效益」均衡發展的原則。公司對滿足企業發展所需的土地、資金、債務等關鍵要素建立了均衡發展關係的財務模型，為防範經營和財務風險起到了重要作用。公司繼續進行多元化融資，滿足生產經營對資金的需求。抓住有利時機優化債務結構，增加中長期借款在有息債務中的比重，截至報告期末，公司中長期借款占總借款的70%且多數為固定利率；通過鎖定借款期限和利率，較有效地控制資金成本，為公司的后續發展提供強有力的支持。

面對火爆的土地市場，公司始終遵循穩健儲地的原則，在堅持積極爭取的同時保持清醒的頭腦，謹慎拿地。2009年公司通過合作競拍等方式取得重慶彈子石地塊、天津靖江路地塊等各城市核心地段的六幅土地，新增規劃建築面積196萬平方米，其中權益建築面積為108萬平方米，為公司的可持續發展儲備了資源。

2. 公司經營情況回顧

（1）總體經營情況

2009年，公司面對行業形勢的快速轉變，積極洞察和把握行業復甦時機，適時調整開發節奏和銷售策略，以市場為導向，以服務為主題，開發和銷售都實現了突破，

取得了良好的經營業績。全年實現營業收入總額101.38億元，歸屬於上市公司股東的淨利潤16.44億元，較2008年同期增長34%。

營業收入中：商品房銷售收入為84.90億元，結算面積為62.48萬平方米。商品房銷售收入含按建造合同確認的尚未結算的項目收入為0.53億元，本期尚未結算；投資性物業租賃收入為4.83億元，租賃面累積計達661萬平方米；園區供電銷售收入為5.99億元，售電77,606萬度；園區供水銷售收入為0.65億元，售水2,556萬噸。

報告期內，公司取得了不俗的銷售業績，完成房地產簽約銷售金額148.42億元，銷售面積121.19萬平方米，平均售價約12,247元/平方米，銷售業績超額完成年初計劃，銷售金額和銷售面積分別較去年增長131%和172%。

（2）主營業務經營情況

①房地產開發與銷售

報告期內，公司在11個城市同時進行房地產開發，截至2009年年末，公司在售面積為21.4萬平方米，在建面積為357萬平方米。

②投資性物業的經營

受金融危機影響，2009年投資性物業的整體出租率有所下降，對此，公司採取措施提升服務品質，積極維護優質老客戶，使租金單價比上年有所增加，一定程度上抵消了出租率下滑對業績造成的負面影響。通過努力，全年完成租金收入4.83億元，累積出租面積661萬平方米，主要經營指標與2008年基本持平。2009年投資性物業概況如表1-7所示。

表1-7　　　　　　　　　2009年投資性物業概況

物業類別	可租面積（萬平方米）	累計出租面積（萬平方米）2009年	累計出租面積（萬平方米）2008年	出租率（%）2009年	出租率（%）2008年
公寓	11.07	92.18	101.31	69	81
別墅	6.59	59.49	68.90	75	87
寫字樓	19.92	179.03	181.74	74	75
商鋪	17.05	180.63	186.92	88	95
廠房及其他	15.63	149.93	149.08	82	86
合計	70.26	661.26	687.95	79	84

③園區供電供水

受園區內工業用戶遷移、水電用戶結構調整的影響，供電供水業務量2009年仍有一定幅度的下降。全年售電量為77,606萬度，實現售電收入59,949萬元；全年售水量2,556萬噸，實現售水收入6,541萬元。近年供電、供水業務量情況如表1-8所示。

表1-8　　　　　　　　近年供電、供水業務量一覽表

業務名稱	單位	2009年	2008年	比上年增減（%）
供電量	萬度	77,606	84,146	-7.77
供水量	萬噸	2,556	2,841	-10.04

④物業管理

2009年年度,公司物業管理以配套地產業務爲核心,抓住「客戶服務年」主題,以提升品質爲工作主線,通過安全保品質、培訓促品質、創新升品質,用高品質服務地產新項目、拓展市場新項目、穩固重要在管項目,實現了客戶滿意程度高的目標。全年實現管理收入3.83億元,較2008年同期增長27%。物業管理面積變動情況如表1-9所示。

表1-9　　　　　　　　　　物業管理面積變動表

業務分類	2009年（萬平方米）	2008年（萬平方米）	比上年增減（%）
委託管理	996	869	14.61
顧問管理	188	588	-68.03

（3）主營業務分行業產品情況表（如表1-10所示）

表1-10　　　　　　　　　主營業務分行業產品情況表

分行業	營業收入（萬元）	營業成本（萬元）	毛利率（%）	營業收入比上年增減（%）	營業成本比上年增減（%）	毛利率比上年增減百分點
房地產開發銷售	848,983	480,325	43	338	392	-7
出租物業經營	48,251	25,731	47	-4	-1	-1
房地產仲介	12,737	9,104	29	112	61	23
園區供電供水	66,491	48,597	27	-12	-9	-3
物業管理	38,279	31,442	18	27	22	4
工程施工收入	1,340	1,327	1	—	—	—

（4）主營業務分地區情況表（如表1-11所示）

表1-11　　　　　　　　　主營業務分地區情況表

地區	營業收入（萬元）	營業收入比上年增減（%）
環渤海地區	116,893.00	85.61
長三角地區	270,944.00	425.09
珠三角地區	605,659.00	165.13
其他地區	20,174.00	45.23
合計	1,013,770.00	183.72

（5）採取公允價值計量的項目（如表 1－12 所示）

表 1－12　　　　　　　採取公允價值計量的項目　　　　　　單位：元

項目	期初金額	本期公允價值變動損益	計入權益的累計公允價值變動	本期計提的減值	期末金額
金融資產					
1. 以公允價值計量且其變動計入當期損益的金融資產	97,331,980.00	－90,894,501.00	—	—	6,437,479.00
其中：衍生金融資產	97,331,980.00	－90,894,501.00			6,437,479.00
2. 可供出售金融資產	1,743,773.00	—	3,154,467.00	—	4,898,240.00
金融資產小計	99,075,753.00	－90,894,501.00	3,154,467.00	—	11,335,719.00
金融負債	0.00	12,769,002.00	—	—	12,829,413.00
合計	99,075,753.00			—	－1,493,694.00

（6）募集資金使用情況

2008 年公司使用的募集資金包括：2007 年非公開發行 A 股股票募集資金和 2008 年公開發行股票募集資金，募集資金投資重大項目、項目進度及收益情況如表 1－13、表 1－14 所示。

表 1－13　2007 年非公開發行 A 股股票募集資金投資項目、項目進度及收益情況

單位：萬元

實際募集資金總額	229,217	本年度已使用募集資金總額		16,439	
		已累計使用募集資金總額		221,166	
承諾項目	是否變更項目	擬投入金額	實際投入金額	是否符合計劃進度	預計收益總額	實現收益總額
收購深圳招商地產 5% 股權	否	40,000	40,000	是	N/A	11,251
收購新時代廣場寫字樓	否	88,000	88,000	是	16,491	5,302
收購美倫公寓土地使用權並開發建設	否	25,000	16,949	見說明 3	6,793	—
海月華庭	否	33,000	33,000	是	14,733	15,137
南京依雲溪谷 1~2 期（原仙林項目）	否	43,217	43,217	是	16,116	21,350
合計	—	229,217	221,166			53,040

表1-13(續)

是否達到計劃進度和預計收益的說明	1. 公司原募集說明書預計深圳招商地產2007年之后淨利潤可保持穩定增長。深圳招商地產2007年年度、2008年年度和2009年年度實現的歸屬於母公司股東的淨利潤分別爲91,473萬元、57,876萬元和117,487萬元,2009年度的淨利潤高於2008年度的淨利潤 2. 新時代廣場寫字樓於2007年年度、2008年年度及2009年年度實現收益分別爲659萬元、2,226萬元及2,417萬元。由於公司購入新時代廣場后採用更爲穩健的折舊政策,該樓宇年折舊額較上市公告書中測算效益相關的年折舊額高782萬元,且上市公告書中測算效益時使用的稅率系15%,低於實際稅率。如按上市公告書中折舊和稅率口徑計算,2007年、2008年及2009年新時代廣場實現收益基本達到預期收益水平 3. 因爲募集資金到位比預計的晚,美倫公寓項目的募集資金使用進度比預計的延后。截至2009年12月31日,美倫公寓項目正在開發中,尚未產生效益 4. 依雲溪谷承諾效益包括兩期項目收益,共計16,116萬元,其中承諾依雲溪谷一期淨利潤爲4,945萬元,依雲溪谷二期淨利潤爲11,171萬元。截至2009年12月31日,依雲溪谷一期累計結轉銷售面積比例爲98%,依雲溪谷二期累計結轉銷售面積比例爲100%,兩期項目共實現淨利潤21,350萬元,達到預期收益水平
變更原因及變更程序說明	無變更
尚未使用的募集資金用途及去向	截至2009年12月31日,公司尚未使用的募集資金爲8,051萬元,占所募集資金總額的3.51%。尚未使用的募集資金將於2010年陸續投入於美倫公寓項目中

表1-14　2008年公開發行股票募集資金投資項目、項目進度及收益情況　　單位:萬元

實際募集資金總額	577,722	本年度已使用募集資金總額	140,889
		已累計使用募集資金總額	487,713

承諾項目	是否變更項目	擬投入金額	實際投入金額	是否符合計劃進度	預計收益總額	實現利潤總額
花園城數碼大廈	否	22,722	21,006	是	—	-206
花園城五期	否	22,000	22,000	是	8,830	N/A
科技大廈二期	否	16,000	16,000	是	—	N/A
招商局廣場(原領航塔)	否	44,000	44,000	是	31,973	N/A
伍兹公寓(原領航園)	否	34,000	32,086	是	13,462	N/A
維景灣	否	130,000	93,660	是	52,198	N/A
招商觀園	否	40,000	21,815	是	50,523	N/A
招商瀾園	否	70,000	60,653	是	37,115	N/A
天津星城(原衛津南路)	否	60,000	55,374	是	111,088	7,455
招商江灣城	否	40,000	40,000	是	68,424	N/A
依雲水岸三期	否	26,000	20,406	是	15,088	7,610
招商南橋雅苑(原南橋項目)	否	35,000	30,740	是	18,653	N/A
招商雍華苑(原顓橋項目)	否	38,000	29,973	是	27,485	N/A
合計	—	577,722	487,713			

表1-14(續)

預計收益的說明	1. 花園城數碼大廈項目全部用於出租，投資回收期約爲14年（含建設期），承諾內部收益率爲8.93%。花園城數碼大廈於2009年11月開始對外出租，由於仍處於租賃推廣期，因此2009年尚未達到預期收益 2. 科技大廈2期項目全部用於出租，投資回收期約爲14年（含建設期），承諾內部收益率爲8.88% 3. 截至2009年12月31日，天津星城項目累計結轉銷售面積比例爲11%，實現淨利潤7,455萬元，預計全部結轉可達到預期收益 4. 截至2009年12月31日，依雲水岸三期累計結轉銷售面積比例爲100%，實現淨利潤7,610萬元，依雲水岸三期於2008年8月開盤，由於2008年年度經濟形勢有悖於預期，因此未達到預期收益 5. 截至2009年12月31日，除花園城數碼大廈項目、天津星城項目和依雲水岸三期項目外，其他募集資金投資項目均在開發中，尚未實現效益
變更原因及變更程序說明	無變更
尚未使用的募集資金用途及去向	截至2009年12月31日，公司尚未使用的募集資金爲90,009萬元，占所募集資金總額的15.58%。尚未使用的募集資金將於2010年陸續投入9個尚未投入的項目中

(7) 非募集資金投資重大項目、項目進度及收益情況（如表1-15所示）

表1-15　　非募集資金投資重大項目、項目進度及收益情況

項目名稱	2009年投資（萬元）	投資額較上年增長（%）	項目進度	2009年收益情況
南京G67項目	143,181	—	前期策劃	—
天津靖江路項目	66,206	—	前期策劃	—
漳州南炮臺項目	63,269	—	前期策劃	—
深圳尖崗山項目	54,654	—	前期策劃	—
佛山依雲水岸	49,057	42	一期已竣工入伙，二期主體施工	實現毛利6,762萬元
北京公園1872	37,338	27	一期9號樓竣工入伙，其餘尚在施工	實現毛利1,308萬元
北京溪城家園	33,418	19	一期主體封頂	
蘇州小石城	28,673	20	一期已竣工入伙，二、三期已開工	實現毛利11,726萬元
廣州金山谷	28,483	27	一期已竣工入伙，二、三期已開工	實現毛利16,510萬元
曦城二至五期	28,379	9	二期已竣工入伙，三、四期已開工	實現毛利54,425萬元
珠海招商花園城一期（A）	24,864	135	主體施工	
深圳招商果嶺花園	22,251	116	前期策劃	
依山郡	21,357	99	已竣工入伙	實現毛利14,753萬元

表1-15(續)

項目名稱	2009年投資(萬元)	投資額較上年增長(%)	項目進度	2009年收益情況
珠海招商花園城二、三期（B）	15,668	58	已開工	—
招商海灣花園	13,312	23	已開工	—
上海海德花園二至四期	11,213	9	二期及三期北區已竣工入伙，三期南區主體施工	實現毛利5,443萬元
佛山依雲上城	9,183	6	一期主體施工	—
蘭溪谷二期	7,513	12	已竣工	實現毛利50,415萬元
天津西康路36號	6,555	20	別墅已竣工入伙，其余尚在施工	實現毛利9,242萬元
重慶招商花園城	3,907	31	前期策劃	—
蘭溪谷二期二號地塊	3,176	20	主體已封頂	—

（二）公司財務狀況分析

1. 財務狀況變動情況分析（如表1-16所示）

表1-16　　　　　　　　　財務狀況變動情況

項目	2009年(萬元)	2008年(萬元)	變動幅度(%)	主要影響因素
交易性金融資產	644	9,733	-93	因本期NDF合同交割減少及NDF市場價格波動而減少
預付款項	875	2,832	-69	預付工程款減少
其他應收款	192,651	77,851	147	預付拍地保證金及定金增加
其他流動資產	62,480	22,760	175	因房地產銷售收入增加致預繳稅金增加
在建工程	1,925	3,961	-51	在建工程竣工轉入固定資產
遞延所得稅資產	29,049	4,088	611	預提土地增值稅產生的暫時性差異確認的遞延
短期借款	137,293	361,396	-62	因本期歸還部分借款而減少
應付票據	25,790	14,329	80	本期新增銀行承兌匯票
應付帳款	270,552	186,369	45	應付地價款及工程款增加
預收款項	949,846	273,147	248	預收售房款增加
應付職工薪酬	16,283	12,190	34	職工薪酬增加
應交稅費	58,986	27,055	118	應付所得稅及營業稅增加
應付利息	2,187	4,105	-47	銀行借款減少所致
應付股利	10,775	878	1,127	子公司應付少數股東利潤增加

表1-16(續)

項目	2009年(萬元)	2008年(萬元)	變動幅度(%)	主要影響因素
其他應付款	583,533	315,457	85	子公司少數股東投入的項目墊款及關聯公司借款增加
其他流動負債	184,356	45,907	302	因房地產銷售收入增加致預提土地增值稅增加
長期應付款	4,647	3,329	40	應付本體維修基金增加
少數股東權益	202,330	141,676	43	合作項目註冊資本及實現利潤增加所致

2. 資產負債構成情況分析（如表1-17所示）

表1-17　　　　　　　　　資產負債構成情況

項目	2008年 金額(萬元)	2008年 占總資產比重(%)	2009年 金額(萬元)	2009年 占總資產比重(%)	比重變化百分比	主要影響因素
貨幣資金	948,949	20	738,913	20	—	預收售房款增加
存貨	3,046,118	64	2,386,930	64	—	業務規模擴大
投資性房地產	278,784	6	263,298	7	-1	新增主要為花園城數碼大廈
短期借款	137,293	3	361,396	10	-7	因本期歸還部分借款而減少
應付帳款	270,552	6	186,369	5	1	應付地價及工程款增加
預收款項	949,846	20	273,147	7	13	預收售房款增加
其他應付款	583,533	12	315,457	8	4	子公司少數股東投入的墊款及關聯公司借款增加
長期借款	572,030	12	680,732	18	-6	因本期歸還部分借款而減少

3. 報告期內損益項目及所得稅的變動情況（如表1-18所示）

表1-18　　　　　　報告期內損益項目及所得稅的變動情況

項目	2009年年度(萬元)	2008年年度(萬元)	變動幅度(%)	主要影響因素
營業收入	1,013,770	357,318	184	房地產銷售收入增加
營業成本	596,174	209,777	184	房地產銷售成本增加
營業稅金及附加	162,322	26,498	513	房地產銷售收入增加致稅金增加

表1-18(續)

項目	2009年年度(萬元)	2008年年度(萬元)	變動幅度(%)	主要影響因素
財務費用	-1,536	3,091	-150	利息收入增加，上年計提了專項存貨減值準備及其他應收款
資產減值損失	20,382	40,765	-100	壞帳準備
公允價值變動收益	-10,366	14,547	-171	NDF業務公允價值變動損失
投資收益	30,457	80,282	-62	上年因處置子公司產生較大收益
營業外支出	3,043	1,252	143	預計負債支出增加
所得稅費用	51,926	20,986	147	應稅利潤增加

4. 報告期內現金流量構成變動情況（如表1-19所示）

表1-19　　　　　報告期內現金流量構成變動情況

項目	2009年年度(萬元)	2008年年度(萬元)	增減額(萬元)	增長率(%)	主要影響因素
經營活動產生的現金流量淨額	705,473	-391,984	1,097,457	280	房地產銷售收入增加
投資活動產生的現金流量淨額	-44,579	-41,924	-2,655	-6	處置子公司收益減少
籌資活動產生的現金流量淨額	-518,914	816,445	-1,335,359	-164	歸還銀行借款

5. 產品銷售及主要技術人員變動情況等與公司經營有關的信息

報告期內，公司主要銷售及技術人員無重大變化。

6. 主要子公司、參股公司的經營情況及業績分析（如表1-20所示）

表1-20　　　　　主要子公司、參股公司的經營情況及業績分析

公司名稱	主要產品或服務	註冊資本(萬元)	總資產 金額(萬元)	總資產 比上年增減(%)	淨資產 金額(萬元)	淨資產 比上年增減(%)	營業利潤 金額(萬元)	營業利潤 比上年增減(%)	淨利潤 金額(萬元)	淨利潤 比上年增減(%)
深圳招商地產	房地產	50,000	2,255,948	28	346,602	327	160,346	131	117,487	103
招商供電	園區供電	5,700	160,421	7	76,903	20	14,432	-29	12,676	-25
招商水務	園區供水	4,300	21,024	8	15,942	-2	292	-21	280	96
招商局物業	物業管理	2,500	33,501	22	7,384	21	2,509	22	1,811	12
蘇州招商地產	房地產	3,000	52,292	25	3,000	-80	10,600	324	7,951	320
廣州招商地產	房地產	5,000	180,155	-9	14,020	2,995	16,274	559	13,566	483
天津招勝房地產	房地產	3,000	142,082	-12	7,649	434	7,763	701	6,215	583
佛山鑫城房地產	房地產	12,700	214,697	53	97,747	4	4,633	366	3,893	324
蘇州招商南山房地產	房地產	10,000	131,912	-11	20,661	9	9,794	1,150	7,593	918
南京招商地產	房地產	3,000	193,894	184	22,978	239	21,500	297	16,192	291

7. 重大資產減值

(1) 存貨減值準備

2008年年末，公司按照企業會計準則及公司會計政策的相關規定及要求，根據當時的市場情況，結合項目的銷售預期，對佛山依雲上城和蘇州唯亭兩個項目計提了存貨跌價準備，合計29,621萬元。本報告期末，根據最新市場、銷售情況及項目的銷售預期，公司重新對所有項目進行了減值測試。其中，佛山依雲上城和蘇州唯亭兩個項目於2009年年末的可變現淨值與帳面價值（已扣除減值準備）的差額較小，仍然存在減值風險，故2009年年末對上述項目維持計提減值準備的判斷。

除此之外，無其他房地產項目的重大減值跡象。

(2) 應收款項減值準備

2008年年末，子公司香港瑞嘉未如約定期限交納南京栖霞區仙林湖G82地塊的首期土地款，對已經支付的競買保證金港幣12,250萬元全額計提了壞帳準備。2009年12月，公司接到項目所在地國土資源局通知，認定子公司香港瑞嘉主動放棄競得資格，已支付的拍地保證金不予退回。經董事會批准，公司核銷上述應收款項及其計提的壞帳準備（折合人民幣10,786.24萬元）予以核銷。此核銷不會影響2009年年度損益。

8. 董事會對公司會計政策、會計估計變更的原因及影響的說明

報告期內，公司根據財政部於2009年頒布的《企業會計準則解釋第3號》（以下簡稱《解釋3號》）的要求，對下述主要會計政策進行了變更：

(1) 採用成本法核算的長期股權投資

《解釋3號》對採用成本法核算的長期股權投資，投資企業取得被投資單位宣告發放的現金股利或利潤的會計處理方法作出了新的規定，即除取得投資時實際支付的價款或對價中包含的已宣告但尚未發放的現金股利或利潤外，投資企業應當按照享有被投資單位宣告發放的現金股利或利潤確認投資收益，不再劃分是否屬於投資前和投資后被投資單位實現的淨利潤。公司據此將會計政策修訂為：「採用成本法核算時，長期股權投資按初始投資成本計價，除取得投資時實際支付的價款或者對價中包含的已宣告但尚未發放的現金股利或者利潤外，當期投資收益按照享有被投資單位宣告發放的現金股利或利潤確認。」

(2) 財務報告分部信息

《解釋3號》要求企業應當以內部組織結構、管理要求、內部報告制度為依據確定經營分部，以經營分部為基礎確定報告分部，並按新的規定披露分部信息。公司將原按業務分部及地區分部披露分部信息的披露方式修訂為：「以內部組織結構、管理要求、內部報告制度為依據確定經營分部，以經營分部為基礎確定報告分部進行分部信息披露。」

公司對上述兩項會計政策變更採用未來適用法，對公司2009年年度及以前年度的報表無影響。

9. 2009年年度利潤分配預案及資本公積金轉增股本預案

截至2009年年末，公司經審計的母公司未分配利潤為3,654,676,783元，其中年初未分配利潤轉入2,670,741,774元，本年淨利潤轉入1,155,665,059元，分配上年度利潤171,730,050元。

根據有關法規及公司章程規定，2009年年度利潤分配預案為：按母公司淨利潤

1,155,665,059元的10%提取法定盈余公積115,566,506元；按年末總股本1,717,300,503股爲基數，每10股派1元現金（含稅），即派發現金股利171,730,050元；剩余未分配利潤3,367,380,227元留存至下一年度。本年度公司不進行資本公積金轉增股本。

(三) 公司對未來發展的展望

1. 行業趨勢分析

如果說2009年是中國經濟困難的一年，那麼2010年將是更爲複雜的一年。複雜的政策環境及不確定的政策預期爲2010年的房地產市場帶來更多變數。但公司認爲，從未來長遠來看，政府的調控將引導房地產企業的整合和行業的結構調整，加強行業集中度，促使房地產開發企業建設符合市場需要的產品，並最終促進房地產市場的平穩健康發展。

城鎮化進程也將支撐房地產長期向好。城鎮化在未來數年將是不可改變的大趨勢，中國將形成以大城市爲中心、中小城市爲骨幹、小城鎮爲基礎的多層次的城鎮體系，帶來更多的消費潛力；城市尤其是大城市外沿的產業化加速，以及城市之間快速交通網路建設的有序推進，拉近了城際的距離，加快了人口的流動。人口從農村到城鎮、從城鎮到中心城市、從城市中心到衛星城市以及從城市中心到城市外沿的多方向交錯流動，將導致房地產市場需求的結構性調整，既有對住宅的需求，也有對辦公、商業的需求。因此，城鎮化將爲中國房地產業提供巨大的發展空間。

面對當前的市場環境，公司將更加密切關注宏觀經濟的運行，積極應對政策的變動，準確認識市場趨勢，攻守兼備，隨機應變，快速反應，以確保市場機會來臨時能及時把握，市場面臨調整時又能有效控制風險。

2. 主要應對策略

公司將做足應對各種變化的準備，在變化中求發展，在變數中尋找機遇，努力在2010年繼續創造優良業績。

在核心能力提升方面，公司將進一步強化客服能力、銷售能力、策劃設計能力、工程管理能力和成本管理能力，並將客戶服務能力確立爲公司的核心能力之一，繼續著力打造服務體系，強化全員全過程服務，使服務內容和工作方式更加標準化和貼近客戶需求。爲了支持上述各項能力的提升，公司將致力於建設「學習型企業」，加強知識管理，培植學習文化，在經濟形勢和產業的變動發展中不斷地主動學習各方面的知識。公司還將建立戰略性人才規劃體系，通過內部培養和外部引進相結合的原則發展隊伍並提升隊伍整體戰鬥力。

在土地獲取方面，公司將堅持積極穩健、持續、均勻的拿地原則，根據市場變化因時因地採取多渠道、靈活的拿地方式。對於一線城市著重關注舊改帶來的新機會，在拿地機會較多、成功率相對較高的二線城市繼續捕捉新的擴展機會；依託集團和大股東的支持，倚靠其完整的產業鏈，積極爭取大面積的土地資源；加強與合作方的互動，進一步完善合作開發模式，爭取更多合作拿地的機會；更多地關注大面積綜合用地的拿地機會，發揮園區綜合開發的優勢，合理分配商業物業與住宅用地，實現居住、就業的互動。在融資和資金管理方面公司將繼續利用現有的各種融資方式，研究、探索利用保險資金、投資基金等新的融資渠道滿足公司規模擴張的資金需求，並做好財務資源的配置，進一步優化公司借款結構、幣種結構、期限結構和信用結構，提高資

金管理效率、降低資金成本、嚴格監控債務及債務率等關鍵指標，控制財務風險。

公司將全力加大綠色技術的推廣力度，明確綠色技術作為公司一項核心能力來加以培育和提升，力求突破綠色理念的應用領域，從以設計、生產環節為主，擴大到設計、採購、生產、行銷、管理等所有環節，將「綠色地產，低碳生活」理念系統性地融入企業行為中，實現公司從發展綠色技術向全面建設「綠色公司」的跨越。

六、監事會報告

(一) 監事會工作情況

2009年，監事會按照《中華人民共和國公司法》《公司章程》及《監事會議事規則》的相關規定，依法履行監督職責，認真開展工作。報告期內，監事會成員列席了歷次董事會會議，參加了歷次股東大會；審查了公司定期財務報告；監事會對公司股東大會、董事會的召集召開程序和決策程序、董事會對股東大會決議的執行情況、公司高級管理人員的執行職務情況以及公司管理制度的執行情況等進行了監督，督促公司董事會和管理層依法運作、科學決策。

監事會認為：公司董事會認真執行了股東大會的決議，董事會決議符合有關法規和《公司章程》的規定，沒有出現損害公司及股東利益的行為；公司管理層認真執行了董事會決議，沒有出現違法違規行為。報告期內，公司監事會共召開了四次會議，具體情況如下：

(1) 2009年3月27日，公司第六屆監事會以現場會議方式召開了第六屆監事會第三次會議。審議的議題為：《2008年監事工作報告》《2008年年度報告》《公司內部控制的評估報告》等，決議公告於2009年3月31日對外披露。

(2) 2009年4月20日，公司第六屆監事會以通訊表決方式召開了第六屆監事會第四次會議，會議審議通過了《2009年第一季度報告》。

(3) 2009年8月17日，公司第六屆監事會以通訊表決方式召開了第六屆監事會第五次會議，會議審議通過了《2009年半年度報告》，決議公告於2009年8月18日對外披露。

(4) 2009年10月26日，公司第六屆監事會以通訊表決方式召開了第六屆監事會第六次會議，會議審議通過了《2009年第三季度報告》。

以上披露報刊均為《中國證券報》《證券時報》。

(二) 監事會對下列事項的監督檢查並發表意見

1. 依法運作情況

報告期內，公司持續完善內部控制制度，公司治理和內部控制水平進一步提高。公司股東大會、董事會及公司管理層按照決策權限和程序履行職責，依法合規運作。公司董事及管理人員履職過程中遵守承諾，維護公司和全體股東利益，不存在違反法律、法規、公司章程或損害公司利益的行為。

2. 檢查公司財務情況

公司堅持不斷完善財務制度、核算規範。財務報告真實、準確地反應了公司的財務狀況和經營成果。

3. 公司收購、出售資產交易情況和關聯交易情況

報告期內，公司發生的關聯交易主要包括：招商建設承包建設蛇口工業區下屬子

公司前海灣花園項目總包工程涉及的關聯交易；房屋租賃；關聯方向公司提供借款或為公司銀行借款提供擔保等交易。公司發生關聯交易前均諮詢了獨立董事意見，監事會認為交易事項表決程序合法合規，交易公平、合理，符合公司業務發展的需要，不存在損害公司及其他股東利益的情況。

4. 公司募集資金存放及使用情況

公司使用中的募集資金包括2007年非公開發行A股股票募集資金和2008年公開發行股票募集資金，公司建立了《募集資金管理制度》，募集資金存放及使用嚴格執行募集資金監管法規及公司制度的規定，公司審計稽核部對募集資金的存放及使用進行了日常監督，沒有發生募集資金實際投入項目發生變更的情形。

5. 內部控制的自我評價報告

董事會出具的《內部控制自我評價報告》真實、完整地反應了公司內部控制的實際情況。公司內部控制制度基本健全，不存在重大缺陷。這些內部控制的設計是合理的，執行是有效的。

七、財務報告

(一) 審計報告

招商局地產控股股份有限公司2009年度
審計報告

德師報（審）字（10）第P0457號

招商局地產控股股份有限公司全體股東：

我們審計了后附的招商局地產控股股份有限公司（以下簡稱「招商地產」）的財務報表，包括2009年12月31日的公司及合併資產負債表、2009年年度的公司及合併利潤表、公司及合併股東權益變動表和公司及合併現金流量表以及財務報表附註。

(一) 管理層對財務報表的責任

按照企業會計準則的規定編製財務報表是招商地產管理層的責任。這種責任包括：①設計、實施和維護與財務報表編製相關的內部控制，以使財務報表不存在由於舞弊或錯誤而導致的重大錯報；②選擇和運用恰當的會計政策；③作出合理的會計估計。

(二) 註冊會計師的責任

我們的責任是在實施審計工作的基礎上對財務報表發表審計意見。我們按照中國註冊會計師審計準則的規定執行了審計工作。中國註冊會計師審計準則要求我們遵守職業道德規範，計劃和實施審計工作以對財務報表是否不存在重大錯報獲取合理保證。

審計工作涉及實施審計程序，以獲取有關財務報表金額和披露的審計證據。選擇的審計程序取決於註冊會計師的判斷，包括對由於舞弊或錯誤導致的財務報表重大錯報風險的評估。在進行風險評估時，我們考慮與財務報表編製相關的內部控制，以設計恰當的審計程序，但目的並非對內部控制的有效性發表意見。

審計工作還包括評價管理層選用會計政策的恰當性和作出會計估計的合理性，以及評價財務報表的總體列報。

我們相信，我們獲取的審計證據是充分、適當的，為發表審計意見提供了基礎。

(三) 審計意見

我們認為，招商地產的財務報表已經按照企業會計準則的規定編製，在所有重大

方面公允反應了招商地產 2009 年 12 月 31 日的公司及合併財務狀況以及 2009 年度的公司及合併經營成果和公司及合併現金流量。

德勤華永會計師事務所有限公司　　　　　　　　中國註冊會計師：李渭華
　　中國上海　　　　　　　　　　　　　　　　中國註冊會計師：黃鑰
　　　　　　　　　　　　　　　　　　　　　　2010 年 04 月 18 日

（二）財務報表
見資料二。
（三）財務報表附註

招商局地產控股股份有限公司 2009 年年度財務報表附註

（一）公司基本情況

招商局地產控股股份有限公司（以下簡稱「本公司」）原名「招商局蛇口控股股份有限公司」，系由招商局蛇口工業區有限公司在原蛇口招商港務有限公司基礎上改組設立的中外合資股份有限公司，於 1990 年 9 月在中國深圳成立。

1993 年 2 月 23 日，本公司以募集設立方式向境內公開發行 A 股股票 27,000,000 股、向境外公開發行 B 股股票 50,000,000 股，發行後本公司股份總額達到 210,000,000 股。本公司發行的 A 股、B 股於 1993 年 6 月在中國深圳證券交易所上市。

1995 年 7 月，本公司部分 B 股以 SDR（Singapore Depository Receipts，中文譯爲「新加坡託管收據」）形式在新加坡證券交易所上市。

2004 年 6 月，本公司更名爲「招商局地產控股股份有限公司」。經過 1994 年至 2004 年的歷次分紅及配售，截至 2004 年 12 月 31 日，本公司總股份增至 618,822,672 股。

2006 年 1 月 18 日，本公司相關股東會議審議通過了 A 股股權分置改革方案，即本公司流通 A 股股東每持有 10 股 A 股流通股股份獲得非流通股股東支付 2 股 A 股及現金 3.14 元對價安排。股權分置改革方案實施後，本公司股份總數不變。經中國證監會證監發字〔2006〕67 號文核准，本公司於 2006 年 8 月 30 日採用向原 A 股股東全額優先配售，原 A 股股東放棄部分在網下對機構投資者定價發行的方式公開發行 15,100,000 張可轉換公司債券，每張可轉換公司債券面值爲 100 元。該部分可轉換公司債券於 2006 年 9 月 11 日起在深圳證券交易所掛牌交易，簡稱「招商轉債」，轉股日爲 2007 年 3 月 1 日。

2007 年 5 月 25 日，招商轉債停止交易和轉股，未轉股的招商轉債全部被本公司贖回。至此，本公司的可轉換債券共計 15,093,841 張（債券面值 1,509,384,100 元）被申請轉股，共轉增股份 115,307,691 股；剩餘 6,159 張可轉換債券（債券面值 615,900元）被本公司贖回。至此，本公司股份增至 734,130,363 股。

經中國證監會證監發行字〔2007〕299 號文核准，本公司於 2007 年 9 月 19 日向本公司股東招商局蛇口工業區有限公司非公開發行股票 110,736,639 股。此次發行後，本公司總股份增至 844,867,002 股。

2008 年 3 月 17 日，本公司 2007 年年度股東大會通過了 2007 年年度利潤分配及資本公積轉增資本方案，以 2007 年 12 月 31 日總股份 844,867,002 股爲基數，每 10 股送 3 股紅股，同時每 10 股以資本公積轉增 2 股。送股及轉增後，本公司總股份增至 1,267,300,503 股。

經中國證監會證監許可〔2008〕989號文核准,本公司於2008年11月26日向原A股股東公開發行股票450,000,000股,其中,本公司股東招商局蛇口工業區有限公司認購279,349,288股。此次發行后本公司總股份增至1,717,300,503股。

本公司總部位於廣東省深圳市。本公司及其子公司(以下簡稱「本集團」)主要從事房地產開發經營、公用事業(供應水和電)和物業管理。

本公司的母公司爲招商局蛇口工業區有限公司,最終控股股東爲招商局集團有限公司。

(二) 公司主要會計政策、會計估計和前期差錯

1. 財務報表編製基礎

本集團會計核算以權責發生制爲記帳基礎。除某些金融工具以公允價值計量外,本財務報表以歷史成本作爲計量基礎。資產如果發生減值,則按照相關規定計提相應的減值準備。

2. 遵循企業會計準則的聲明

本公司編製的財務報表符合新會計準則的要求,真實、完整地反應了本公司2009年12月31日的財務狀況、經營成果和現金流量。

3. 會計期間

本集團的會計年度爲公曆年度,即每年1月1日起至12月31日止。

4. 記帳本位幣

人民幣爲本公司及境內子公司經營所處的主要經濟環境中的貨幣,本公司及境內子公司以人民幣爲記帳本位幣。本公司在香港及其他境外的子公司根據其經營所處的主要經濟環境中的貨幣,確定港幣爲其記帳本位幣。本公司編製本財務報表時所採用的貨幣爲人民幣。

5. 同一控制下和非同一控制下企業合併的會計處理方法(略)

6. 合併財務報表的編製方法

子公司所有者權益中不屬於母公司的份額作爲少數股東權益,在合併資產負債表中股東權益項目下以「少數股東權益」項目列示。子公司當期淨損益中屬於少數股東權益的份額,在合併利潤表中淨利潤項目下以「少數股東損益」項目列示。少數股東分擔的子公司的虧損超過了少數股東在該子公司期初所有者權益中所享有的份額,如果公司章程或協議規定少數股東有義務承擔並且有能力予以彌補的,衝減少數股東權益,否則衝減歸屬於母公司股東權益。該子公司以后期間實現的利潤,在彌補了母公司承擔的屬於少數股東的損失之前,全部作爲歸屬於母公司的股東權益。

7. 現金及現金等價物的確定標準

現金是指企業庫存現金以及可以隨時用於支付的存款。現金等價物是指本集團持有的期限短、流動性強、易於轉換爲已知金額現金、價值變動風險很小的投資。

8. 應收款項(如表1-21所示)

表1-21　　　　　　　　按帳齡分析法計提壞帳準備的比例

帳齡	應收帳款計提比例(%)	其他應收款計提比例(%)
3個月以內(含3個月)	1	1
3至6個月	2	2

表1-21(續)

帳齡	應收帳款計提比例（%）	其他應收款計提比例（%）
6至9個月	3	3
9至12個月	5	5
1至2年	10	10
2至3年	30	30
3至4年	50	50
4至5年	80	80
5年以上	100	100

9. 固定資產（如表1-22所示）

表1-22　　　　　　　　　固定資產折舊

類別	折舊年限（年）	殘值率（%）	年折舊率（%）
房屋及建築物	10~50	5~10	1.8~9.5
機器設備	10~20	5~10	4.5~9.5
電子設備、家具、器具及其他	5~10	5	9.5~19
運輸設備	5~10	5	9.5~19

（三）主要稅種及稅率（如表1-23所示）

表1-23　　　　　　　　　主要稅種及稅率

稅種	計稅依據	稅率
企業所得稅[1]	應納稅所得額	
營業稅	房地產銷售收入、物業出租收入	5%
增值稅	商品銷售收入[2]	17%
	供電收入[3]	17%
	供水收入	6%
土地增值稅	房地產銷售收入-扣除項目金額	按超率累進稅率30%~60%
契稅	土地使用權及房屋的受讓金額	3%
房產稅	房屋原值的70%[4]	1.2%
城市維護建設稅	營業稅（或已交增值稅）	1%~3%
教育費附加	營業稅（或已交增值稅）	3%

註：①除以下所列地區公司外，本公司之其他子公司適用的所得稅稅率為25%。

②③增值稅稅額為銷項稅額扣除可抵扣進項稅后的餘額，銷項稅額按根據相關稅法規定的銷售收入額和相應稅率計算。

④本集團的固定資產房屋、出租物業按帳面資產原值的70%及規定稅率計繳房產稅，其中新建房屋經稅務機關備案后三年內免繳房產稅。

中國不同地區使用的稅率如表1-24所示。

表 1-24　　　　　　　　　中國不同地區適用不同稅率

地區	稅率（%）	附註
深圳、珠海地區	20	(1)
香港地區	16.5	(2)

（四）合併財務報表項目註釋

1. 貨幣資金（如表 1-25 所示）

表 1-25　　　　　　　　　　貨幣基金項目

項目	期末數			期初數		
	原幣金額	折算率	人民幣金額	原幣金額	折算率	人民幣金額
現金							
人民幣	37,271	1.00	37,271	50,001	1.00	50,001
港幣	6,519	0.88	5,740	20,276	0.88	17,836
銀行存款							
人民幣	8,524,304,914	1.00	8,524,304,914	6,884,738,331	1.00	6,884,738,331
美元	36,388,061	6.83	248,474,062	68,154,853	6.83	465,827,107
港幣	3,224,701	0.88	2,839,080	8,388,656	0.88	7,393,460
其他貨幣資金[①]							
美元	102,892,290	6.83	702,599,868	2,690,200	6.83	18,386,441
人民幣	11,230,000	1.00	11,230,000	12,720,371	1.00	12,720,371
合計	—	—	9,489,490,935	—	—	7,389,133,547

註：①其他貨幣資金的餘額主要為驗資專戶存放資金、遠期外匯交易合約及工程款保函的保證、交易性金融資產、交易性金融負債。

2. 交易性金融資產/交易性金融負債（如表 1-26 所示）

表 1-26　　　　　　交易性金融資產/交易性金融負債　　　　　　單位：元

項目	期末公允價值	期初公允價值
交易性金融資產		
1. 交易性債券投資	—	—
2. 交易性權益工具投資	—	—
3. 指定為以公允價值計量且其變動計入當期損益的金融資產	—	—
4. 衍生金融資產	6,437,479	97,331,980
5. 其他	—	—
合計	6,437,479	97,331,980

表 1-26（續）

項目	期末公允價值	期初公允價值
交易性金融負債		
1. 交易性債券投資	—	—
2. 交易性權益工具投資	—	—
3. 指定爲以公允價值計量且其變動計入當期損益的金融負債	—	—
4. 衍生金融負債	12,829,413 [2]	—
5. 其他	—	—
合計	12,829,413	—

註：①②系本公司之子公司瑞嘉投資實業有限公司與 ING Bank N.V., HongKong Branch 簽訂的若干不交割本金的遠期外匯買賣合約之年末公允價值。截至 2009 年 12 月 31 日，上述遠期外匯買賣合約的名義本金共計 290,229,000 美元。該合約於 2010 年 2 月 3 日至 2010 年 11 月 26 日期間到期。

3. 應收帳款

（1）應收帳款按帳齡披露（如表 1-27 所示）

表 1-27　　　　　　　　應收帳款帳齡

帳齡	期末數				期初數			
	金額（元）	比例（%）	壞帳準備（元）	帳面價值（元）	金額（元）	比例（%）	壞帳準備（元）	帳面價值（元）
1 年以內	114,517,835	92	2,176,502	112,341,333	106,050,263	94	2,312,665	103,737,598
1~2 年	4,360,465	4	120,106	4,240,359	1,420,716	1	25,136	1,395,580
2~3 年	524,574	—	14,417	510,157	169,547	1	31,982	137,565
3 年以上	4,869,129	4	2,998,082	1,871,047	4,700,950	4	2,793,814	1,907,136
合計	124,272,003	100	5,309,107	118,962,896	112,341,476	100	5,163,597	107,177,879

（2）本報告期應收帳款餘額中無持有本公司 5%（含 5%）以上表決權股份的股東的款項

（3）應收帳款金額前五名單位情況（如表 1-28 所示）

表 1-28　　　　　應收帳款金額前五名單位情況

單位名稱	占應收帳款總額的客戶與本公司關係比例（%）	金額（元）	年限
依雲溪谷一期獨棟 1 號	7	8,050,000	1 年以內
聚信科技有限公司	5	6,755,953	1 年以內
依雲溪谷二期 9 棟 102 號	4	5,100,000	1 年以內
深圳天虹商場有限公司	3	3,314,533	1 年以內
深圳生地投資發展有限公司	1	1,800,000	1 年以內
合計	20	25,020,486	—

（4）應收帳款余額中無應收關聯方款項

4. 其他應收款

（1）其他應收款按帳齡披露（如表 1-29 所示）

表 1-29　　　　　　　　　其他應收款帳齡

帳齡	期末數				期初數			
	金額（元）	比例（%）	壞帳準備（元）	帳面價值（元）	金額（元）	比例（%）	壞帳準備（元）	帳面價值（元）
1 年以內	1,849,097,605	96	40,196	1,849,057,409	625,184,871	71	59,823	625,125,048
1~2 年	73,203,703	4	534,946	72,668,757	258,550,646	29	108,049,251	150,501,395
2~3 年	2,702,795	——	13,025	2,689,770	1,644,540	——	214,920	1,429,620
3 年以上	3,839,254	—	1,745,947	2,093,307	3,171,213	——	1,721,148	1,450,065
合計	1,928,843,357	100	2,334,114	1,926,509,243	888,551,270	100	110,045,142	778,506,128

（2）本報告期其他應收款余額中無持有本公司 5%（含 5%）以上表決權股份的股東的款項

（3）其他應收款金額前五名單位情況（如表 1-30 所示）

表 1-30　　　　　　　其他應收款金額前五名單位情況

單位名稱	與本公司關係	金額（元）	年限	占其他應收款總額的比例（%）
重慶市土地和礦業權交易中心（註）	非關聯方	1,365,754,365	1 年以內	71
深圳 TCL 光電科技有限公司	本公司之聯營公司	187,851,513	1 年以內	10
惠州市泰通置業投資有限公司	本公司之合營公司	121,257,000	1 年以內	6
嘉森國際有限公司	子公司之股東	79,574,894	1 年以內	4
成都北郊風景區管理委員會	非關聯方	50,000,000	1 年以內	3
合計	—	1,804,437,772	—	94

註：系本公司之子公司 Cosmo City Limited 支付的重慶市南岸區彈子石組團 G 分區宗地土地使用權的競買保證金。

（4）應收關聯方款項（如表 1-31 所示）

表 1-31　　　　　　　　　應收關聯方款項

單位名稱	與本公司關係	金額（元）	占其他應收款總額的比例（%）
深圳 TCL 光電科技有限公司	本公司之聯營公司	187,851,513	10
惠州市泰通置業投資有限公司	本公司之合營公司	121,257,000	6
合計	—	309,108,513	16

5. 預付款項

（1）預付款項按帳齡列示（如表 1-32 所示）

表 1-32　　　　　　　　　　預付款項按帳齡列示

帳齡	期末數		期初數	
	金額（元）	比例（%）	金額（元）	比例（%）
1 年以內	3,222,296	37	26,822,305	95
1~2 年	5,190,617	59	1,444,551	5
2~3 年	334,400	4	50,000	—
3 年以上	—	—	—	—
合計	8,747,313	100	28,316,856	100

（2）本報告期預付款項餘額中無持有本公司 5%（含 5%）以上表決權股份的股東的款項

6. 存貨（如表 1-33 所示）

表 1-33　　　　　　　　　　　　存貨　　　　　　　　　　　　單位：元

項目	期末數			期初數		
	帳面余額	跌價準備	帳面價值	帳面余額	跌價準備	帳面價值
房地產開發成本	29,767,117,792	296,210,000	29,470,907,792	22,931,730,833	296,210,000	22,635,520,833
房地產開發產品	931,435,216	—	931,435,216	1,227,864,442	—	1,227,864,442
原材料	4,276,489	—	4,276,489	4,450,453	—	4,450,453
低值易耗品及其他	1,925,385	162,982	1,762,403	1,628,505	162,982	1,465,523
小計	30,704,754,882	296,372,982	30,408,381,900	24,165,674,233	296,372,982	23,869,301,251

7. 其他流動資產（如表 1-34 所示）

表 1-34　　　　　　　　　　其他流動資產　　　　　　　　　　單位：元

項目	期末數	期初數
預付營業稅金及附加	334,952,908	86,302,838
預付所得稅	112,458,907	35,052,099
預付土地增值稅[1]	160,046,409	88,259,891
預付租金	8,968,112	8,968,112
其他	8,374,315	9,013,802
合計	624,800,651	227,596,742

註：[1] 本集團對於房產竣工結算前預收的售房款按照法定的預徵比例預繳土地增值稅並計入其他流動資產。在房產竣工結算後，按照轉讓房地產取得的收入減去法定扣除項目後得出的增值額和相應的稅率計算實際應繳納的土地增值稅，在抵減了相應的預繳金額後計入其他流動負債。

8. 可供出售金融資產（如表 1-35 所示）

表 1-35　　　　　　　　　　　可供出售金融資產　　　　　　　　　　單位：元

項目	期末公允價值	期初公允價值
可供出售權益工具	4,898,240	1,743,773
其中：國農科技股票	4,898,240	1,743,773
其他	—	—
合計	4,898,240	1,743,773

9. 長期應收款（如表 1-36 所示）

表 1-36　　　　　　　　　　　長期應收款　　　　　　　　　　　　單位：元

項目	期末數	期初數
委託貸款[1]	924,366,673	838,808,511
股權轉讓尾款[2]	137,779,364	133,151,523
合計	1,062,146,037	971,960,034

註：①系本公司根據與中國農業銀行深圳南山支行簽訂的委託貸款委託合同，由農業銀行深圳南山支行根據本公司提交的委託貸款通知單在委託貸款額度 900,000,000 元內向南京富城房地產開發有限公司（以下簡稱「南京富城公司」）發放的委託貸款，南京富城公司以其持有的南京國際金融中心負 1 層至 6 層、8 層至 51 層的房產計 100,189 平方米作為抵押擔保。截至 2009 年 12 月 31 日，委託貸款本金計 875,830,063 元，應收委託貸款利息計 48,536,610 元。

②系本公司之子公司 Heighten Holdings Limited 根據與 ADF Phoenix IV Limited 簽署的股份出售與購買協議應收 Elite Trade Investments Limited 股權的轉讓尾款計 152,906,973 元，該尾款將於 2～3 年收回。本集團參照同期銀行貸款利率，計算了未確認融資收益共計 15,127,609 元，並相應抵減了長期應收款。

10. 投資性房地產（如表 1-37 所示）

表 1-37　　　　　　　　　　　投資性房地產　　　　　　　　　　　單位：元

項目	期初帳面餘額	本期增加	本期減少	期末帳面餘額
一、帳面原值合計	3,289,222,345	286,043,527	5,268,138	3,569,997,734
1. 房屋及建築物	2,245,831,068	148,223,491	5,268,138	2,388,786,421
2. 土地使用權	1,043,391,277	137,820,036	—	1,181,211,313
二、累計折舊和累計攤銷合計	656,246,575	126,593,356	684,447	782,155,484
1. 房屋及建築物	584,344,355	100,013,519	684,447	683,673,427
2. 土地使用權	71,902,220	26,579,837	—	98,482,057
三、投資性房地產帳面淨值合計	2,632,975,770	—	—	2,787,842,250
1. 房屋及建築物	1,661,486,713			1,705,112,994
2. 土地使用權	971,489,057			1,082,729,256
四、投資性房地產帳面價值合計	2,632,975,770			2,787,842,25

表1-37(續)

項目	期初帳面余額	本期增加	本期減少	期末帳面余額
1. 房屋及建築物	1,661,486,713	—	—	1,705,112,994
2. 土地使用權	971,489,057	—	—	1,082,729,256

11. 固定資產（如表1-38所示）

表1-38　　　　　　　　　　固定資產　　　　　　　　　　單位：元

項目	期初帳面余額	本期增加	本期減少	期末帳面余額
一、帳面原值合計	661,586,744	53,229,350	6,807,276	708,008,818
其中：房屋及建築物	198,330,643	29,730,734	—	228,061,377
機器設備	353,161,844	16,301,315	4,011,416	365,451,743
運輸設備	51,596,324	3,945,194	1,376,253	54,165,265
電子設備、家具、器具及其他	58,497,933	3,252,107	1,419,607	60,330,433
二、累計折舊合計	377,012,822	37,324,758	5,944,716	408,392,864
其中：房屋及建築物	85,350,479	9,832,051	—	95,182,530
機器設備	226,470,023	13,273,022	3,425,196	236,317,849
運輸設備	28,538,856	7,237,210	1,248,784	34,527,282
電子設備、家具、器具及其他	36,653,464	6,982,475	1,270,736	42,365,203
三、固定資產帳面淨值合計	284,573,922	—	—	299,615,954
其中：房屋及建築物	112,980,164	—	—	132,878,847
機器設備	126,691,821	—	—	129,133,894
運輸設備	23,057,468	—	—	19,637,983
電子設備、家具、器具及其他	21,844,469	—	—	17,965,230
四、固定資產帳面價值合計	284,573,922	—	—	299,615,954
其中：房屋及建築物	112,980,164	—	—	132,878,847
機器設備	126,691,821	—	—	129,133,894
運輸設備	23,057,468	—	—	19,637,983
電子設備、家具、器具及其他	21,844,469	—	—	17,965,230

註：（1）本期折舊爲37,324,758元。

（2）本期由在建工程轉入而增加的固定資產原值爲33,288,474元。

（3）截至2009年12月31日，本集團尚有淨值合計44,331,442元的房屋及建築物產權證尚未取得。上述固定資產由於建築時間較長，目前的原始資料尚不能滿足辦證要求，故暫不能辦理產權證書。

12. 在建工程（如表1-39所示）

表1-39　　　　　　　　　　　　　　在建工程　　　　　　　　　　　　　　單位：元

項目	期末數 帳面余額	期末數 減值準備	期末數 帳面淨值	期初數 帳面余額	期初數 減值準備	期初數 帳面淨值
建築工程	2,936,043	—	2,936,043	2,876,543	—	2,876,543
變電站工程	13,719,271	—	13,719,271	32,800,543	—	32,800,543
供水工程	2,598,693	—	2,598,693	3,937,896	—	3,937,896
合計	19,254,007	—	19,254,007	39,614,982	—	39,614,982

13. 短期借款（如表1-40所示）

表1-40　　　　　　　　　　　　　　短期借款　　　　　　　　　　　　　　單位：元

項目	期末數	期初數
保證借款	811,665,548	398,125,029[1]
信用借款	974,804,580	2,802,290,730
合計	1,372,929,609	3,613,956,278

註：①本公司之子公司深圳招商供電有限公司向荷蘭安智銀行上海分行借款30,000,000美元（折合人民幣204,846,000元），由本公司提供擔保；向招商銀行深圳蛇口支行借款28,306,000美元（折合人民幣193,279,029元），由招商局蛇口工業區有限公司擔保。

14. 應付票據（如表1-41所示）

表1-41　　　　　　　　　　　　　　應付票據　　　　　　　　　　　　　　單位：元

種類	期末數	期初數
商業承兌匯票	—	—
銀行承兌匯票[1]	143,287,841	257,896,108
合計	143,287,841	257,896,108

註：①招商局蛇口工業區有限公司為本公司之子公司深圳招商房地產有限公司在招商銀行深圳新時代支行開立的銀行承兌匯票提供擔保，擔保金額為257,896,108元。上述銀行承兌匯票將於2010年到期。

15. 應付帳款

（1）應付帳款明細（如表1-42所示）

表1-42　　　　　　　　　　　　　應付帳款明細　　　　　　　　　　　　　單位：元

項目	期末數	期初數
工程款	1,454,062,917	919,955,937
地價款	1,096,001,348	782,815,589
股權收購款	70,650,000	70,650,000
保修金	21,499,544	13,262,875
其他	63,307,476	77,004,071
合計	2,705,521,285	1,863,688,472

（2）本報告期應付帳款余額中應付持有本公司5%（含5%）以上表決權股份的股東或關聯方的款項情況（如表1-43所示）

表1-43　持有本公司5%（含5%）以上表決權股份的股東或關聯方的款項情況　單位：元

單位名稱	期末數	期初數
招商局蛇口工業區有限公司	5,338,724	82,395,024
合計	5,338,724	82,395,024

16. 預收款項（如表1-44所示）

表1-44　預收款項

帳齡	期末數 金額（元）	期末數 百分比（%）	期初數 金額（元）	期初數 百分比（%）
1年以内	9,454,578,537	100	2,699,705,236	99
1~2年	33,778,332	—	29,679,420	1
2~3年	8,026,332		2,088,037	—
3年以上	2,078,090		—	—
合計	9,498,461,291	100	2,731,472,693	100

17. 應付職工薪酬（如表1-45所示）

表1-45　應付職工薪酬　單位：元

項目	期初帳面餘額	本期增加	本期減少	期末帳面餘額
一、工資、獎金、津貼和補貼	99,318,894	474,080,471	434,619,375	138,779,990
二、職工福利費	932,921	41,456,779	41,686,068	703,632
三、社會保險費	5,707,212	54,651,994	55,242,486	5,116,720
四、住房公積金	84,043	5,426,926	5,420,762	90,207
五、辭退福利	—	2,598,745	1,318,745	1,280,000
六、其他	15,856,978	24,214,662	23,209,207	16,862,433
其中：工會經費和職工教育經費	15,366,917	12,289,570	12,168,092	15,488,395
合計	121,900,048	602,429,577	561,496,643	162,832,982

註：工會經費和職工教育經費余額爲15,488,395元，因解除勞動關係給予補償金額的余額爲1,280,000元。

18. 應交稅費（如表 1-46 所示）

表 1-46　　　　　　　　　　應交稅費　　　　　　　　　　單位：元

項目	期末數	期初數
企業所得稅	345,044,458	109,859,036
土地增值稅	82,326,199	43,687,588
營業稅	100,574,873	55,480,137
增值稅	15,659,902	12,072,972
個人所得稅	4,462,646	3,323,067
城市維護建設稅	1,225,228	1,345,840
土地使用稅	765,383	341,748
消費稅	—	—
其他	39,800,764	44,435,225
合計	589,859,453	270,545,613

19. 應付利息（如表 1-47 所示）

表 1-47　　　　　　　　　　應付利息　　　　　　　　　　單位：元

項目	期末數	期初數
分期付息到期還本的長期借款利息	19,532,853	27,434,963
企業債券利息	—	—
短期借款應付利息	2,339,565	13,616,242
合計	21,872,418	41,051,205

20. 其他應付款

（1）其他應付款明細（如表 1-48 所示）

表 1-48　　　　　　　　　　其他應付款明細　　　　　　　　　　單位：元

項目	期末數	期初數
合作公司往來	3,673,592,439	2,431,730,657
關聯公司借款	887,698,968	—
保證金	642,352,024	196,216,920
代收及暫收款	368,284,408	421,185,881
其他	263,402,148	105,435,577
合計	5,835,329,987	3,154,569,035

（2）帳齡超過1年的大額其他應付款情況的說明（如表1-49所示）

表1-49　　　　　　　　帳齡超過1年的大額其他應付款情況　　　　　　單位：元

單位名稱	期末數	帳齡	未支付原因
會德豐地產（中國）有限公司	750,524,622	2～3年	會鵬房地產發展有限公司應付會德豐地產（中國）有限公司代付佛山信捷房地產有限公司投資款
深圳市南山開發實業有限公司	368,562,217	2～3年	蘇州招商南山地產有限公司應付深圳市南山開發實業有限公司代墊款
北京嘉銘房地產開發有限公司	310,759,524	1～2年	招商局嘉銘（北京）房地產開發有限公司應付北京嘉銘房地產開發有限責任公司代墊款

21. 長期借款

（1）長期借款分類（如表1-50所示）

表1-50　　　　　　　　　　　長期借款分類　　　　　　　　　　單位：元

項目	期末數	期初數
保證借款[1]	2,244,268,040	2,554,408,935
信用借款	3,323,128,000	3,500,000,000
委託借款[2]	152,906,972	752,906,972
合計	5,720,303,012	6,807,315,907

註：①本公司向招商銀行深圳蛇口支行借款500,000,000元，向招商銀行深圳新時代支行借款600,000,000元，均由招商局蛇口工業區有限公司提供擔保。本公司之子公司瑞嘉投資實業有限公司向招商銀行離岸業務部借款100,000,000美元（折合人民幣682,845,360元），向荷蘭安智銀行香港分行借款50,000,000美元（折合人民幣341,422,680元），均由招商局集團（香港）有限公司提供擔保。本公司之子公司珠海源豐房地產有限公司向廣東發展銀行珠海分行借款120,000,000元，由本公司按貸款本金未償還部分的百分之五十一提供擔保。

②根據本公司之子公司深圳招商建設有限公司與南京富城房地產開發有限公司、中國銀行深圳蛇口支行簽訂的人民幣委託貸款合同，南京富城房地產開發有限公司委託中國銀行深圳蛇口支行向深圳招商建設有限公司提供的委託借款，期限為3年。

（2）金額前五名的長期借款（如表1-51所示）

表1-51　　　　　　　　　金額前五名的長期借款

貸款單位	借款起始日	借款終止日	幣種	利率（%）	期初數 外幣金額（美元）	期初數 本幣金額（元）	期末數 外幣金額（美元）	期末數 本幣金額（元）
新華信託投資股份有限公司	2009.07.21	2012.07.20	人民幣	4.86	—	1,000,000,000	—	—
招商銀行離岸業務部	2008.12.15	2011.11.28	美元	浮動利率	60,000,000	409,707,216	80,000,000	546,785,055
招商銀行深圳新時代支行	2009.07.27	2012.07.27	人民幣	4.86	—	600,000,000	—	—
建設銀行深圳蛇口支行	2008.11.24	2011.02.23	人民幣	4.86	—	500,000,000	—	500,000,000
中國銀行深圳蛇口支行	2009.07.24	2012.07.24	人民幣	4.86	—	400,000,000	—	—
合計						2,909,707,216		1,046,785,055

22. 長期應付款（如表1-52所示）

表1-52　　　　　　　　　　　　長期應付款

單位	期限	初始金額（元）	利率（%）	應計利息	期末余額（元）
本體維修基金	—	45,269,703	—	—	45,269,703
深圳市招商創業有限公司	—	1,200,000	—	—	1,200,000
合計		46,469,703			46,469,703

23. 其他非流動負債（如表1-53所示）

表1-53　　　　　　　　其他非流動負債　　　　　　　　單位：元

項目	期末帳面余額	期初帳面余額
遞延租金收入	2,983,360	3,650,020
市水務局撥基建款	2,737,985	2,837,387
文化事業發展專項資金	1,500,000	1,500,000
其他水務撥款	96,300	96,300
合計	7,317,645	8,083,707
減：一年內到期的其他非流動負債	99,402	99,402
其中：市水務局撥基建款	99,402	99,402
一年後到期的非流動負債	7,218,243	7,984,305

24. 資本公積（如表1-54所示）

表1-54　　　　　　　　資本公積　　　　　　　　單位：元

項目	期初數	本期增加	本期減少	期末數
2009年年度				
股本溢價	8,433,024,544	—	63,074,934	8,369,949,610
其中：投資者投入的資本	8,884,412,549	—	—	8,884,412,549
可轉換公司債券行使轉換權	1,394,072,217	—	—	1,394,072,217
同一控制下合併形成的差額	(1,354,694,800)	—	—	(1,354,694,800)
向子公司的少數股束收購股權	(321,792,022)	—	63,074,934	(384,866,956)
資本公積轉增股本	(168,973,400)	—	—	(168,973,400)
其他綜合收益	11,108,482	2,457,054	—	13,565,536
其他資本公積	104,411,758	—	—	104,411,758

表1-54(續)

項目	期初數	本期增加	本期減少	期末數
原制度資本公積轉入	104,411,758	—	—	104,411,758
合計	8,548,544,784	2,457,054	63,074,934	8,487,926,904
2008年年度				
股本溢價	3,295,677,809	5,327,220,556	189,873,821	8,433,024,544
其中：投資者投入的資本	3,557,191,993	5,327,220,556	—	8,884,412,549
可轉換公司債券行使轉換權	1,394,072,217	—	—	1,394,072,217
同一控制下合併形成的差額	(1,354,694,800)	—	—	(1,354,694,800)
向子公司的少數股東收購股權	(300,891,601)	-20,900,421	—	(321,792,022)
資本公積轉增股本	—	—	168,973,400	(168,973,400)
其他綜合收益	13,768,428	—	2,659,946	11,108,482
其他資本公積	104,411,758	—	—	104,411,758
原制度資本公積轉入	104,411,758	—	—	104,411,758
合計	3,413,857,995	5,327,220,556	192,533,767	8,548,544,784

註：本公司之子公司深圳招商房地產有限公司以82,500,000元向少數股東自然人高宏購買其持有的深圳市美越房地產顧問有限公司45%的股權時，因支付的對價與按照比例計算的應享有深圳市美越房地產顧問有限公司自合併日開始持續計算的淨資產份額之間的差額，而相應調整減少資本公積合計61,450,000元。本公司之子公司漳州招商房地產有限公司以10,448,376元向少數股東漳州市鴻隆控股有限公司購買其持有的漳州招商鴻隆房地產有限公司30%的股權時，因支付的對價與按照比例計算的應享有漳州招商鴻隆房地產有限公司自合併日開始持續計算的淨資產份額之間的差額，而相應調整減少資本公積合計1,624,934元。

25. 盈余公積（如表1-55所示）

表1-55　　　　　　　　　　盈余公積　　　　　　　　　　單位：元

項目	期初數	本期增加	本期減少	期末數
2009年年度				
法定盈余公積	530,106,466	115,566,506	—	645,672,972
任意盈余公積	140,120,038	—	—	140,120,038
合計	670,226,504	115,566,506	—	785,793,010
2008年年度				
法定盈余公積	471,924,069	58,182,397	—	530,106,466
任意盈余公積	140,120,038	—	—	140,120,038
合計	612,044,107	58,182,397	—	670,226,504

26. 未分配利潤（如表 1-56 所示）

表 1-56　　　　　　　　　　未分配利潤　　　　　　　　　　單位：元

項目	金額	提取或分配比例
2009 年年度		
調整前：上年末未分配利潤	3,858,062,286	—
調整：年初未分配利潤合計數（調增+，調減-）	—	—
調整后：年初未分配利潤	3,858,062,286	—
加：本期歸屬於母公司所有者的淨利潤	1,644,143,880	—
減：提取法定盈余公積	115,566,506	
提取任意盈余公積	—	—
提取一般風險準備	—	—
應付普通股股利	171,730,050	
期末未分配利潤	5,214,909,610	
2008 年年度		
調整前：上年末未分配利潤	3,026,575,655	—
調整：年初未分配利潤合計數（調增+，調減-）	—	—
調整后：年初未分配利潤	3,026,575,655	—
加：本期歸屬於母公司所有者的淨利潤	1,227,615,829	—
減：提取法定盈余公積	58,182,397	
提取任意盈余公積	—	—
提取一般風險準備	—	—
應付普通股股利	84,486,700	
轉作股本的普通股股利	253,460,101	
期末未分配利潤	3,858,062,286	

註：（1）提取法定盈余公積

根據公司章程規定，法定盈余公積金按淨利潤之 10% 提取。本公司法定盈余公積金累計額為本公司註冊資本百分之五十以上的，可不再提取。

（2）本年度股東大會已批准的現金股利

根據 2009 年 4 月召開的 2008 年年度股東大會決議，本公司以截至 2008 年 12 月 3 日總股份 1,717,300,503 股為基數，每 10 股派送現金股利 1 元，共計派送現金股利 171,730,050 元。

（3）資產負債表日后決議的利潤分配情況

根據本公司於 2010 年 4 月 18 日召開的第六屆董事會第十三次會議通過的 2009 年年度利潤分配預案，本公司以 2009 年 12 月 31 日總股份 1,717,300,503 股為基數，每 10 股派送現金股利 1 元，共計派送現金股利 171,730,050 元。上述股利分配方案尚待股東大會審議批准。

（4）子公司已提取的盈余公積

截至 2009 年 12 月 31 日，本集團未分配利潤餘額中包括子公司已提取的盈余公積合計 505,929,305 元（2008 年 12 月 31 日：327,355,398 元）。

27. 營業收入、營業成本

（1）營業收入（如表 1-57 所示）

表 1-57　　　　　　　　　　　　營業收入　　　　　　　　　　　　單位：元

項目	本期發生額	上期發生額
主營業務收入	10,133,283,214	3,568,843,651
其他業務收入	4,417,835	4,340,549
營業成本	5,961,738,151	2,097,773,113

（2）主營業務（分行業，如表 1-58 所示）

表 1-58　　　　　　　　　　　　主營業務　　　　　　　　　　　　單位：元

行業名稱	本期發生額 營業收入	本期發生額 營業成本	上期發生額 營業收入	上期發生額 營業成本
房地產業	9,128,326,900	5,185,817,100	2,515,297,197	1,306,287,950
公用事業	659,760,716	480,850,876	752,896,356	532,943,867
物業管理	345,195,598	292,940,925	300,650,098	258,193,239
合計	10,133,283,214	5,959,608,901	3,568,843,651	2,097,425,056

28. 營業稅金及附加（如表 1-59 所示）

表 1-59　　　　　　　　　　　營業稅金及附加　　　　　　　　　　單位：元

項目	本期發生額	上期發生額	計繳標準
土地增值稅	1,134,830,896	114,034,707	—
營業稅	472,080,006	140,494,261	—
城市維護建設稅	8,311,513	4,280,540	—
教育費附加	5,421,267	4,881,497	—
其他	2,579,638	1,289,112	—
合計	1,623,223,320	264,980,117	—

註：計繳標準如表 1-23 所示。

29. 財務費用（如表 1-60 所示）

表 1-60　　　　　　　　　　　　財務費用　　　　　　　　　　　　單位：元

項目	本期發生額	上期發生額
利息支出	587,046,294	876,231,262
減：已資本化的利息費用	522,627,599	795,241,730
減：利息收入	88,190,811	45,967,009

表1-60(續)

項目	本期發生額	上期發生額
匯兌差額	2,362,643	(127,313,841)
減：已資本化的匯兌差額	—	(115,391,334)
其他	6,053,429	7,813,627
合計	(15,356,044)	30,913,643

30. 借款費用（如表1-61所示）

表1-61　　　　　　　　借款費用

項目	當期資本化的借款費用金額（元）	資本化率（%）
存貨	522,627,599	5.06
當期資本化借款費用小計	522,627,599	5.06
計入當期損益的借款費用	64,418,695	—
當期借款費用合計	587,046,294	5.06

31. 公允價值變動收益（如表1-62所示）

表1-62　　　　　　　公允價值變動收益　　　　　　　單位：元

產生公允價值變動收益的來源	本期發生額	上期發生額
交易性金融資產	(90,894,501)	145,469,305
其中：衍生金融工具產生的公允價值變動收益	(90,894,501)	145,469,305
交易性金融負債	(12,769,002)	—
合計	(103,663,503)	145,469,305

32. 投資收益（如表1-63所示）

表1-63　　　　　　　　投資收益　　　　　　　單位：元

項目	本期發生額	上期發生額
權益法核算的長期股權投資收益	176,731,790	176,812,461
處置長期股權投資產生的投資收益	1,910,316 [1]	681,925,855
處置交易性金融資產取得的投資收益	75,292,797	(55,923,027)
其他	50,634,704 [2]	—
合計	304,569,607	802,815,289

註：①系因本集團本年度處置子公司成都招商置地有限公司、招商花園城（北京）房地產開發有限公司而取得的收益。

②其中本集團委託貸款利息收入扣除相關稅費后收益計46,007,850元。

33. 資產減值損失（如表1-64所示）

表1-64　　　　　　　　　　　　資產減值損失　　　　　　　　　　　單位：元

項目	本期發生額	上期發生額
一、壞帳損失	484,187	111,444,635
二、存貨跌價損失	—	296,210,000
合計	484,187	407,654,635

45. 營業外收入

（1）營業外收入明細（如表1-65所示）

表1-65　　　　　　　　　　　　營業外收入明細　　　　　　　　　　　單位：元

項目	本期發生額	上期發生額
非流動資產處置利得合計	20,524	263,020
其中：固定資產處置利得	20,524	263,020
政府補助	19,038,698	21,454,931
預計負債轉回	8,251,911	396,249
違約金收入	1,180,117	555,632
其他	1,031,710	1,503,535
合計	29,522,960	24,173,367

（2）政府補助明細（見表1-66所示）

表1-66　　　　　　　　　　　　政府補助明細　　　　　　　　　　　單位：元

項目	本期發生額	上期發生額	說明
電力進口環節增值稅返還	15,510,000	19,891,869	①
產業發展專項資金	1,400,000	—	②
稅收返還	1,184,296	1,180,460	③
文體館經營補貼	700,000	—	④
金融危機扶持資金	100,000	—	⑤
管道改造財政撥款	99,402	99,402	⑥
太陽能應用補助	45,000	—	⑦
會場活動補助	—	283,200	—
合計	19,038,698	21,454,931	—

註：①經財政部和國家稅務總局財關稅〔2009〕21號文批准，自2009年1月1日起至2009年12月31日止期間，本公司之子公司深圳招商供電有限公司從香港進口的電力，以5.6億度為基數，基數內進口電力繳納的進口環節增值稅按照30%的比例予以返還，超出基數部分的進口電力照常繳納進口環節增值稅。

②系本公司之子公司上海豐揚房地產開發有限公司收到的產業發展專項資金。

③系本公司之子公司上海招商局物業管理有限公司根據與上海市虹口區政府簽訂的稅收返還協議書而取得的稅收返還款。

④系本公司之子公司漳州招商房地產有限公司收到招商局漳州開發區管理委員會關於漳州開發區一區 G 地塊招商文體館經營補貼。

⑤⑦系本公司之子公司深圳招商房地產有限公司收到的深圳市南山區財政局金融危機扶持資金及收到的深圳市寶安區財政局關於深圳招商瀾園項目太陽能應用補助首期經費。

⑥系本公司之子公司深圳招商水務有限公司收到的用於沙河西路 DN1200 管道改造及西麗（北環－朗山路口）原水管擴容的財政撥款形成的遞延收益。

34. 營業外支出（如表 1-67 所示）

表 1-67　　　　　　　　　　營業外支出　　　　　　　　　單位：元

項目	本期發生額	上期發生額
非流動資產處置損失合計	631,517	2,111,390
其中：固定資產處置損失	631,517	2,111,390
預計負債支出	27,810,000	7,450,000
對外捐贈	990,461	2,398,000
其他	1,001,110	557,066
合計	30,433,088	12,516,456

35. 所得稅費用（如表 1-68 所示）

表 1-68　　　　　　　　　　所得稅費用　　　　　　　　　單位：元

項目	本期發生額	上期發生額
按稅法及相關規定計算的當期所得稅	768,873,929	241,724,126
遞延所得稅調整	(249,609,745)	(31,859,260)
合計	519,264,184	209,864,866

八、備查文件（略）

資料二：招商局地產控股股份有限公司 2006—2009 年財務報表

1. 資產負債表（如表 1-69 所示）

表 1-69　　　　　　　　　招商地產資產負債表　　　　　　　　　單位：元

會計年度	2006 年	2007 年	2008 年	2009 年
貨幣資金	1,008,701,234.00	3,588,095,863.00	7,389,133,547.00	9,489,490,935.00
交易性金融資產	—	—	97,331,980.00	6,437,479.00
應收帳款	29,101,813.00	56,498,734.00	107,177,879.00	118,962,896.00
預付帳款	2,497,461.00	7,295,171.00	28,316,856.00	8,747,313.00
其他應收款	256,354,321.00	836,891,695.00	778,506,128.00	1,926,509,243.00
存貨	9,578,770,092.00	17,167,330,873.00	23,869,301,251.00	30,461,181,900.00

表1-69(續)

會計年度	2006年	2007年	2008年	2009年
一年內到期的非流動資產	20,551,246.00	—	40,129.00	26,754.00
其他流動資產	2,535,817.00	9,608,644.00	227,596,742.00	624,800,651.00
流動資產合計	10,898,511,984.00	21,665,720,980.00	32,497,404,512.00	42,636,157,171.00
可供出售金融資產	—	3,887,829.00	1,743,773.00	4,898,240.00
持有至到期投資	—	—	—	—
長期應收款	—	—	971,960,034.00	1,062,146,037.00
長期股權投資	1,172,374,927.00	568,290,424.00	771,232,269.00	616,512,618.00
投資性房地產	—	2,377,676,137.00	2,632,975,770.00	2,787,842,250.00
固定資產	573,218,494.00	289,152,145.00	284,573,922.00	299,615,954.00
在建工程	42,728,684.00	131,394,118.00	39,614,982.00	19,254,007.00
無形資產	14,291,083.00	52,463,926.00	94,212.00	54,121.00
商譽	—	1,460,212.00	—	—
長期待攤費用	2,129,066.00	8,100,944.00	196,539,294.00	180,194,127.00
遞延所得稅資產	—	9,016,967.00	40,876,227.00	290,485,972.00
其他非流動資產	1,498,590,244.00	—	—	—
非流動資產合計	3,303,332,498.00	3,441,442,702.00	4,939,610,483.00	5,261,003,326.00
資產總計	14,201,844,482.00	25,107,163,682.00	37,437,014,995.00	47,897,160,497.00
短期借款	2,206,033,995.00	5,671,532,494.00	3,613,956,278.00	1,372,929,609.00
交易性金融負債	—	50,589,723.00	—	12,829,413.00
應付票據	329,213,822.00	97,215,654.00	143,287,841.00	257,896,108.00
應付帳款	1,154,971,425.00	2,916,864,090.00	1,863,688,472.00	2,705,521,285.00
預收款項	825,831,213.00	183,053,832.00	2,731,472,693.00	9,498,461,291.00
應付職工薪酬	102,623,026.00	136,219,785.00	121,900,048.00	162,832,982.00
應交稅費	169,238,984.00	317,190,250.00	270,545,613.00	589,859,453.00
應付利息	—	30,685,761.00	41,051,205.00	21,872,418.00
應付股利	4,445,091.00	22,905,569.00	8,778,785.00	107,751,887.00
其他應付款	639,249,640.00	2,139,591,897.00	3,154,569,035.00	5,835,329,987.00
一年內到期的非流動負債	167,891,666.00	300,000,000.00	1,810,099,402.00	1,303,501,721.00
其他流動負債	156,464,551.00	415,608,438.00	459,072,398.00	1,843,563,001.00
流動負債合計	5,755,963,413.00	12,281,457,493.00	14,218,421,770.00	23,712,349,155.00
長期借款	2,430,000,000.00	3,645,235,019.00	6,807,315,907.00	5,720,303,012.00
應付債券	1,510,000,000.00	—	—	—
長期應付款	—	28,790,682.00	33,285,411.00	46,469,703.00
專項應付款	3,161,000.00	—	—	—
預計負債	—	1,211,060.00	90,466,298.00	108,052,194.00
遞延所得稅負債	—	547,380.00	34,300.00	731,713.00
其他非流動負債	4,980,000.00	5,177,320.00	7,984,305.00	7,218,243.00

表1-69(續)

會計年度	2006年	2007年	2008年	2009年
非流動負債合計	3,948,141,000.00	3,680,961,461.00	6,939,086,221.00	5,882,774,865.00
負債合計	9,704,104,413.00	15,962,418,954.00	21,157,507,991.00	29,595,124,020.00
實收資本(或股本)	618,822,672.00	844,867,002.00	1,717,300,503.00	1,717,300,503.00
資本公積	1,491,566,681.00	3,413,857,995.00	8,548,544,784.00	8,487,926,904.00
盈餘公積	706,035,235.00	612,044,107.00	670,226,504.00	785,793,010.00
減：庫存股	——	——	——	——
未分配利潤	1,535,728,546.00	3,026,575,655.00	3,858,062,286.00	5,214,909,610.00
少數股東權益	159,553,655.00	1,241,824,273.00	1,416,760,639.00	2,023,299,723.00
外幣報表折算價差	-13,966,720.00	5,575,696.00	68,612,288.00	72,806,727.00
歸屬母公司所有者權益(或股東權益)	4,338,186,414.00	7,902,920,455.00	14,862,746,365.00	16,278,736,754.00
所有者權益(或股東權益)合計	4,497,740,069.00	9,144,744,728.00	16,279,507,004.00	18,302,036,477.00
負債和所有者(或股東權益)合計	14,201,844,482.00	25,107,163,682.00	37,437,014,995.00	47,897,160,497.00

2. 利潤表 (如表1-70所示)

表1-70　　　　　　　　　招商地產利潤表　　　　　　　　　單位：元

會計年度	2006年	2007年	2008年	2009年
一、營業收入	2,939,402,576.00	4,111,644,668.00	3,573,184,200.00	10,137,701,049.00
減：營業成本	1,830,897,548.00	2,179,150,950.00	2,097,773,113.00	5,961,738,151.00
營業稅金及附加	218,563,509.00	512,845,080.00	264,980,117.00	1,623,223,320.00
銷售費用	76,192,595.00	76,214,765.00	226,715,702.00	285,334,726.00
管理費用	116,508,734.00	160,771,981.00	203,223,524.00	208,542,650.00
財務費用	-7,902,914.00	10,604,630.00	30,913,643.00	-15,356,044.00
資產減值損失	——	-4,678,993.00	407,654,635.00	484,187.00
加：公允價值變動淨收益	——	-50,589,723.00	145,469,305.00	-103,663,503.00
投資收益	-27,041,749.00	201,064,535.00	802,815,289.00	304,569,607.00
其中：對聯營企業和合營企業的投資收益	——	143,786,639.00	176,812,461.00	176,731,790.00
影響營業利潤的其他科目	5,034,525.00	——	——	——
二、營業利潤	683,135,880.00	1,327,211,067.00	1,290,208,060.00	2,274,640,163.00
加：補貼收入	36,785,343.00	——	——	——
營業外收入	986,341.00	129,972,366.00	24,173,367.00	29,522,960.00
減：營業外支出	2,153,210.00	2,743,211.00	12,516,456.00	30,433,088.00
其中：非流動資產處置淨損失	——	1,527,513.00	——	631,517.00
三、利潤總額	718,754,354.00	1,454,440,222.00	1,301,864,971.00	2,273,730,035.00
減：所得稅費用	126,676,793.00	259,309,334.00	209,864,866.00	519,264,184.00

表1-70(續)

會計年度	2006年	2007年	2008年	2009年
加：影響淨利潤的其他科目	—	—	—	—
四、淨利潤	592,077,561.00	1,195,130,888.00	1,092,000,105.00	1,754,465,851.00
歸屬於母公司所有者的淨利潤	567,912,385.00	1,157,877,638.00	1,227,615,829.00	1,644,143,880.00
少數股東損益	24,165,176.00	37,253,250.00	-135,615,724.00	110,321,971.00
五、每股收益	—	—	—	—
(一) 基本每股收益	—	1.62	0.94	0.96
(二) 稀釋每股收益	—	1.52	0.94	0.96

3. 現金流量表（如表1-71所示）

表1-71　　　　　　　　　招商地產現金流量表　　　　　　　　單位：元

報告年度	2006年	2007年	2008年	2009年
一、經營活動產生的現金流量				
銷售商品、提供勞務收到的現金	3,704,348,389.00	3,785,454,537.00	6,195,335,331.00	15,926,683,850.00
收到的稅費返還	33,394,543.00	57,829,657.00	25,520,015.00	598,706.00
收到其他與經營活動有關的現金	474,568,979.00	1,756,268,725.00	887,926,560.00	3,542,739,117.00
經營活動現金流入小計	4,212,311,911.00	5,599,552,919.00	7,108,781,906.00	19,470,021,673.00
購買商品、接受勞務支付的現金	5,120,798,875.00	8,213,204,025.00	9,374,818,057.00	8,370,247,406.00
支付給職工以及為職工支付的現金	268,267,408.00	384,051,253.00	515,097,597.00	561,496,643.00
支付的各項稅費	450,022,736.00	547,320,197.00	802,008,011.00	1,426,342,512.00
支付其他與經營活動有關的現金	293,375,050.00	457,569,026.00	336,701,916.00	2,057,203,779.00
經營活動現金流出小計	6,132,464,069.00	9,602,144,501.00	11,028,625,581.00	12,415,290,340.00
經營活動產生的現金流量淨額	-1,920,152,158.00	-4,002,591,582.00	-3,919,843,675.00	7,054,731,333.00
二、投資活動產生的現金流量				
收回投資收到的現金	105,326,264.00	14,966,942.00	40,702,142.00	—
取得投資收益收到的現金	1,393,633.00	35,416,464.00	12,870,616.00	413,971.00
處置固定資產、無形資產和其他長期資產收回的現金淨額	409,124.00	304,267,845.00	2,772,549.00	251,567.00
處置子公司及其他營業單位收到的現金淨額	—	—	681,912,273.00	13,304,811.00
收到其他與投資活動有關的現金	15,893,880.00	—	—	485,915,710.00
投資活動現金流入小計	123,022,901.00	354,651,251.00	738,257,580.00	499,886,059.00

表1-71(續)

報告年度	2006年	2007年	2008年	2009年
購建固定資產、無形資產和其他長期資產支付的現金	136,590,322.00	1,039,817,130.00	83,837,658.00	75,630,570.00
投資支付的現金	240,224,481.00	628,565,935.00	1,013,522,765.00	870,044,567.00
取得子公司及其他營業單位支付的現金淨額	—	227,583,787.00	5,252,240.00	—
支付其他與投資活動有關的現金	—	19,910,931.00	54,886,338.00	—
投資活動現金流出小計	376,814,803.00	1,915,877,783.00	1,157,499,001.00	945,675,137.00
投資活動產生的現金流量淨額	-253,791,902.00	-1,561,226,532.00	-419,241,421.00	-445,789,078.00
三、籌資活動產生的現金流量				
吸收投資收到的現金	10,000,000.00	3,188,359,229.00	6,444,200,352.00	338,613,350.00
取得借款收到的現金	1,485,733,348.00	8,758,782,055.00	8,943,642,350.00	5,612,106,753.00
收到其他與籌資活動有關的現金	4,280,120,460.00	—	—	—
籌資活動現金流入小計	5,775,853,808.00	11,947,141,284.00	15,387,842,702.00	5,950,720,103.00
償還債務支付的現金	2,763,700,115.00	3,240,580,558.00	6,329,137,678.00	10,044,491,466.00
分配股利、利潤或償付利息支付的現金	223,117,559.00	510,825,979.00	894,253,290.00	1,095,366,405.00
支付其他與籌資活動有關的現金	4,072,548.00	—	—	—
籌資活動現金流出小計	2,990,890,222.00	3,751,406,537.00	7,223,390,968.00	11,139,857,871.00
籌資活動產生的現金流量淨額	2,784,963,586.00	8,195,734,747.00	8,164,451,734.00	-5,189,137,768.00
四、匯率變動對現金的影響	1,351,478.00	-6,337,460.00	-12,294,446.00	-2,200,526.00
其他原因對現金的影響	—	—	—	—
五、現金及現金等價物淨增加額	612,371,004.00	2,625,579,173.00	3,813,072,192.00	1,417,603,961.00
期初現金及現金等價物餘額	311,164,767.00	919,405,741.00	3,544,984,914.00	7,358,057,106.00
期末現金及現金等價物餘額	923,535,771.00	3,544,984,914.00	7,358,057,106.00	8,775,661,067.00

資料三：上市公司房地產行業財務指標平均值（如表1-72所示）

表1-72　　　　　上市公司房地產行業財務指標平均值

財務指標		上市公司平均值	房地產行業平均值	財務指標		上市公司平均值	房地產行業平均值
淨資產收益率（%）	2008年	8.66	9.71	資產負債率（%）	2008年	54.59	63.1
	2009年	9.45	11.33		2009年	57.52	65.24
總資產報酬率（%）	2008年	6.6	6.27	已獲利息倍數	2008年	5.18	10.48
	2009年	6.8	6.66		2009年	7.21	13.32

表1-72(續)

財務指標		上市公司平均值	房地產行業平均值	財務指標		上市公司平均值	房地產行業平均值
營業利潤率（%）	2008年	4.83	18.12	速動比率（%）	2008年	64.46	50.65
	2009年	7.07	20.2		2009年	69.84	64.81
盈利現金保障倍數	2008年	1.82	-1.59	現金流動負債比率（%）	2008年	18.99	-13.11
	2009年	2.09	1.12		2009年	21.75	10.19
股本收益率（%）	2008年	31.83	39.04	營業收入增長率（%）	2008年	18.75	17.05
	2009年	36.9	41.97		2009年	3.85	30.58
總資產週轉率	2008年	0.9	0.3	資本擴張率（%）	2008年	14.74	29
	2009年	0.78	0.3		2009年	17.6	30.32
流動資產週轉率	2008年	2.18	0.35	累計保留盈余率（%）	2008年	35.03	29.55
	2009年	1.82	0.36		2009年	35.83	32.77
應收帳款週轉率	2008年	17.05	29.88	總資產增長率（%）	2008年	17.97	31.07
	2009年	14.1	22.96		2009年	22.53	37.93
存貨週轉率	2008年	5.08	0.31	營業利潤增長率（%）	2008年	-43.43	6.48
	2009年	4.13	0.34		2009年	51.83	54.39

招商局地產控股股份有限公司2009年財務狀況綜合分析

一、行業與公司簡介

招商局地產控股股份有限公司（簡稱「招商地產」），成立於1984年，是香港招商局集團旗下三大核心產業（交通運輸及基礎設施、地產、金融）之一的地產業旗艦公司，也是國家一級房地產綜合開發公司和中國最早的專業房地產開發企業之一。公司於1993年在深圳證券交易所掛牌上市（A股000024，B股2000024），其主要下屬企業包括深圳招商房地產有限公司、深圳招商供電有限公司和深圳招商水務有限公司。目前公司分別在北京、上海、廣州設立區域管理總部，在天津、重慶、南京、蘇州以及漳州等城市設立註冊專業開發公司。

經過20多年的發展，招商地產已成爲一家集開發、物業管理有機配合、物業品種齊全的房地產業集團，形成了以深圳爲核心，以珠三角、長三角和環渤海經濟帶爲重點經營區域的市場格局。截至2009年年末，公司總股本達17.17億股，總資產超過479億元。公司分別在深圳、北京、上海、廣州、天津、蘇州、南京、佛山、珠海、重慶、漳州、成都、惠州13個大中城市擁有42個大型房地產項目，累積開發面積超過1,639萬平方米。

在20多年的實踐中，招商地產總結出一套注重生態、強調可持續發展的「綠色地產」企業發展理念，並成功開創了國內的社區綜合開發模式。憑藉公司治理模式與經營業績，招商地產收穫一系列殊榮：2002—2009年連續躋身中國房地產上市公司綜合實力TOP10；2004—2009年蟬聯中國藍籌地產企業稱號；以40.71億元的品牌價值榮

登「中國房地產公司品牌價值TOP10」;2009年,招商地產還成了聯合國首屆人居企業最佳獎的國內唯一獲得者,全球僅有五個項目獲此殊榮。招商地產是中國國資委首批重點扶持的5家房地產企業之一,並因旗下租賃、供電等業務所帶來的豐厚的經常性利潤,被譽為「最具抗風險能力的開發商」之一。

本文以招商地產2006年的財務狀況為起點,對其2007—2009年的經營業績和財務狀況作全面分析。

二、公司財務報表初步分析

(一)資產負債表初步分析

根據表1-69的資料,採用環比的方法對公司的資產負債表的主要項目進行趨勢分析,編製2007—2009年招商地產資產負債表趨勢與結構分析表(如表1-73所示)。

表1-73　　　　　　　資產負債表趨勢與結構分析表　　　　　　單位:%

項目	2007年 增減率	2007年 比重	2008年 增減率	2008年 比重	2009年 增減率	2009年 比重
貨幣資金	255.71	14.29	105.93	19.74	28.42	19.81
應收帳款	94.14	0.23	89.7	0.29	11.00	0.25
其他應收款	226.46	3.34	-6.98	2.08	147.46	4.02
存貨	79.22	68.38	39.04	63.76	27.62	63.60
其他流動資產	278.92	0.04	2,268.67	0.61	174.52	1.30
流動資產合計	98.80	86.29	49.99	86.81	31.20	89.02
長期應收款	—	—	—	2.60	9.28	2.22
長期股權投資	-51.53	2.26	35.71	2.06	-20.06	1.29
投資性房地產		9.47	10.74	7.03	5.88	5.82
固定資產	-49.56	1.15	-1.58	0.76	5.29	0.63
非流動資產合計	4.18	13.71	43.53	13.19	6.51	10.98
資產總計	76.79	100.00	49.11	100.00	27.94	100.00
短期借款	157.09	22.59	-36.28	9.65	-62.01	2.87
應付帳款	152.55	11.62	-36.11	4.98	45.17	5.65
預收款項	-77.83	0.73	1,392.17	7.30	247.74	19.83
應交稅費	87.42	1.26	-14.71	0.72	118.03	1.23
其他應付款	234.70	8.52	47.44	8.43	84.98	12.18
一年內到期的非流動負債	78.69	1.19	503.37	4.84	-27.99	2.72
其他流動負債	165.62	1.66	10.46	1.23	301.58	3.85
流動負債合計	113.37	48.92	15.77	37.98	66.77	49.51
長期借款	50.01	14.52	86.75	18.18	-15.97	11.94
非流動負債合計	-6.77	14.66	88.51	18.54	-15.22	12.28
負債合計	64.49	63.58	32.55	56.51	39.88	61.79
實收資本(或股本)	36.53	3.37	103.26	4.59	0.00	3.59
資本公積	128.88	13.60	150.41	22.83	-0.71	17.72
盈余公積	-13.31	2.44	9.51	1.79	17.24	1.64
未分配利潤	97.08	12.05	27.47	10.31	35.17	10.89

表1-73(續)

項目	2007年 增減率	2007年 比重	2008年 增減率	2008年 比重	2009年 增減率	2009年 比重
少數股東權益	678.31	4.95	14.09	3.78	42.81	4.22
歸屬母公司所有者權益	82.17	31.48	88.07	39.70	9.53	33.99
所有者權益（或股東權益）合計	103.32	36.42	78.02	43.49	12.42	38.21
負債和所有者（或股東權益）合計	76.79	100.00	49.11	100.00	27.94	100.00

1. 資產負債表總體狀況的初步分析

從表1-73可以看出：

(1) 從總體上來看，2007—2009年，招商地產的資產規模保持較快的增長，環比增幅分別爲76.79%、49.11%和27.94%，雖然增幅有所下降，但年增長達110億元，反應出公司良好的發展勢頭。

(2) 流動資產近三年的增長幅度分別爲98.8%、49.99%和31.2%，均超過總資產的增幅；非流動資產分別增長4.18%、43.53%和6.51%。可見，流動資產的快速增長是總資產增長的主要原因。

(3) 從資產結構來看，流動資產占總資產的比重近三年分別爲86.29%、86.81%和89.02%，非流動資產的比重分別爲13.71%、13.19%和10.98%。其中，2009年年末的公司資產總額中，貨幣資金占19.81%，存貨占63.6%，其他應收款占4.02%，這是流動資產占89.02%的主要原因；投資性房地產占5.82%，長期應收款占2.22%，固定資產占0.63%，其非流動資產占10.98%。這樣的資產結構基本上是比較合理的。作爲房地產行業，其中存貨占總資產的比重最大，說明該公司以備出售的房屋或處在開發過程中的在建房屋等供應還是比較充足的，其流動資產的比重89.02%遠遠高於非流動資產的比重10.98%，說明該公司的資產流動性和變現能力很強，對經濟形勢的應變能力較好；流動資產的增幅遠遠大於非流動資產的增幅，表明公司資產的流動性增強，資金營運順暢。

(4) 從資金來源看，2007—2009年，公司負債的增幅分別爲64.49%、32.55%、39.88%，其中流動負債分別增長113.37%、15.77%、66.77%，所有者權益分別增長103.32%、78.02%、12.42%。從結構來看，2007—2009年負債的增幅分別爲64.49%、32.55%、39.88%，說明公司的抗風險能力有一定的提高但負債的增幅還是過大，2009年的負債增幅大於資產增幅，應引起重視；所占比重有增有減但變化不大，保持在60%左右；所有者權益的增幅分別爲103.32%、78.02%、12.42%，增幅不斷在下降；所占比重也有增有減，保持在40%左右。由此可見，負債占總資產的比重大於所有者權益占總資產的比重，應引起重視，並減輕企業的債務負擔，降低財務風險。

2. 資產負債表主要項目的分析

(1) 貨幣資金分析。公司近三年貨幣資金分別增長255.7%、105.93%和28.42%，雖然環比增幅逐年放緩，但其占總資產的比重相對比較穩定，也處在較高的水平，2008—2009年均在19%左右，說明公司資金流動性較強，有較充裕的貨幣資金。

(2) 應收款項分析。應收帳款2009年比2008年增長11%，比2008年的增長率

94.14%大幅地回落，不過其比重較低，從后面利潤表分析中可以看到，2009年營業收入增長183.72%，說明公司產品銷售收入資金回收迅速；其他應收款2009年比2008年上升147.46%，其比重從2008年的2.08%提高到2009年的4.02%，原因是公司預付拍地保證金及定金增加。

(3) 存貨分析。2007—2009年，公司存貨的增幅逐年放緩，分別爲79.22%、39.04%和27.62%，其占資產的比重2008—2009年均保持在63%左右，作爲房地產開發企業，表明公司存有大量的土地和開發的房地產，爲公司可持續的發展提供了后勁。

(4) 長期投資分析。公司長期股權投資規模較小，其比重從2008年的2.06%下降到2009年的1.29%；投資性房地產的比重從2009年的9.47%也下降到2009年的5.82%，說明公司在收縮對外投資規模，以保證主營業務的發展。

(5) 固定資產分析。2007—2009年來，公司的固定資產所占比重和增幅都有所下降，且比重和增幅都很小。一般情況下房地產公司的固定資產帳面數，相對於企業的註冊資本、開發規模來說，金額不會很大。所以說，這樣的結構是合理的。

(6) 流動負債分析。2009年公司的流動負債占總資本的比重爲49.51%，比2008年的37.98%提高了11.53個百分點，其主要原因是預售款大幅度提高所致，其所占比重由2008年的7.3%上升到2009年的19.83%；其他應付款2009年比2008年也上升了3.75個百分點，達到12.18%，主要原因是子公司少數股東投入的項目墊款及關聯公司借款增加所致。

(7) 長期負債分析。公司的長期負債主要體現在長期借款上，其比重近三年分別爲14.52%、18.18%和11.94%。

(8) 股東權益分析。公司2009年的股東權益比2008年增長了12.42%，但由於增幅低於總資產，導致其比重只有38.21%，比2008年下降了5.28個百分點。

3. 資產負債表的總體評價

綜上所述，企業的資產總體質量較好，能維持正常的週轉。公司的資產規模擴張較快，但資產增長的效率還有待提高，應加強資金的回收管理；資產流動性和變現能力很強，對經濟形勢的應變能力較好；並且近三年公司資產的流動性不斷增強，資金營運順暢。但存貨和負債的比重仍然較大，應引起重視，並加強對存貨的管理和銷售工作，減輕公司的債務負擔，降低財務風險。總的來說，公司的流動資產和負債較高，表明該公司的穩定性較差，但較靈活，公司的財務狀況良好。

(二) 利潤表初步分析

根據表1-70的資料，採用環比的方法對公司的利潤表進行趨勢分析，編製2007—2009年招商地產利潤表趨勢與結構分析表（如表1-74所示）。

表1-74　　　　　　　　　利潤表趨勢與結構分析表　　　　　　　　單位:%

項目	2007年 增減率	2007年 比重	2008年 增減率	2008年 比重	2009年 增減率	2009年 比重
一、營業收入	39.88	100.00	-13.10	100.00	183.72	100.00
減：營業成本	19.02	53.00	-3.73	58.71	184.19	58.81
營業稅金及附加	134.64	12.47	-48.33	7.42	512.58	16.01

表 1-74(續)

項目	2007年 增減率	比重	2008年 增減率	比重	2009年 增減率	比重
銷售費用	0.03	1.85	197.47	6.34	25.86	2.81
管理費用	37.99	3.91	26.40	5.69	2.62	2.06
財務費用	-234.19	0.26	191.51	0.87	-149.67	-0.15
資產減值損失	—	-0.11	8,812.44	11.41	-99.88	0.00
加：公允價值變動淨收益	—	-1.23	-387.55	4.07	-171.26	-1.02
投資收益	-843.53	4.89	299.28	22.47	-62.06	3.00
其中：對聯營企業和合營企業的投資收益	—	3.50	22.97	4.95	-0.05	1.74
二、營業利潤	94.28	32.28	-2.79	36.11	76.30	22.44
加：營業外收入	13,077.22	3.16	-81.40	0.68	22.13	0.29
減：營業外支出	27.40	0.07	356.27	0.35	143.14	0.30
其中：非流動資產處置淨損失	—	0.04	—	—	—	0.01
三、利潤總額	102.36	35.37	-10.49	36.43	74.65	22.43
減：所得稅費用	104.70	6.31	-19.07	5.87	147.43	5.12
四、淨利潤	101.85	29.07	-8.63	30.56	60.67	17.31
歸屬於母公司所有者的淨利潤	103.88	28.16	6.02	34.36	33.93	16.22
少數股東損益	54.16	0.91	-464.04	-3.80	-181.35	1.09
五、每股收益						
(一) 基本每股收益	—	0.00	-41.98	0.00	2.13	0.00
(二) 稀釋每股收益	—	0.00	-38.16	0.00	2.13	0.00

從資料 1 招商地產 2009 年年度報告中可知公司 2009 年主營業務情況，如表 1-75、表 1-76 所示。

表 1-75　　　　　　2009 年主營業務分行業產品情況表

分行業	營業收入 金額(元)	比重(%)	營業成本 金額(元)	比重(%)	毛利率(%)	營業收入比上年增減(%)
房地產開發銷售	848,983	83.55	480,325	80.52	43	338
出租物業經營	48,251	4.75	25,731	4.31	47	-4
房地產仲介	12,737	1.25	9,104	1.53	29	112
園區供電供水	66,491	6.54	48,597	8.15	27	-12

表1-75(續)

分行業	營業收入 金額(元)	營業收入 比重(%)	營業成本 金額(元)	營業成本 比重(%)	毛利率(%)	營業收入比上年增減(%)
物業管理	38,279	3.77	31,442	5.27	18	27
工程施工收入	1,340	0.13	1,327	0.22	1	—
合計	1,016,081	100	596,526	100	41.29	—

表1-76　　　　　　　　　2009年主營業務分地區情況表

地區	營業收入 金額（元）	營業收入 比重（%）	營業收入比上年增減（%）
環渤海地區	116,893.00	11.53	85.61
長三角地區	270,944.00	26.73	425.09
珠三角地區	605,659.00	59.74	165.13
其他地區	20,174.00	1.99	45.23
合計	1,013,770.00	100	183.72

1. 利潤表總體狀況的初步分析

從表1-74中可以看出：

（1）從營業收入看，招商地產近三年營業收入分別增長39.88%、-13.1%、183.72%，波動幅度較大。2008年營業收入的下降，主要是由於國際金融風暴的影響，房地產陷入低迷，2009年，在國家積極的財政政策和適度寬鬆的貨幣政策刺激下，房地產市場逐步繁榮，公司的主營收入大幅提高183.72%。

（2）從利潤情況看，2007年，不論是營業利潤、利潤總額還是淨利潤，其增幅均超過營業收入；2008年，營業利潤、利潤總額和淨利潤分別下降2.79%、10.49%和8.63%，其下降幅度也都低於營業收入；2009年營業利潤增長76.3%，低於營業收入的增幅，主要原因是投資收益大幅度減少以及營業稅金大幅度提高所致。

2. 利潤表主要項目的分析

（1）營業收入分析。從產品收入結構看，由表1-75、表1-76可知，房地產開發銷售收入2009年比2008年增長了338%，其收入佔總收入的83.55%，為營業收入的大幅提升提供了重要的保障，表明公司的主營業務非常突出；出租物業經營和園區供電供水兩項收入2009年略有下降，房地產仲介收入和物業管理收入也有不同程度的提高；從收入的地區構成看，由表1-75可以知，長三角和珠三角地區銷售收入比重佔了主營收入的86.47%，這兩個地區的營業收入2009年和2008年分別增長了26.73%和59.74%，為營業收入的增長提供了重要的保證。

（2）營業利潤分析。營業利潤2009年比2008年增長76%，遠遠低於營業收入的增長幅度，主要原因是營業稅金及附加大幅增長所致，其佔營業收入的比重從2008年的7.42%上升到2009年的16.01%，直接導致了營業利潤佔營業收入的比重從2008年

的 36.11%下降到 2009 年的 22.44%；管理費用和銷售費用 2009 年的增幅也遠低於營業收入的增幅，使其占營業收入的比重比 2008 年都有所下降；投資收益和資產減值損失 2009 年大幅度減少，比重分別從 2008 年的 22.47%、11.41%下降到 2009 年的 3%和 0。

（3）淨利潤分析。營業外收入和營業外支出 2009 年比 2008 年儘管有不同程度的增長，但由於其占收入的比重很小，所以對利潤總額影響不大；所得稅占收入的比重 2009 年保持 2008 年的水平，以上分析的原因使淨利潤占營業收入的比重從 2008 年的 30.56%下降到 2009 年的 17.31%。

3. 利潤表的總體評價

綜合以上分析，總的來講，招商地產 2009 年主營業務鮮明，營業收入增長較快，主營業務的盈利水平保持穩定，盈利能力較強。

（三）現金流量表初步分析

根據表 1-71 的資料，採用環比的方法對公司的現金流量表的主要項目進行趨勢分析，編製 2007—2009 年招商地產現金流量表的趨勢、結構和內部結構分析表（如表 1-77 至表 1-80）。

表 1-77　　　　　　　　現金流量趨勢分析表　　　　　　　　單位:%

項目	2007 年增長率	2008 年增長率	2009 年增長率
一、經營活動產生的現金流量			
銷售商品、提供勞務收到的現金	2.19	63.66	157.08
收到的稅費返還	73.17	-55.87	-97.65
收到其他與經營活動有關的現金	270.08	-49.44	298.99
經營活動現金流入小計	32.93	26.95	173.89
購買商品、接受勞務支付的現金	60.39	14.14	-10.72
支付給職工以及爲職工支付的現金	43.16	34.12	9.01
支付的各項稅費	21.62	46.53	77.85
支付其他與經營活動有關的現金	55.97	-26.42	510.99
經營活動現金流出小計	56.58	14.86	12.57
經營活動產生的現金流量淨額	108.45	無意義	無意義
二、投資活動產生的現金流量			
收回投資收到的現金	-85.79	171.95	—
取得投資收益收到的現金	2,441.30	-63.66	-96.78
處置固定資產、無形資產和其他長期資產收回的現金淨額	74,270.57	-99.09	-90.93
處置子公司及其他營業單位收到的現金淨額	—	—	-98.05
收到其他與投資活動有關的現金	—	—	

表1-77(續)

項目	2007年增長率	2008年增長率	2009年增長率
投資活動現金流入小計	188.28	108.16	-32.29
購建固定資產、無形資產和其他長期資產支付的現金	661.27	-91.94	-9.79
投資支付的現金	161.66	61.24	-14.16
取得子公司及其他營業單位支付的現金淨額	—	-97.69	—
支付其他與投資活動有關的現金	—	175.66	—
投資活動現金流出小計	408.44	-39.58	-18.30
投資活動產生的現金流量淨額	515.16	-73.15	6.33
三、籌資活動產生的現金流量	—	—	—
吸收投資收到的現金	31,783.59	102.12	-94.75
取得借款收到的現金	489.53	2.11	-37.25
收到其他與籌資活動有關的現金	—	—	—
籌資活動現金流入小計	106.85	28.80	-61.33
償還債務支付的現金	17.26	95.31	58.70
分配股利、利潤或償付利息支付的現金	128.95	75.06	22.49
支付其他與籌資活動有關的現金	—	—	—
籌資活動現金流出小計	25.43	92.55	54.22
籌資活動產生的現金流量淨額	194.29	-0.38	-163.56
四、匯率變動對現金的影響	-568.93	94.00	-82.10
其他原因對現金的影響	—	—	—
五、現金及現金等價物淨增加額	328.76	45.23	-62.82
期初現金及現金等價物餘額	195.47	285.57	107.56
期末現金及現金等價物餘額	283.85	107.56	19.27

表1-78　　　　　　　　現金流入結構分析表

項目	數額（千元）			比重（%）		
	2007年	2008年	2009年	2007年	2008年	2009年
銷售商品、提供勞務收到的現金	3,785,455	6,195,335	15,926,684	21.15	26.67	61.44
收到的稅費返還	57,830	25,520	599	0.32	0.11	0
收到其他與經營活動有關的現金	1,756,269	887,927	3,542,739	9.81	3.82	13.67
經營活動現金流入小計	5,599,553	7,108,782	19,470,022	31.28	30.6	75.11
收回投資收到的現金	14,967	40,702	—	0.08	0.17	—

表1-78(續)

項目	數額（千元）			比重（%）		
	2007年	2008年	2009年	2007年	2008年	2009年
取得投資收益收到的現金	35,416	12,871	414	0.2	0.05	0
處置固定資產、無形資產和其他長期資產收回的現金淨額	304,268	2,773	252	1.7	0.01	0
處置子公司及其他營業單位收到的現金淨額	—	681,912	13,305	—	2.93	0.05
收到其他與投資活動有關的現金	—	—	485,916	—	—	1.87
投資活動現金流入小計	354,651	738,258	499,886	1.98	3.17	1.93
吸收投資收到的現金	3,188,359	6,444,200	338,613	17.81	27.74	1.31
取得借款收到的現金	8,758,782	8,943,642	5,612,107	48.93	38.49	21.65
收到其他與籌資活動有關的現金						
籌資活動現金流入小計	11,947,141	15,387,843	5,950,720	66.74	66.23	22.96
合計	17,901,345	23,234,882	25,920,628	100	100	100

表1-79　　　　　　　　　　現金流出結構分析表

項目	數額（千元）			比重（%）		
	2007年	2008年	2009年	2007年	2008年	2009年
購買商品、接受勞務支付的現金	8,213,204	9,374,818	8,370,247	53.79	48.3	34.16
支付給職工以及爲職工支付的現金	384,051	515,098	561,497	2.52	2.65	2.29
支付的各項稅費	547,320	802,008	1,426,343	3.58	4.13	5.82
支付其他與經營活動有關的現金	457,569	336,702	2,057,204	3	1.73	8.4
經營活動現金流出小計	9,602,145	11,028,626	12,415,290	62.88	56.82	50.67
購建固定資產、無形資產和其他長期資產支付的現金	1,039,817	83,838	75,631	6.81	0.43	0.31
投資支付的現金	628,566	1,013,523	870,045	4.12	5.22	3.55
取得子公司及其他營業單位支付的現金淨額	227,584	5,252	—	1.49	0.03	—
支付其他與投資活動有關的現金	19,911	54,886	—	0.13	0.28	—
投資活動現金流出小計	1,915,878	1,157,499	945,675	12.55	5.96	3.86
償還債務支付的現金	3,240,581	6,329,138	10,044,491	21.22	32.61	40.99
分配股利、利潤或償付利息支付的現金	510,826	894,253	1,095,366	3.34	4.6	4.47

表1-79（續）

項目	數額（千元）			比重（%）		
	2007年	2008年	2009年	2007年	2008年	2009年
支付其他與籌資活動有關的現金	—	—	—	—	—	—
籌資活動現金流出小計	3,751,407	7,223,391	11,139,85	24.57	37.22	45.47
合計	15,269,429	19,409,516	24,500,823	100	100	100

表1-80　　　　　　　　　　　　現金淨流量結構分析表

項目	2007年		2008年		2009年	
	數額（千元）	比重（%）	數額（千元）	比重（%）	數額（千元）	比重（%）
經營活動產生的現金流量淨額	-4,002,591,582	-152.45	-3,919,843,675	-102.80	7,054,731,333	497.65
投資活動產生的現金流量淨額	-1,561,226,532	-59.46	-419,241,421.00	-11.00	-445,789,078	-31.45
籌資活動產生的現金流量淨額	8,195,734,747	312.15	8,164,451,734	214.12	-5,189,137,768	-366.05
匯率變動對現金的影響	-6,337,460	-0.24	-12,294,446	-0.32	-2,200,526	-0.15
現金及現金等價物淨增加額	2,625,579,173	100.00	3,813,072,192	100.00	1,417,603,961	100.00

現金流量表的總體評價如下：

（1）現金流入結構評價

2007—2009年的現金流入結構中，2007年、2008年籌資活動現金流入的比重比較高，占到66%左右，其中借款籌資分別占48.93%和38.49%，而經營活動現金流入只占30%左右，但2009年的結構發生了較大變化，經營活動現金流入比重占75.11%，籌資活動現金流入比重下降到22.96%，表明公司的現金流入由籌資活動轉移到經營活動，並主要是通過銷售商品、提供勞務收到的現金來提高經營活動現金的流入，說明公司的收現能力在提高。三年來投資活動所占的比重都很小，2009年僅有1.93%。總的來說，公司的現金流入結構較合理，更多地通過經營活動來獲取現金，其籌資活動的比重較大，一方面說明公司的融資能力較強，一方面也說明公司還債壓力大，財務風險較高，但這種情況在2009年得到了較好的改善。

（2）現金流出結構評價

2007年、2008年、2009年三年的現金流出結構中，三年來經營活動現金流出所占比重不斷下降，但都超過50%。公司對經營活動投入的資金還是占得比較多的，但2009年的增幅僅為12.57%，主要是所占比重較大的購買商品、接受勞務支付的現金呈負增長狀態；投資活動流出現金所占的比重也不斷下降且呈負增長趨勢，說明公司對外投資有所減少；而籌資活動現金流出所占的比重和增幅不斷上升，2009年的增幅為54.22%，說明公司更多地去進行融資，但2009年籌資活動的現金流出量大於流入量，

說明公司在融資的同時進行了一定的收回投資活動。

(3) 現金淨流量評價

2007年到2009年，公司的經營活動現金流量流入流出比例不斷上升，從58.32%上升到156.82%，經營活動產生的現金流量淨額比重由2007年的-152.45%快速上升到2009年的497.65%。由此可見，公司經營活動創造現金的能力在增加。而籌資活動卻恰恰相反，現金流量流入流出比例由2007年的318.47%不斷下降到2009年的53.42%，現金流量淨額比重也由2007年的312.15%快速下降到2009年的-336.05%，表明公司籌資活動創造現金的能力不斷下降。而投資活動產生的現金流量淨額3年來的比重都為負數，分別是-59.46%、-11.00%和-31.45%，流入流出比例也都小於1，說明公司在投資活動上的情況並不樂觀。

綜上所述，公司經營活動現金流量還是比較充裕的，且2009年來佔有重要的地位，有一定程度的現金流動實力；投資活動所固有的風險也不容忽視；籌資活動產生的現金流入預示著籌資能力較強，但2009年逐漸轉向至經營活動。今後公司現金流量管理仍需保持並增強經營活動的獲利能力，另外也要警惕由於投資活動不當造成的財務狀況惡化。

三、財務能力分析

(一) 償債能力分析

償債能力是指企業償還本身所欠債務的現金保障程度。企業的債務包括流動負債和長期負債，評價企業短期償債能力的指標有流動比率、速動比率、現金比率、現金流動負債比等；評價長期償債能力的指標有資產負債率、產權比率、權益乘數、利息保障倍數、有形淨值債務率等。

根據招商地產2006—2009年的財務報表，可以計算該公司2007—2009年有關償債能力的比率，如表1-81所示。

表1-81　　　　　　　　　招商地產償債能力比率

指標	2007年	2008年		2009年	
	招商地產	招商地產	行業平均值	招商地產	行業平均值
流動比率	1.76	2.29	——	1.8	——
速動比率	0.37	0.61	0.51	0.51	0.65
現金比率	0.29	0.53	——	0.4	——
現金流動負債比	-0.33	-0.28	-0.13	0.3	0.1
資產負債率（%）	63.58	56.51	63.1	61.79	65.24
產權比率	1.75	1.3	——	1.62	——
權益乘數	2.75	2.3	——	2.62	——
利息保障倍數	138.15	43.11	10.48	無意義	13.2
有形淨值債務率	1.76	1.3	——	1.62	——
現金債務總額比	-0.25	-0.19	——	0.24	——

表1-81中的有關數據反應在圖形中，如圖1-1所示。

從表1-81和圖1-1可知：

(1) 從短期償債能力看。招商地產的流動比率、速動比率和現金比率在2007—

	2007年	2008年	2009年
流動比率	1.76	2.29	1.8
速動比率	0.37	0.61	0.51
現金比率	0.29	0.53	0.4
現金流動負債比	-0.33	-0.28	0.3

	2007年	2008年	2009年
資產負債率(%)	63.58	56.51	61.79
利息保障倍數	138.15	43.11	0
有形淨值債務率	1.76	1.3	1.62

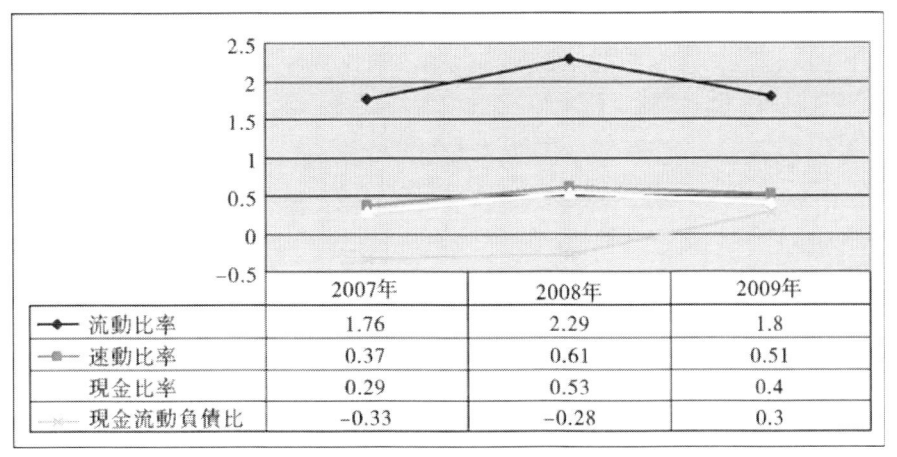

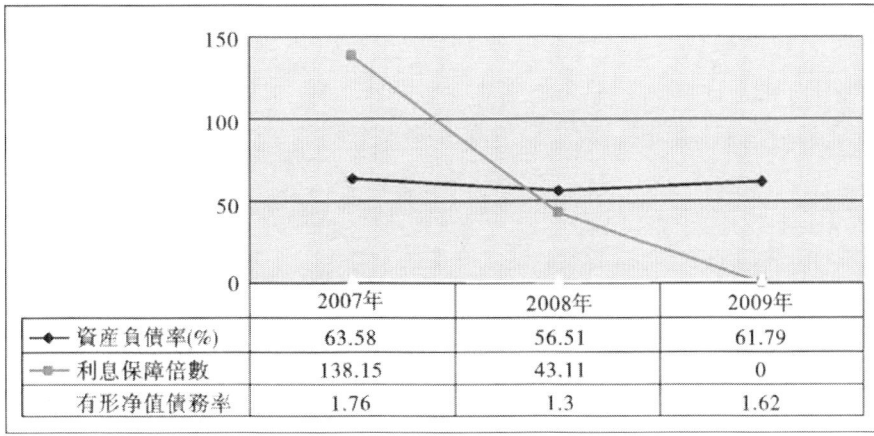

圖 1-1　招商地產償債能力趨勢圖

2009 年存在一定波動，2008 年在全球金融風暴的衝擊下這三大指標均超過 2007 年。其中，速動比率高於行業平均數，但 2009 年在經濟出現回暖時，三大指標反而全面下降，並且速動比率低於行業平均數；另外，現金流動負債比在 2007—2008 年為負值後，2009 年轉為正值，達到 0.3，比行業平均值 0.1 高了 0.2。

（2）從長期償債能力看。2007—2009 年，公司資產負債率總體上保持基本穩定，並略有下降，2008—2009 年都在行業平均數以下；利息保障倍數 2007 年、2008 年均保持較高水平，並遠遠高於行業平均數，2009 年雖然為「無意義」，是表示 2009 年沒有利息負擔；產權比率和權益乘數 2007—2009 年在波動中略為下降；現金債務總額比 2009 年從 2008 年的負數轉為正數，達到 0.24。

（3）總的來說，2007—2009 年，招商地產短期償債能力雖有波動，但總體上有所提高，處在行業的中等水平，負債結構基本合理。

（二）營運能力分析

營運能力是指企業經營資產創造價值的能力，它體現了企業資產利用的效率和效益，反應營運能力一般用資產週轉率或週轉天數表示，包括總資產週轉率和週轉天數、流動資產週轉率和週轉天數、固定資產週轉率和週轉天數、應收帳款週轉率和週轉天

數、存貨週轉率和週轉天數等。

根據招商地產 2006—2009 年的財務報表，可以計算該公司 2007—2009 年有關營運能力的比率，如表 1-82 所示。

表 1-82　　　　　　　　　　招商地產營運能力指標

指標	2007 年	2008 年		2009 年	
	招商地產	招商地產	行業平均值	招商地產	行業平均值
總資產週轉率	0.21	0.11	0.3	0.24	0.3
固定資產週轉率	9.54	12.46	—	34.71	—
流動資產週轉率	0.25	0.13	0.35	0.27	0.36
存貨週轉率	0.16	0.1	0.31	0.22	0.34
應收帳款週轉率	96.07	43.66	29.88	89.66	22.96

表 1-82 中的有關數據反應在圖形中，如圖 1-2 所示。

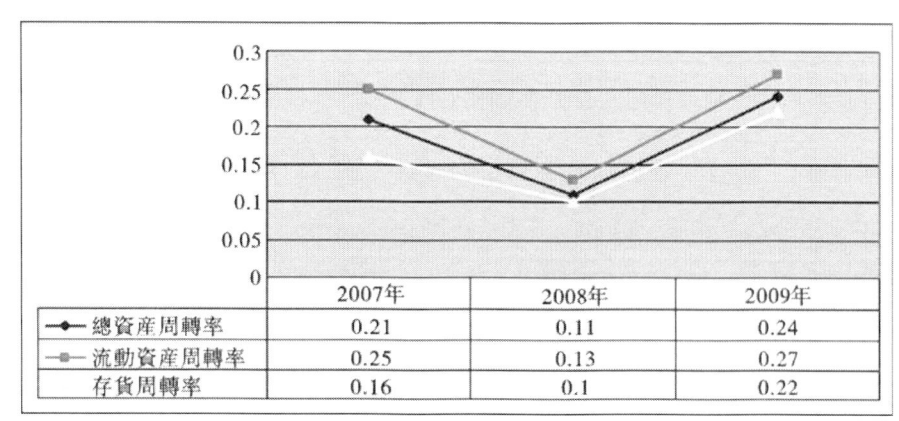

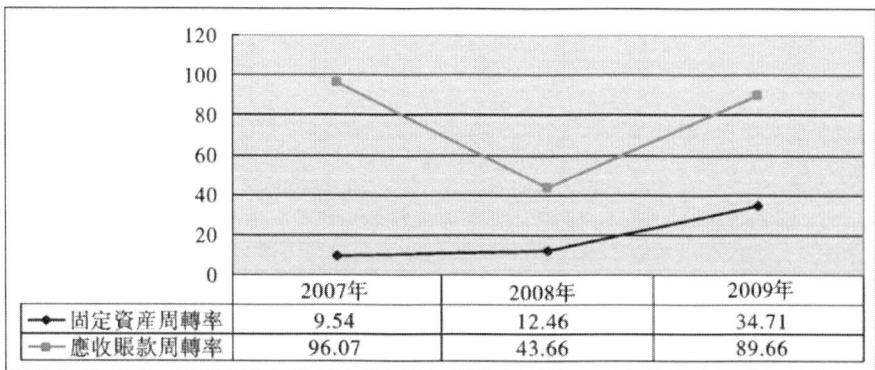

圖 1-2　招商地產營運能力趨勢圖

分析：從表 1-82 和圖 1-2 可以看出：

（1）從短期資產週轉情況看。招商地產應收帳款週轉率 2009 年為 89.66 次，比 2008 年的 43.66 次提高了 46 次，增加了一倍多，接近了金融風暴前 2007 年的水平，並且 2008 年和 2009 年兩年遠遠高於行業平均數，尤其是 2009 年是行業平均數的四倍，

說明公司應收帳款回收迅速，銷售順暢；存貨週轉率從2007年的0.16次減少到2008年的0.1次後，2009年又增加到2009年的0.22次，三年來總體上是上升的，但比值較低，2008—2009年都低於行業平均數；流動資產週轉率從2008年的0.13次提高到2009年的0.27次超過了2007年，但2008—2009年也均低於行業平均水平。

（2）從長期資產週轉情況看。固定資產週轉率從2007年的9.54次快速上升到2009年的34.71次，從比較資產負債表可知，這與固定資產占總資產的比重逐年下降有關。

（3）從總資產週轉率看來，招商地產近三年在波動中小幅變動，從2007年的0.21次到2009年的0.24次，總體是上升的，也就是說平均一元的資產營運一年所取得的營業收入從2007年的0.21元上升到2009年的0.24元，資產利用效率有所提高，但2008年與2009年也都低於行業平均數。

（4）總的來說，2007—2009年，招商地產除應收帳款維持較高水平以外，其餘資金週轉率均都不太理想，資產運用效率有待提高，資產週轉能力在行業中處在中下水平，表明公司在資產營運管理上還應加大力度，尤其要加快存貨的週轉，避免土地過多的積壓，以提高資金運用的效益。

（三）盈利能力分析

盈利能力是指企業賺取利潤的能力。一般可以通過三大側面衡量企業的盈利能力：一是每一元營業收入取得多少利潤，或每消耗一元成本費用取得多少利潤，即營業盈利能力，評價指標有銷售毛利率、營業利潤率、銷售淨利率、成本費用利潤率等；二是每一元資產取得多少利潤，即資產盈利能力，評價指標有總資產報酬率、總資產淨利率、流動資產利潤率、固定資產利潤率等；三是每投入一元資本取得多少利潤，即資本盈利能力，評價指標有股本收益率、所有者權益利潤率、淨資產收益率、每股收益等。

根據招商地產2006—2009年的財務報表，可以計算該公司2007—2009年有關營業盈利能力、資產盈利能力和資本盈利能力的比率，如表1-83、表1-84、表1-85所示。

將表1-83、1-84、1-85反應在圖形上，如圖1-3、圖1-4、圖1-5所示。

表1-83　　　　　　　　　招商地產營業盈利能力比率　　　　　　　　單位：%

指標	2007年	2008年		2009年	
	招商地產	招商地產	行業平均	招商地產	行業平均
銷售毛利率	47	41.29	—	41.19	—
收入成本率	53	58.71	—	58.81	—
營業利潤率	32.28	36.11	18.12	22.44	20.2
銷售淨利率	29.07	30.56	—	17.31	—
成本費用利潤率	49.48	46.11	—	28.2	—

	2007年	2008年	2009年
銷售毛利率(%)	47	41.29	41.19
收入成本率(%)	53	58.71	58.81
營業利潤率(%)	32.28	36.11	22.44
銷售淨利率(%)	29.07	30.56	17.31
成本費用利潤率(%)	49.48	46.11	28.2

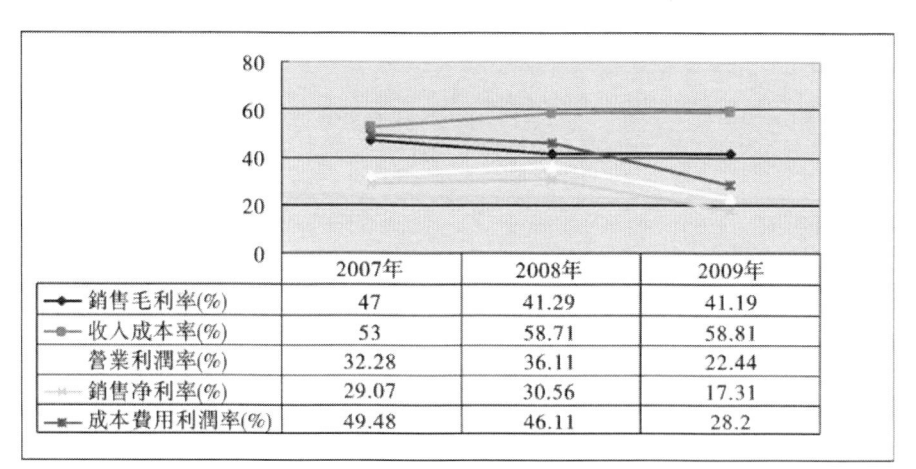

圖 1-3　招商地產營業盈利能力趨勢圖

表 1-84　　　　　　　　招商地產資產盈利能力比率　　　　　　　單位：%

指標	2007 年	2008 年		2009 年	
	招商地產	招商地產	行業平均	招商地產	行業平均
總資產淨利率	6.08	3.49	—	4.11	—
總資產利潤率	7.4	4.16	—	5.33	—
總資產報酬率	7.45	4.26	6.27	5.29	6.66
流動資產利潤率	8.93	4.81	—	6.05	—
固定資產利潤率	337.31	453.83	—	778.42	—

	2007年	2008年	2009年
總資產淨利率(%)	6.08	3.49	4.11
總資產利潤率(%)	7.4	4.16	5.33
總資產報酬率(%)	7.45	4.26	5.29
流動資產利潤率(%)	8.93	4.81	6.05

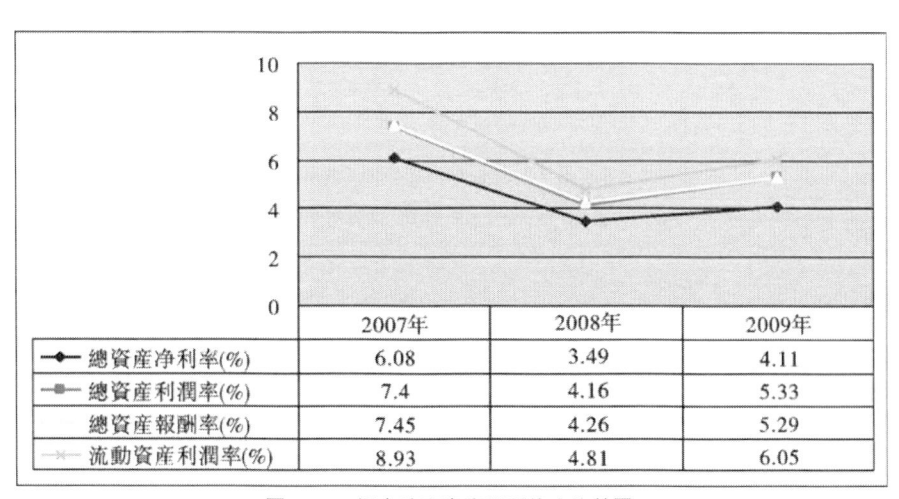

圖 1-4　招商地產資產盈利能力趨勢圖

表1-85　　　　　　　　　招商地產資本盈利能力比率　　　　　　　　　單位:%

指標	2007年	2008年		2009年	
	招商地產	招商地產	行業平均	招商地產	行業平均
所有者權益利潤率	21.32	10.24	—	13.15	—
淨資產淨利率	17.52	8.59	9.71	10.15	11.33
股本收益率	163.3	85.24	39.4	102.16	41.97
資本保值淨值率	203.32	178.02	—	112.42	—

	2007年	2008年	2009年
所有者權益利潤率(%)	21.32	10.24	13.15
淨資產淨利率(%)	17.52	8.59	10.15
股本收益率(%)	163.3	85.24	102.16
資本保值淨值率(%)	203.32	178.02	112.42

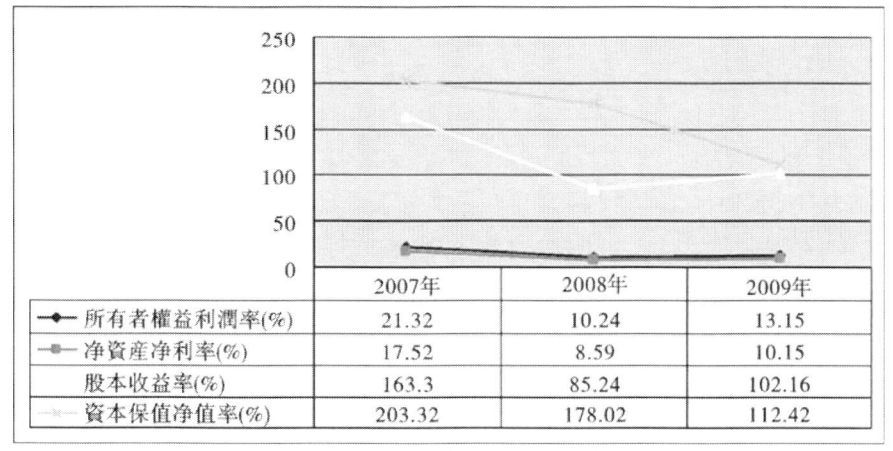

圖1-5　招商地產資本盈利能力趨勢圖

從表1-83、表1-84、表1-85和圖1-3、圖1-4、圖1-5可以看出:

(1) 從營業盈利能力看,招商地產2007—2009年的銷售毛利率、營業利潤率、銷售淨利率總體來說呈下降趨勢,尤其是營業利潤率和銷售淨利率2009年比2008年下降均超過了12個百分點左右,也就是說,每100元的營業收入獲得的各種利潤不斷減少。

(2) 收入成本率從2007年到2009年持續上升了近6個百分點,而成本費用利潤率下降了近21個百分點,主要原因是公司的成本費用過高。

(3) 從資產盈利能力看,總資產淨利率、總資產利潤率、總資產報酬率、流動資產利潤率四個指標2008年都比2007年有大幅下降,雖然2009年有所回暖,但都比2007年下降了30%以上,表明公司2009年的總資產和流動資產盈利水平在下降。

(4) 固定資產利潤率2007—2009年呈大幅度上升,由2007年的337.31%快速上升到2009年的778.42%,而流動資產利潤率逐年下降,這也表明公司的資產結構不盡合理。

(5) 從資本盈利能力看,所有者權益利潤率、淨資產淨利率、股本收益率、資本保值淨值率2007—2009年都呈下降趨勢,其中所有者權益利潤率和淨資產淨利率下降了7個百分點左右,2009年分別為13.15%和10.15%;股本收益率和資本保值淨值率下降幅度較大,分別由163.30%下降到102.16%,203.32%下降到112.42%,表明近三年的股東權益回報率不斷降低。

(6) 總的來看，公司的盈利水平在行業中處於中等水平，盈利能力近三年來總體呈下降趨勢，主要原因是成本費用增加，公司應對成本費用進行適當的控制，同時應加強對流動資產和固定資產的管理，加強資金的有效利用。

(四) 獲現能力分析

獲現能力是指企業獲取現金的能力，通常用銷售現金回收率、營業收入現金比率、淨利潤現金比率、全部資產現金回收率、總資產現金週轉率等指標評價企業的獲現能力。

根據招商地產 2006—2009 年的財務報表，可以計算該公司 2007—2009 年有關獲現能力的比率，如表 1-86 所示。

表 1-86　　　　　　　　　招商地產獲現能力比率　　　　　　　　　單位：%

指標	2007年 招商地產	2008年 招商地產	2008年 行業平均	2009年 招商地產	2009年 行業平均
銷售現金回收率	92.07	173.38	—	157.1	—
營業收入現金比率	-97.35	-109.7		69.59	
淨利潤現金比率	-334.91	-358.96	-1.59	402.1	112
全部資產現金回收率	-20.36	-12.53		16.53	
總資產現金週轉率	19.26	19.81		37.33	

表 1-86 的有關數據反應在圖形上，如圖 1-6 所示。

	2007年	2008年	2009年
銷售現金回收率(%)	92.07	173.38	157.1
營業收入現金比率(%)	-97.35	-109.7	69.59
淨利潤現金比率(%)	-334.91	-358.96	402.1
全部資產現金回收率(%)	-20.36	-12.53	16.53
總資產現金周轉率(%)	19.26	19.81	37.33

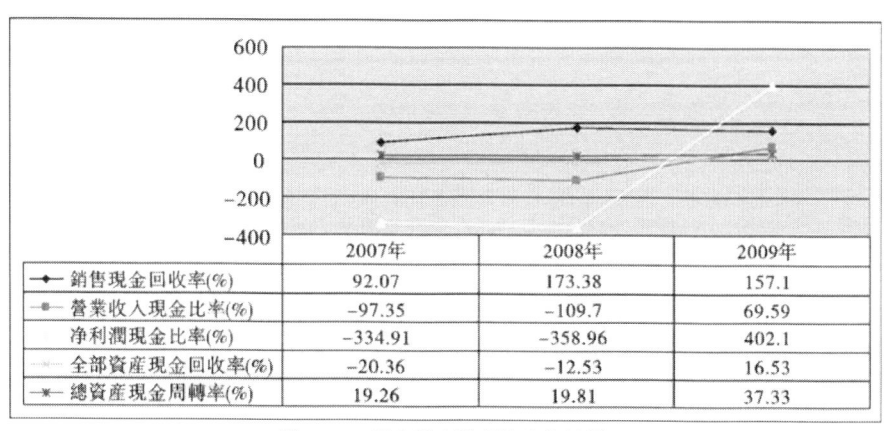

圖 1-6　招商地產獲現能力趨勢圖

從表 1-86 和圖 1-6 可以看出：

(1) 銷售現金回收率近年來保持較高的水平，2009 年達到 157.1%，這表明當年的營業收入全部收回以外，還收回部分往年形成的應收帳款，雖然比 2008 年有所下降，但 2007 年以來總體上是上升的；營業收入現金比率從 2007 年到 2008 年連續兩年為負數後，2009 年轉為正數，達到 69.59%，表明每 100 元營業收入所收回的淨現金在大幅度增加。這兩個指標的上升，體現了公司營業收入的質量有所提高，公司經營狀

况和經營效益較好。

(2) 淨利潤現金比率2009年爲402.1%，從前兩年的負數轉爲正數，大幅高於行業平均數，反應了公司利潤質量在提高，處於行業的中上水平。

(3) 總資產現金週轉率近三年逐年提高，從2007年的19.26%提高到2009年的37.33%。其中，2009年比2008年提高了18個百分點；全部資產現金回收率從前兩年的負數轉爲2009年的正數，達到16.53%，2009年這兩個比率的提高都表明了招商地產資產獲現能力不斷增強。

(4) 綜合以上分析，可以認爲招商地產銷售獲現能力、資產獲現能力較強，利潤質量不斷提高，處於行業的中上水平。

(五) 增長能力分析

增長能力通常是指企業未來生產經營活動的發展趨勢和發展潛能。分析增長能力主要考察的指標有總資產增長率、營業收入增長率、資本累積率等。

根據招商地產2006—2009年的財務報表，可以計算該公司2007—2009年總資產、營業收入、營業利潤、淨利潤、淨資產、股本的環比增長比率，如表1-87所示。

表1-87　　　　　　　　　　招商地產增長能力比率　　　　　　　　　　單位：%

指標	2007年	2008年		2009年	
	招商地產	招商地產	行業平均	招商地產	行業平均
總資產增長率	76.79	49.11	31.07	27.94	37.93
營業收入增長率	39.88	-13.1	17.05	183.72	30.58
淨利潤增長率	101.85	-8.63	—	60.67	
營業利潤增長率	94.28	-2.79	6.48	76.3	54.39
淨資產增長率	103.32	78.02	29.00	12.42	30.32
股本增長率	36.53	103.26	—	0	
累計保留盈余率	39.79	27.82	29.55	32.79	32.77

根據表1-69和表1-70將招商地產2006—2009年的總資產、營業收入、營業利潤、淨利潤和淨資產等指標列示如表1-88所示。

表1-88　　　　　　　　招商地產2006—2009年的各項指標情況　　　　　　　　單位：元

指標	2006年	2007年	2008年	2009年
資產總計	14,201,844,482	25,107,163,682	37,437,014,995	47,897,160,497
營業收入	2,939,402,576	4,111,644,668	3,573,184,200	10,137,701,049
營業利潤	683,135,880	1,327,211,067	1,290,208,060	2,274,640,163
淨利潤	592,077,561	1,195,130,888	1,092,000,105	1,754,465,851
所有者權益合計	4,497,740,069	9,144,744,728	16,279,507,004	18,302,036,477

將表1-88數據反應在圖形上,如圖1-7、圖1-8所示。

	2006年	2007年	2008年	2009年
資產總計	14,201,844,482.	25,107,163,682.	37,437,014,995.	47,897,160,497.
營業收入	2,939,402,576.0	4,111,644,668.0	3,573,184,200.0	10,137,701,049.
所有者權益合計	4,497,740,069.0	9,144,744,728.0	16,279,507,004.	18,302,036,477.

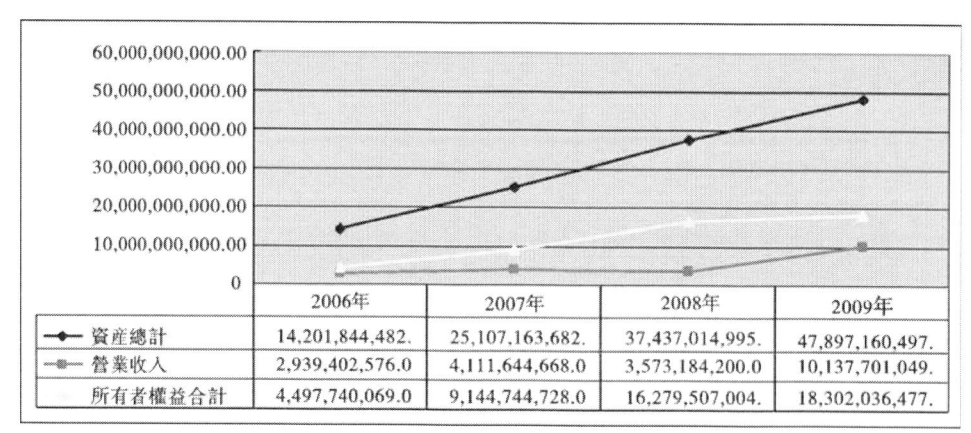

圖1-7　招商地產資產、營業收入和淨資產變化趨勢圖

	2006年	2007年	2008年	2009年
營業收入	2,939,402,576.	4,111,644,668.	3,573,184,200.	10,137,701,049
營業利潤	683,135,880.00	1,327,211,067.	1,290,208,060.	2,274,640,163.
淨利潤	592,077,561.00	1,195,130,888.	1,092,000,105.	1,754,465,851.

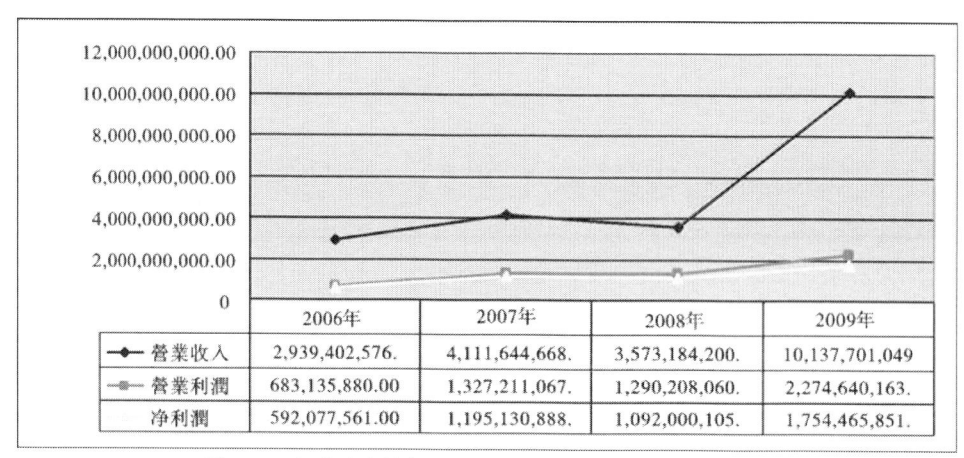

圖1-8　招商地產營業收入、營業利潤和淨利潤變化趨勢圖

從表1-87、圖1-7和圖1-8可以看出:

(1) 2007—2009年,公司的總資產穩步增長,三年的環比增長率分別達到76.8%、49.1%和27.9%,表明公司的實力不斷增強,但是2009年資產的增長率低於行業平均數,反應出公司作爲房地產企業資產規模的擴張在行業中面臨著壓力。

(2) 2008年,公司儘管總資產在增長49.11%的情況下,但營業收入、營業利潤和淨利潤卻出現負增長,這是由於2008年發生的金融風暴的影響。2009年,營業收入、營業利潤和淨利潤的增長速度均超過總資產的增長速度一倍以上,其中,營業收入增長了183.72%,是總資產增長率的五倍多,營業利潤增長率高於行業平均數,扭轉了2008年的不利局面,資產利用效率在提高。

(3) 2008年,公司股本比2007年增長103.3%,是當年總資產和淨資產增長的主要資金來源。2009年,公司淨資產比2008年增長12.42%,在股本不變的情況下,低於淨利潤的增長速度,也遠遠低於行業平均增長率。累計保留盈余率在2007—2009年

有所下降，從 2007 年的 39.79% 減少到 2009 年的 32.79%，與行業平均數持平。

（4）總的來說，近三年，招商地產資產規模穩步增長，收入和利潤的增長出現一定幅度的波動，與 2006 年相比，資產規模、營業收入、淨利潤和股東權益 2009 年均大大提高，公司的整體實力不斷增強，發展能力處在行業的中等水平。

四、綜合分析與評價

通過以上分析，可以得出以下總體印象：

（1）2009 年，招商地產的資產規模保持平穩較快增長，資產增長效益高，資產結構合理。但近年來資產增長效益性不穩定，2008 年在總資產增長 49% 的情況下，營業收入出現負增長。

（2）公司的資本盈利能力和資產盈利能力 2009 年比 2008 年有不同程度的提高，但均小於 2007 年，反應出公司受 2008 年金融風暴的影響，元氣還尚未完全恢復。同時，2009 年，銷售淨利率大幅下降，主要是因為成本費用利潤率下降的影響，公司應加強對費用的控制，公司整體的盈利能力處在行業中等偏下的水平。

（3）公司資產週轉速度 2009 年有所加快，但比率偏低，除應收帳款週轉率以外，2008—2009 年，總資產週轉率、流動資產週轉率、存貨週轉率均低於行業平均數，顯示出招商地產整體的營運能力處在行業的中下水平，尤其是要加強存貨的管理，減少存貨的積壓，提高流動資產利用效率。

（4）2009 年，公司現金流量的質量有所提高，銷售收入現金回收速度加快，經營活動現金淨流量轉為正數，收入與利潤的質量有所提高，獲現能力明顯增強。

（5）總體來說，公司的整體實力不斷增強，發展能力在行業競爭中處於中等水平。

案例二
亨通光電與三維通信財務狀況對比分析

【案例分析目標】

通過學習本案例，讀者能明確兩個同類企業財務狀況對比分析的基本思路和方法，能明確如何通過分析揭示企業存在的財務問題，並對其投資價值作出正確的判斷。

【案例分析資料】

【資料一】 亨通光電財務資料

1. 公司基本情況與經營範圍

江蘇亨通光電股份有限公司（以下簡稱「亨通光電」）前身為吳江妙都光纜有限公司，1999 年 12 月 8 日經江蘇省人民政府蘇政復〔1999〕144 號文批准同意，改制為股份有限公司。公司經中國證券監督管理委員會證監發行字〔2003〕72 號文核准，於 2003 年 8 月 7 日通過上海證券交易所發行人民幣普通股（A 股）3,500 萬股，發行 A 股後總股本為 12,612 萬元。公司股票於 2003 年 8 月在上海證券交易所上市。股票代碼為 600487。公司已於 2005 年 8 月 8 日完成股權分置改革。公司自建立以來，現在股本為 20,708.25 萬股，其中流通股 16,612 萬股。

公司所屬行業為光纜製造行業，經營範圍為光纖光纜、電力電纜、特種通信線纜、光纖預製棒、光纖拉絲、電源材料及附件、電子元器件、通信設備的製造、銷售，廢舊金屬的收購、網路工程設計、安裝、實業投資，自營和代理各類商品和技術的進出口業務。

2. 2007—2010年主營業務情況（表2-1所示）

表2-1　　　　　　　　　公司2007—2010年主營業務構成表

2007年	項目名稱	主營業務收入（元）	主營業務成本（元）	主營業務毛利（元）	毛利率（%）
	光纖光纜及相關產品	1,065,222,379	830,139,532	235,082,847	22.07
2008年	項目名稱	主營業務收入（元）	主營業務成本（元）	主營業務毛利（元）	毛利率（%）
	光纖光纜及相關產品	566,144,369	449,600,691	116,543,677	20.59
2009年	項目名稱	主營業務收入（元）	主營業務成本（元）	主營業務毛利（元）	毛利率（%）
	光纖光纜	1,858,465,500	1,354,375,400	504,090,100	27.12
2010年	項目名稱	主營業務收入（元）	主營業務成本（元）	主營業務毛利（元）	毛利率（%）
	光纖光纜	2,051,921,500.00	1,455,088,100.00	596,833,400.00	29.09

3. 2007—2010年財務報表

（1）資產負債表（如表2-2所示）

表2-2　　　　　　　　　亨通光電資產負債表　　　　　　　　　單位：元

會計年度	2007年	2008年	2009年	2010年
貨幣資金	593,295,189.97	514,236,096.93	722,016,839.14	510,360,938.07
應收票據	23,709,593.82	31,825,038.32	43,519,724.88	33,949,997.94
應收帳款	386,128,675.88	390,342,105.18	456,978,622.44	591,702,913.99
預付款項	76,066,459.39	80,878,798.22	97,901,230.39	210,857,798.20
其他應收款	17,211,193.48	14,083,504.20	12,077,437.67	18,356,552.37
存貨	345,797,637.58	432,626,959.61	640,415,843.06	785,679,269.81
流動資產合計	1,442,208,750.12	1,463,992,502.46	1,972,909,697.58	2,150,907,470.38
可供出售金融資產	76,442,299.02	—	—	—
長期股權投資	—	90,000,000.00	110,000,000.00	110,000,000.00
固定資產	374,304,182.91	392,350,554.24	410,545,863.71	769,882,847.43
在建工程	16,434,515.39	142,515,749.30	328,830,862.82	295,068,772.45
無形資產	22,092,334.17	26,313,790.59	82,553,459.65	166,717,823.71
長期待攤費用	1,165,338.77	24,481.00	—	—
遞延所得稅資產	5,384,169.78	6,602,631.67	7,315,400.04	10,024,823.29
其他非流動資產	15,408,896.34	12,852,978.28	10,297,060.22	7,741,142.16
非流動資產合計	511,231,736.38	670,660,185.08	949,542,646.44	1,359,435,409.04
資產總計	1,953,440,486.50	2,134,652,687.54	2,922,452,344.02	3,510,342,879.42
短期借款	299,700,000.00	283,500,000.00	610,000,000.00	725,000,000.00
應付票據	181,423,119.54	170,117,126.73	320,626,545.44	204,984,442.70
應付帳款	195,080,391.17	304,344,007.12	375,047,093.51	505,136,486.87
預收款項	8,650,099.94	41,759,617.14	72,507,207.85	67,053,301.61
應付職工薪酬	4,831,622.56	8,207,477.26	20,591,326.59	39,915,175.86
應交稅費	15,298,452.39	5,130,556.85	17,460,940.89	13,274,876.02

表2-2(續)

會計年度	2007年	2008年	2009年	2010年
應付利息	575,372.50	215,332.25	792,930.00	2,489,141.94
應付股利	4,568,077.97	4,098,740.10	3,393,787.51	7,617,109.14
其他應付款	31,126,059.98	26,621,678.79	9,618,355.25	14,839,392.15
流動負債合計	741,253,196.05	843,994,536.24	1,430,038,187.04	1,580,309,926.29
長期借款	—	—	—	214,992,124.00
專項應付款	11,104,038.06	12,654,038.06	—	19,040,000.00
遞延所得稅負債	1,705,002.80	835,574.67	725,003.65	—
其他非流動負債	—	—	24,123,885.18	86,192,000.00
非流動負債合計	12,809,040.86	13,489,612.73	24,848,888.83	320,224,124.00
負債合計	754,062,236.91	857,484,148.97	1,454,887,075.87	1,900,534,050.29
實收資本（或股本）	166,120,000.00	166,120,000.00	166,120,000.00	166,120,000.00
資本公積	601,562,751.35	596,086,797.18	596,086,797.18	596,086,797.18
盈餘公積	73,772,446.06	82,176,138.94	90,349,632.78	98,391,111.02
減：庫存股	—	—	—	—
未分配利潤	231,364,617.42	296,224,921.64	438,708,321.72	551,881,694.48
少數股東權益	126,558,434.76	136,560,680.81	176,300,516.47	197,329,226.45
歸屬母公司所有者權益（或股東權益）	1,072,819,814.83	1,140,607,857.76	1,291,264,751.68	1,412,479,602.68
所有者權益（或股東權益）合計	1,199,378,249.59	1,277,168,538.57	1,467,565,268.15	1,609,808,829.13
負債和所有者（或股東權益）合計	1,953,440,486.50	2,134,652,687.54	2,922,452,344.02	3,510,342,879.42

(2) 利潤表（如表2-3所示）

表2-3　　　　　　　　　亨通光電利潤表　　　　　　　　單位：元

會計年度	2007年	2008年	2009年	2010年
一、營業收入	1,100,311,919.08	1,437,658,820.25	1,887,089,228.75	2,085,061,276.24
減：營業成本	857,090,815.97	1,143,669,264.06	1,364,938,015.56	1,479,124,555.73
營業稅金及附加	3,812,084.84	4,671,844.03	6,100,254.77	5,750,861.76
銷售費用	45,429,353.06	67,168,730.98	107,369,929.35	118,449,322.94
管理費用	45,525,527.27	73,623,711.27	129,816,048.10	216,175,234.21
財務費用	17,799,759.77	17,534,540.26	22,511,416.77	42,397,953.87
資產減值損失	2,083,011.39	8,849,108.85	6,995,716.42	10,220,363.19
加：投資收益	-2,553,452.31	19,093,028.79	-955,918.06	3,739,581.94
二、營業利潤	126,017,914.47	141,234,649.59	248,401,929.72	216,682,566.48
加：營業外收入	4,450,036.94	6,085,809.38	11,269,398.09	20,444,617.85
減：營業外支出	360,408.10	2,329,321.33	1,160,846.83	3,908,477.66
三、利潤總額	130,107,543.31	144,991,137.64	258,510,480.98	233,218,706.67

表2-3(續)

會計年度	2007年	2008年	2009年	2010年
減：所得稅費用	32,329,484.80	21,097,719.81	38,209,849.36	36,903,150.71
四、淨利潤	97,778,058.51	123,893,417.83	220,300,631.62	196,315,555.96
歸屬於母公司所有者的淨利潤	79,654,526.12	106,487,997.10	183,880,893.92	162,744,851.00
少數股東損益	18,123,532.39	17,405,420.73	36,419,737.70	33,570,704.96
五、每股收益	—	—	—	—
（一）基本每股收益	0.48	0.64	1.11	0.98
（二）稀釋每股收益	0.48	0.64	1.11	0.98

（3）現金流量表（如表2-4所示）

表2-4　　　　　　　　　　亨通光電現金流量表　　　　　　　　　　單位：元

報告年度	2007年	2008年	2009年	2010年
銷售商品、提供勞務收到的現金	1,412,027,530.35	1,820,650,591.16	2,227,812,373.20	2,662,862,507.29
收到的稅費返還	812,138.95	2,159,786.61	1,662,402.72	167,157.69
收到其他與經營活動有關的現金	43,960,343.73	26,593,400.04	52,364,669.60	141,420,559.09
經營活動現金流入小計	1,456,800,013.03	1,849,403,777.81	2,281,839,445.52	2,804,450,224.07
購買商品、接受勞務支付的現金	1,105,414,826.20	1,375,765,195.21	1,710,666,770.63	2,287,090,492.83
支付給職工以及為職工支付的現金	38,742,509.41	54,571,270.90	74,663,833.17	108,138,624.13
支付的各項稅費	71,755,522.89	88,405,272.51	87,099,268.04	103,229,752.23
支付其他與經營活動有關的現金	80,309,713.85	115,234,225.66	175,844,737.91	206,098,378.09
經營活動現金流出小計	1,296,222,572.35	1,633,975,964.28	2,048,274,609.75	2,704,557,247.28
經營活動產生的現金流量淨額	160,577,440.68	215,427,813.53	233,564,835.77	99,892,976.79
收回投資收到的現金	5,000,000.00	21,648,946.85	——	——
取得投資收益收到的現金	2,465.75	——	1,600,000.00	2,000,000.00
處置固定資產、無形資產和其他長期資產收回的現金淨額	360,540.00	641,446.40	952,639.43	25,664,908.95
處置子公司及其他營業單位收到的現金淨額	—	—	—	24,295,500.00
投資活動現金流入小計	5,363,005.75	22,290,393.25	2,552,639.43	51,960,408.95
購建固定資產、無形資產和其他長期資產支付的現金	72,224,598.98	223,286,990.82	285,061,288.15	588,643,108.52
投資支付的現金	75,000,000.00	20,000,000.00	20,000,000.00	20,000,000.00
投資活動現金流出小計	147,224,598.98	243,286,990.82	305,061,288.15	608,643,108.52

表2-4(續)

報告年度	2007年	2008年	2009年	2010年
投資活動產生的現金流量淨額	-141,861,593.23	-220,996,597.57	-302,508,648.72	-556,682,699.57
吸收投資收到的現金	—	—	10,500,000.00	—
取得借款收到的現金	466,700,000.00	903,500,000.00	1,186,000,000.00	1,457,992,124.00
籌資活動現金流入小計	466,700,000.00	903,500,000.00	1,196,500,000.00	1,457,992,124.00
償還債務支付的現金	345,000,000.00	919,700,000.00	859,500,000.00	1,128,000,000.00
分配股利、利潤或償付利息支付的現金	38,859,929.81	62,870,430.97	65,774,974.12	80,694,216.11
籌資活動現金流出小計	383,859,929.81	982,570,430.97	925,274,974.12	1,208,694,216.11
籌資活動產生的現金流量淨額	82,840,070.19	-79,070,430.97	271,225,025.88	249,297,907.89
四、匯率變動對現金的影響	-354,502.47	-183,398.83	-43,704.38	-36,989.11
五、現金及現金等價物淨增加額	101,201,415.17	-84,822,613.84	202,237,508.55	-207,528,804.00
期初現金及現金等價物餘額	481,069,308.41	582,270,723.58	497,448,109.74	699,685,618.29
期末現金及現金等價物餘額	582,270,723.58	497,448,109.74	699,685,618.29	492,156,814.29

【資料二】三維通信財務資料

1. 公司基本情況

三維通信股份有限公司（原名浙江三維通信股份有限公司，以下簡稱「公司或本公司」）系經浙江省人民政府企業上市工作領導小組浙上市〔2004〕12號《關於同意變更設立浙江三維通信股份有限公司的批覆》批准，在原浙江三維通信有限公司基礎上，整體變更設立的股份有限公司。2004年3月18日，公司在浙江省工商行政管理局辦理工商變更登記手續，企業法人營業執照現有註冊號為330000000024408。公司設立時註冊資本為6,000萬元，折6,000萬股（每股面值1元）。股票代碼為00215，公司股票已於2007年2月15日在深圳證券交易所掛牌交易。公司現有註冊資本21,456萬元，股份總數21,456萬股（每股面值1元）。其中，有限售條件的流通股股份為A股54,356,125股，無限售條件的流通股股份為A股160,203,875股。

本公司屬移動通信設備製造行業。經營範圍為：通信工程和網路工程的系統集成、網路技術服務、軟件的開發及技術服務、通信設備、無線電發射與接收設備、儀器儀表的開發製造、銷售、諮詢和維修。主要產品或提供的勞務有：各種型號直放站系統、網路測試系統以及相配套的測試分析軟件、網路管理系統軟件等軟件產品。

2. 2007—2010年主營業務情況（如表2-5所示）

表2-5　　　　　　　　　　　公司2007—2010年主營業務構成表

年份	項目名稱	主營業務收入（元）	主營業務成本（元）	主營業務毛利（元）	毛利率（%）
2007年	通信設備製造業	268,118,200.00	164,915,000.00	103,203,200.00	38.49
	網路測試系統	15,448,700.00	12,875,800.00	2,572,900.00	16.65
	微波無源器件	16,920,600.00	7,604,000.00	9,316,600.00	55.06
	無線網路優化覆蓋設備及解決方案	232,908,900.00	142,613,100.00	90,295,800.00	38.77
	其他	2,840,000.00	1,822,000.00	1,018,000.00	35.85
	合計	536,236,400.00	329,829,900.00	206,406,500.00	38.49
2008年	無線網路優化覆蓋設備及解決方案	354,981,100.00	224,251,200.00	130,729,900.00	36.83
	網路測試系統	19,445,900.00	16,276,900.00	3,169,000.00	16.3
	微波無源器件	66,956,600.00	39,705,000.00	27,251,600.00	40.7
	其他	3,969,600.00	2,890,900.00	1,078,700.00	27.17
	合計	445,353,200.00	283,124,000.00	162,229,200.00	36.43
2009年	網路測試系統	9,504,400.00	7,056,100.00	2,448,300.00	25.76
	微波無源器件	104,557,500.00	57,134,800.00	47,422,700.00	45.36
	無線網路優化覆蓋設備及解決方案	695,952,800.00	465,925,800.00	230,027,000.00	33.05
	其他	1,249,500.00	383,200.00	866,300.00	69.33
	合計	811,264,200.00	530,499,900.00	280,764,300.00	34.61
2010年	通信設備製造業	1,005,525,100.00	679,570,600.00	325,954,500.00	32.42
	其他	1,322,500.00	357,300.00	965,200.00	72.98
	網路測試系統	7,143,000.00	5,234,400.00	1,908,600.00	26.72
	網優服務	40,261,900.00	24,028,400.00	16,233,500.00	40.32
	微波無源器件	57,869,300.00	37,265,300.00	20,604,000.00	35.6

3. 2007—2010年財務報表
（1）資產負債表（如表2-6所示）

表2-6　　　　　　　　　三維通信資產負債表　　　　　　　　　單位：元

會計年度	2007年	2008年	2009年	2010年
貨幣資金	180,469,580.63	115,468,984.18	365,942,220.59	390,541,330.11
交易性金融資產	—	—	10,309.00	—
應收票據	11,982,560.82	9,710,914.02	22,687,179.93	8,622,099.61
應收帳款	112,293,546.46	142,731,953.47	262,359,095.72	357,632,635.15
預付款項	19,617,942.56	22,461,116.54	17,485,901.68	18,583,568.43
其他應收款	5,585,863.89	7,099,468.80	13,025,760.45	17,544,024.55
存貨	210,062,672.06	265,993,868.10	567,222,836.65	508,377,621.21

表2-6(續)

會計年度	2007年	2008年	2009年	2010年
其他流動資產	385,600.00	75,303.00	80,112.00	148,849.23
流動資產合計	540,397,766.42	563,541,608.11	1,248,813,416.02	1,301,450,128.29
長期股權投資	230,000.00	7,092,918.95	8,826,551.77	12,633,034.06
固定資產	46,300,958.57	159,418,139.48	178,905,626.90	197,064,368.41
在建工程	63,124,332.33	—	—	—
無形資產	10,260,305.56	12,247,012.12	10,396,494.47	10,727,804.74
開發支出	1,057,834.63	—	—	—
商譽	21,799,556.22	21,799,556.22	21,799,556.22	55,171,600.72
長期待攤費用	109,142.00	2,102,282.45	2,502,969.02	2,532,924.57
遞延所得稅資產	1,944,895.93	2,526,794.69	5,098,936.80	7,080,919.58
非流動資產合計	144,827,025.24	205,186,703.91	227,530,135.18	285,210,652.08
資產總計	685,224,791.66	768,728,312.02	1,476,343,551.20	1,586,660,780.37
短期借款	78,000,000.00	107,000,000.00	239,738,970.00	188,000,000.00
交易性金融負債	—	—	69,432.00	—
應付票據	38,455,473.77	37,874,590.53	109,974,726.42	41,874,351.46
應付帳款	107,600,594.57	136,209,030.41	287,805,086.16	277,468,750.99
預收款項	35,752,897.02	40,521,534.04	55,323,942.17	87,898,608.86
應付職工薪酬	8,002,645.43	13,066,973.17	45,034,602.81	55,353,355.91
應交稅費	-12,039,476.22	-4,154,095.87	466,069.12	9,611,479.34
應付利息	103,599.00	110,713.89	250,503.29	306,651.61
應付股利				
其他應付款	45,151,923.69	6,429,827.21	8,477,152.14	9,934,636.01
其他流動負債	2,310,000.00	2,310,000.00		
流動負債合計	303,337,657.26	339,368,573.38	747,140,484.11	670,447,834.18
長期借款	19,660,000.00	15,000,000.00	—	77,840,000.00
長期應付款	74,635.04	74,635.04	74,635.04	74,635.04
專項應付款	63,400.00	63,400.00	—	—
預計負債	1,808,987.36	3,418,250.31	6,436,672.44	21,538,455.55
其他非流動負債	12,068,000.00	15,586,510.42	20,219,999.99	22,295,312.48
非流動負債合計	33,675,022.40	34,142,795.77	26,731,307.47	121,748,403.07
負債合計	337,012,679.66	373,511,369.15	773,871,791.58	792,196,237.25
實收資本（或股本）	80,000,000.00	120,000,000.00	134,100,000.00	214,560,000.00
資本公積	147,509,946.47	107,509,946.47	322,784,588.42	242,324,588.42
盈餘公積	12,477,856.06	17,145,061.86	23,144,342.04	32,991,358.80
減：庫存股	—	—	—	—
未分配利潤	86,569,502.12	122,437,562.36	175,786,074.40	246,466,890.54
少數股東權益	21,654,807.35	28,124,372.18	46,656,854.76	58,121,705.36

表2-6(續)

會計年度	2007年	2008年	2009年	2010年
歸屬母公司所有者權益（或股東權益）	326,557,304.65	367,092,570.69	655,814,904.86	736,342,837.76
所有者權益（或股東權益）合計	348,212,112.00	395,216,942.87	702,471,759.62	794,464,543.12
負債和所有者（或股東權益）合計	685,224,791.66	768,728,312.02	1,476,343,551.20	1,586,660,780.37

(2) 利潤表（如表2-7所示）

表2-7　　　　　　　　　三維通信利潤表　　　　　　　　　單位：元

會計年度	2007年	2008年	2009年	2010年
一、營業收入	268,119,956.91	445,778,993.19	812,565,119.58	1,008,291,975.84
減：營業成本	164,914,992.67	283,238,230.28	530,655,045.12	679,570,560.27
營業稅金及附加	3,964,453.14	4,652,740.74	8,025,407.42	20,748,214.84
銷售費用	27,995,536.70	43,145,196.42	76,754,402.94	101,514,920.42
管理費用	32,940,253.76	59,242,793.38	93,363,515.47	107,007,127.09
勘探費用	—	—	—	—
財務費用	851,408.35	5,219,884.84	9,787,528.00	11,857,308.55
資產減值損失	2,191,790.69	502,374.50	8,700,433.61	4,551,353.36
投資收益	185,115.98	793,918.95	1,733,632.82	3,806,482.29
其中：對聯營企業和合營企業的投資收益	—	—	1,733,632.82	3,806,482.29
二、營業利潤	35,446,637.58	50,571,691.98	87,012,419.84	86,848,973.60
加：營業外收入	12,091,761.28	19,792,817.01	22,270,788.85	29,760,123.72
減：營業外支出	723,058.46	544,664.08	365,344.38	2,285,865.49
其中：非流動資產處置淨損失	291,004.01	235,878.27	160,045.62	232,369.50
三、利潤總額	46,815,340.40	69,819,844.91	108,917,864.31	114,323,231.83
減：所得稅費用	1,627,157.74	6,815,014.04	13,037,689.51	9,198,385.97
四、淨利潤	45,188,182.66	63,004,830.87	95,880,174.80	105,124,845.86
歸屬於母公司所有者的淨利潤	41,913,724.06	56,535,266.04	77,347,692.22	100,642,932.90
少數股東損益	3,274,458.60	6,469,564.83	18,532,482.58	4,481,912.96
五、每股收益	……	……	……	……
（一）基本每股收益	0.55	0.47	0.63	0.47
（二）稀釋每股收益	0.55	0.47	0.63	0.47

（3）現金流量表（如表2-8所示）

表2-8　　　　　　　　　　三維通信現金流量表　　　　　　　　單位：元

報告年度	2007年	2008年	2009年	2010年
銷售商品、提供勞務收到的現金	296,085,293.45	487,201,244.35	796,901,795.91	1,077,521,339.36
收到的稅費返還	7,503,397.80	12,912,148.57	15,367,001.51	21,785,399.46
收到其他與經營活動有關的現金	8,256,122.22	16,968,468.58	16,832,806.13	13,450,893.96
經營活動現金流入小計	311,844,813.47	517,081,861.50	829,101,603.55	1,112,757,632.78
購買商品、接受勞務支付的現金	186,833,646.62	322,029,138.45	562,202,021.68	642,292,945.51
支付給職工以及為職工支付的現金	41,653,364.71	53,813,727.81	97,992,669.82	159,217,661.55
支付的各項稅費	19,613,477.23	28,484,851.07	50,273,671.98	72,268,802.77
支付其他與經營活動有關的現金	48,123,761.17	79,738,712.11	144,313,951.58	153,917,836.95
經營活動現金流出小計	296,224,249.73	484,066,429.44	854,782,315.06	1,027,697,246.78
經營活動產生的現金流量淨額	15,620,563.74	33,015,432.06	−25,680,711.51	85,060,386.00
取得投資收益收到的現金	185,115.98	6,000.00	—	—
處置固定資產、無形資產和其他長期資產收回的現金淨額	60,550.00	605,266.00	1,466,397.40	206,557.04
處置子公司及其他營業單位收到的現金淨額	—	—	—	—
收到其他與投資活動有關的現金	40,275,361.00	—	—	—
投資活動現金流入小計	40,521,026.98	611,266.00	1,466,397.40	206,557.04
購建固定資產、無形資產和其他長期資產支付的現金	59,878,071.42	52,045,521.89	43,615,566.86	47,121,746.61
取得子公司及其他營業單位支付的現金淨額	41,775,972.11	6,075,000.00	—	20,091,604.96
支付其他與投資活動有關的現金	—	40,852,260.50	—	—
投資活動現金流出小計	101,654,043.53	98,972,782.39	43,615,566.86	67,213,351.57
投資活動產生的現金流量淨額	−61,133,016.55	−98,361,516.39	−42,149,169.46	−67,006,794.53
吸收投資收到的現金	172,386,000.00	—	248,019,000.00	4,900,000.00
取得借款收到的現金	80,000,000.00	310,000,000.00	365,443,608.00	333,858,881.56
收到其他與籌資活動有關的現金	1,395,760.00	—	—	2,000,000.00
籌資活動現金流入小計	253,781,760.00	310,000,000.00	613,462,608.00	340,758,881.56
償還債務支付的現金	43,782,830.03	285,660,000.00	248,500,000.00	297,584,084.19
分配股利、利潤或償付利息支付的現金	30,507,770.12	22,173,721.18	29,474,300.22	36,226,112.96
支付其他與籌資活動有關的現金	3,232,802.65	1,692,424.66	17,164,367.65	—

表2-8(續)

報告年度	2007年	2008年	2009年	2010年
籌資活動現金流出小計	77,523,402.80	309,526,145.84	295,138,667.87	333,810,197.15
籌資活動產生的現金流量淨額	176,258,357.20	473,854.16	318,323,940.13	6,948,684.41
四、匯率變動對現金的影響	-32,333.91	-128,366.28	-20,822.75	-403,166.36
五、現金及現金等價物淨增加額	130,713,570.48	-65,000,596.45	250,473,236.41	24,599,109.52
期初現金及現金等價物余額	49,756,010.15	180,469,580.63	115,468,984.18	365,942,220.59
期末現金及現金等價物余額	180,469,580.63	115,468,984.18	365,942,220.59	390,541,330.11

【案例分析點評】

一、基本指標對比分析

(一) 總資產

將表2-2和表2-5中亨通光電和三維通信2007—2010年的總資產反應在圖表上，如表2-9和圖2-1所示。

表2-9　　　　　　　　亨通光電和三維通信總資產　　　　　　單位：元

公司	2007年	2008年	2009年	2010年
亨通光電	1,953,440,487	2,134,652,688	2,922,452,344	3,510,342,879
三維通信	685,224,792	768,728,312	1,476,343,551	1,586,660,780

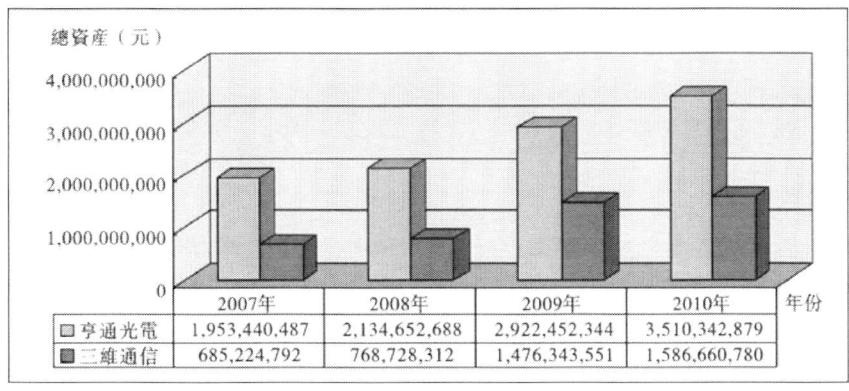

圖2-1　亨通光電和三維通信總資產趨勢圖

從表2-9、圖2-1可以看出，近年來，亨通光電和三維通信資產規模快速增長，特別是三維通信從2007年的6.85億提高到2010年的15.86億元，增加了近兩倍多；亨通光電的總資產2007—2008年平穩增長，2009年後增速加快，從2008年的21.35

億元增加到 2010 年的 35.1 億元，而且亨通光電的總資產是三維通信的 2 倍以上，表明亨通光電的整體實力在三維通信之上。

(二) 營業收入

將表 2-3、表 2-6 中亨通光電和三維通信 2007—2010 年的營業收入反應在圖表上，如表 2-10 和圖 2-2 所示。

表 2-10　　　　　　　　亨通光電和三維通信營業收入　　　　　　　單位：元

公司	2007 年	2008 年	2009 年	2010 年
亨通光電	1,100,311,919	1,437,658,820	1,887,089,229	2,085,061,276
三維通信	268,119,957	445,778,993	812,565,120	1,008,291,976

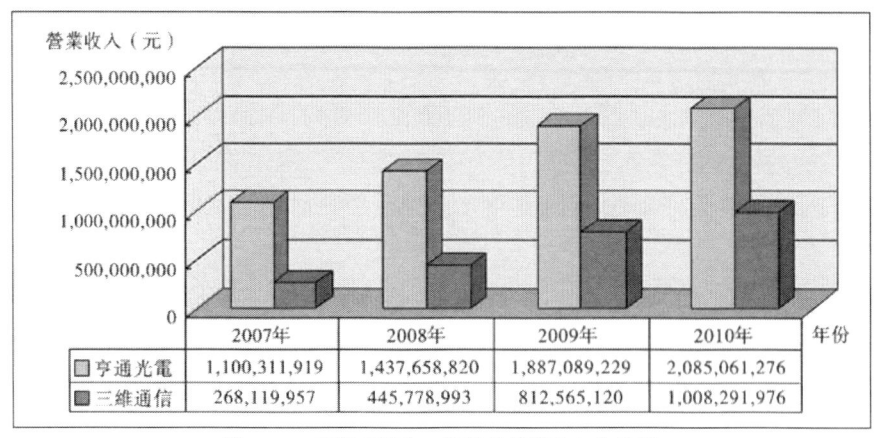

圖 2-2　亨通光電和三維通信營業收入趨勢圖

收入是企業利潤的來源，同時也反應出企業市場的份額。從以上圖表可以看出，2007—2010 年，亨通光電和三維通信的營業收入均保持穩步增長，特別是 2008 年面對全球的金融風暴，還保持一定的增幅，2009 年在經濟復甦時出現快速增長，尤其是三維通信，增長額接近一倍。亨通光電的營業收入是三維通信的兩倍，與資產規模的比例基本一致。

(三) 營業利潤

將表 2-3、表 2-6 中亨通光電和三維通信 2007—2010 年的營業利潤反應在圖表上，如表 2-11 和圖 2-3 所示。

表 2-11　　　　　　　　亨通光電和三維通信營業利潤　　　　　　　單位：元

公司	2007 年	2008 年	2009 年	2010 年
亨通光電	126,017,914	141,234,650	248,401,930	216,682,566
三維通信	35,446,638	50,571,692	87,012,420	86,848,974

	2007年	2008年	2009年	2010年
亨通光電	126,017,914	141,234,650	248,401,930	216,682,566
三維通信	35,446,638	50,571,692	87,012,420	86,848,974

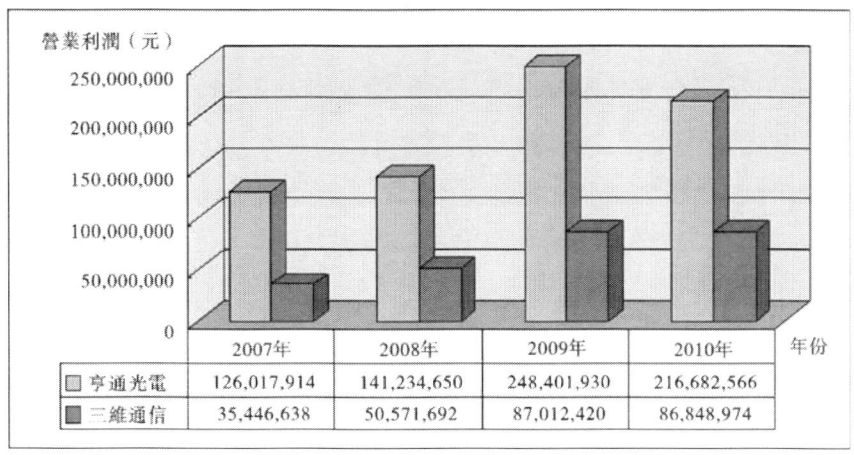

圖 2-3　亨通光電和三維通信營業利潤趨勢圖

從以上圖表可知，2007—2009 年，亨通光電和三維通信的營業利潤逐年增長，特別是 2009 年增幅加快。2010 年略有減少。亨通光電的營業利潤是三維通信的兩倍多。

(四) 利潤總額

將表 2-3、表 2-6 中亨通光電和三維通信 2007—2010 年的利潤總額反應在圖表上，如表 2-12 和圖 2-4 所示。

表 2-12　　　　　　　　亨通光電和三維通信利潤總額　　　　　　　　單位：元

公司	2007 年	2008 年	2009 年	2010 年
亨通光電	130,107,543	144,991,138	258,510,481	233,218,707
三維通信	46,815,340	69,819,845	108,917,864	114,323,232

	2007年	2008年	2009年	2010年
亨通光電	130,107,543	144,991,138	258,510,481	233,218,707
三維通信	46,815,340	69,819,845	108,917,864	114,323,232

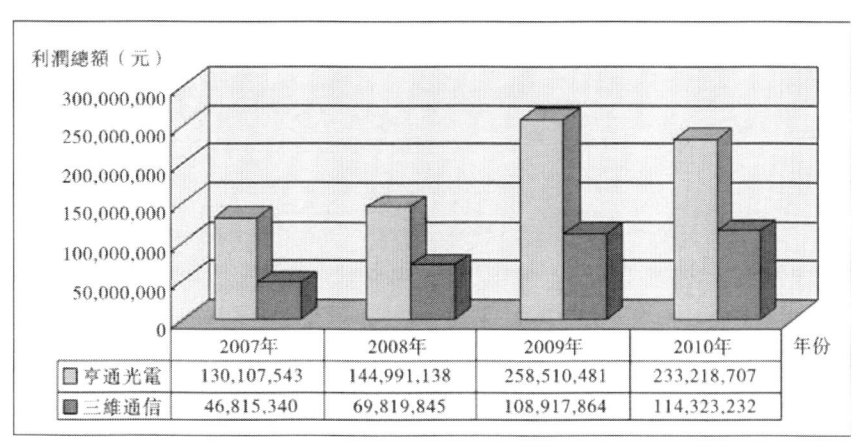

圖 2-4　亨通光電和三維通信利潤總額趨勢圖

從以上圖表可以看出，利潤總額的走勢與營業利潤一致，2009 年大幅增長后，2010 年，三維通信利潤總額趨於平穩，亨通光電略有下降，但也超過三維通信一倍多，

說明亨通公司的整體實力在三維通信之上。

（五）淨利潤

將表2-3、表2-6中亨通光電和三維通信2007—2010年的淨利潤反應在圖表上，如表2-13和圖2-5所示。

表2-13　　　　　　　　亨通光電和三維通信淨利潤　　　　　　　　單位：元

公司	2007年	2008年	2009年	2010年
亨通光電	97,778,059	123,893,418	220,300,632	196,315,556
三維通信	45,188,183	63,004,831	95,880,175	105,124,846

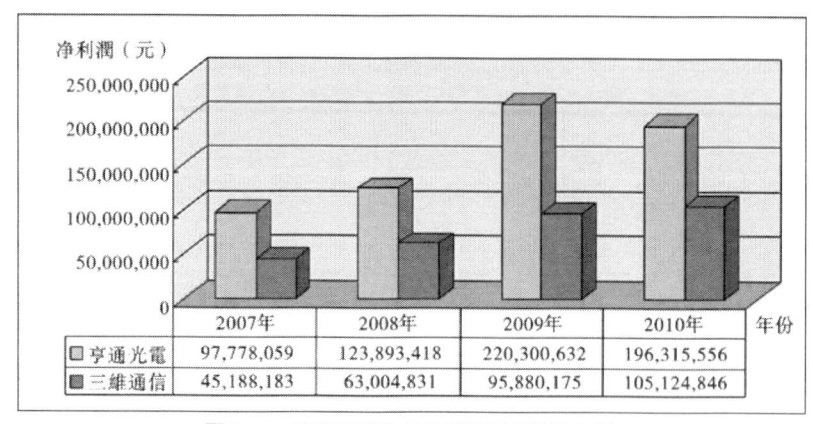

圖2-5　亨通光電和三維通信淨利潤趨勢圖

從以上圖表可以看出，2007—2010年，三維通信淨利潤穩步增長，從2007年的4,500多萬元增加到2010年的1.05億元。亨通光電的淨利潤2007—2009年大幅提高一倍多，2010年有所回落，但均遠高於三維通信。

（六）淨資產

將表2-2、表2-5中亨通光電和三維通信2007—2010年的淨資產反應在圖表上，如表2-14和圖2-6所示。

表2-14　　　　　　　　亨通光電和三維通信淨資產　　　　　　　　單位：元

公司	2007年	2008年	2009年	2010年
亨通光電	1,953,440,487	2,134,652,688	2,922,452,344	3,510,342,879
三維通信	685,224,792	768,728,312	1,476,343,551	1,586,660,780

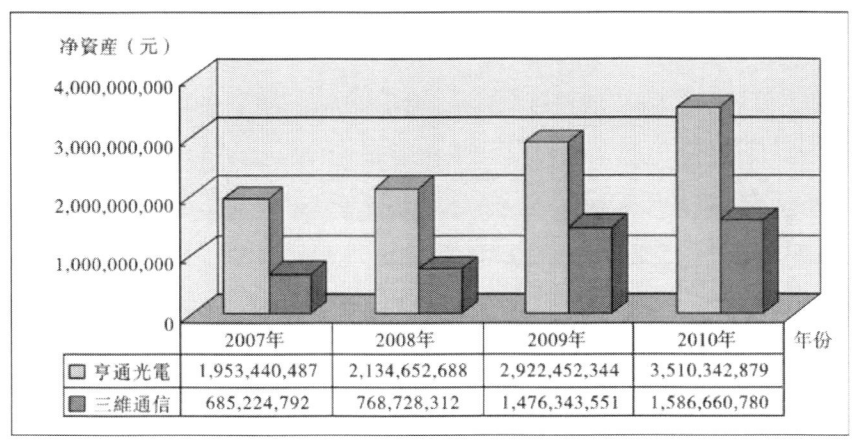

圖 2-6 亨通光電和三維通信淨資產趨勢圖

年份	2007年	2008年	2009年	2010年
亨通光電	1,953,440,487	2,134,652,688	2,922,452,344	3,510,342,879
三維通信	685,224,792	768,728,312	1,476,343,551	1,586,660,780

圖 2-6 顯示，2007—2010 年亨通光電和三維通信淨資產不斷增長。三維通信 2010 年通過發行新股和利潤累積，淨資產增長了 7.4%，而亨通光電在股本不變的情況下依靠利潤增長使股東財富增長了 20.1%。

（七）經營活動現金淨流量

將表 2-4、表 2-7 中亨通光電和三維通信 2007—2010 年的經營活動產生的現金流量淨額反應在圖表上，如表 2-15 和圖 2-7 所示。

表 2-15　　　　　亨通光電和三維通信經營活動現金淨流量　　　　　單位：元

公司	2007 年	2008 年	2009 年	2010 年
亨通光電	160,577,441	215,427,814	233,564,836	99,892,977
三維通信	15,620,564	33,015,432	-25,680,712	85,060,386

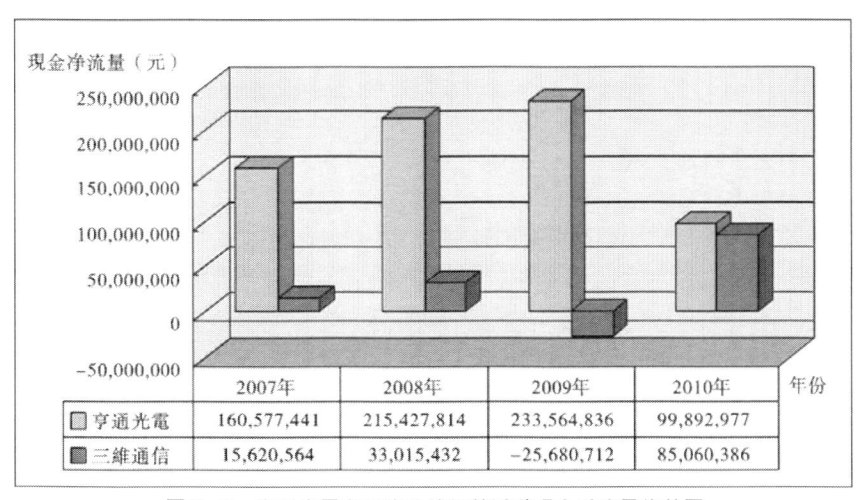

圖 2-7 亨通光電和三維通信經營活動現金淨流量趨勢圖

從以上圖表可以看出，2007—2009年，亨通光電的經營活動現金流量淨額均為正數且穩步增長，從2007年的1.6億元增長到2009年的2.34億元，但2010年卻大幅度下降到近1億元；三維通信的經營活動現金流量淨額在2007—2010年有所波動，2008年比2007年增長一倍多，同時均為正數，但2009年為負數，反應出該公司2009年經營活動產生的現金不足以支付當年經營活動的現金流出，值得欣慰的是2010年轉為正數，並大幅度增加到8,500萬元，遠遠高於2008年。2007—2009年亨通光電現金流量淨額都在三維通信的5倍以上，但2010年亨通光電大幅度減少，兩個公司基本持平。

（八）銷售商品提供勞務收到的現金

將表2-4、表2-7中亨通光電和三維通信2006—2009年銷售商品提供勞務收到的現金反應在圖表上，如表2-16和圖2-8所示。

表2-16　　　亨通光電和三維通信銷售商品提供勞務收到的現金　　　單位：元

公司	2007年	2008年	2009年	2010年
亨通光電	1,412,027,530	1,820,650,591	2,227,812,373	2,662,862,507
三維通信	296,085,293	487,201,244	796,901,796	1,077,521,339

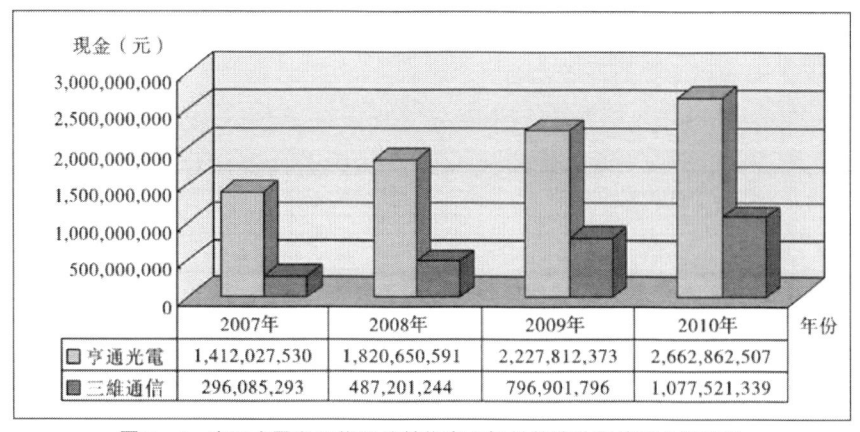

圖2-8　亨通光電和三維通信銷售商品提供勞務收到的現金趨勢圖

從以上圖表可知，2007—2010年，兩個公司銷售商品提供勞務收到的現金逐年上升，分別從2007年的14.12億元、2.96億元增長到2010年的26.63億元和1.1億元，反應出兩個公司銷售入的現金回收比較順暢，收入的質量較高。

二、財務能力分析

（一）償債能力分析

償債能力是指企業償還本身所欠債務的現金保障程度，可分為短期償債能力和長期償債能力。短期償債能力主要表現為企業一年內到期債務與可支配流動資產之間的關係，主要評價指標有流動比率、速動比率、現金比率、現金流動負債比。長期償債能力是指償還長期負債的現金保障程度，評價指標包括資產負債率、產權比率、利息保障倍數和有形淨值債務率。

1. 流動比率

流動比率是流動資產與流動負債的比率，反應企業在短期內轉變為現金的流動資產償還到期流動負債的能力。其計算公式為：

流動比率 = 流動資產 ÷ 流動負債

公式中的各項目數據均來自資產負債表。

流動比率表示每一元流動負債有多少流動資產作為其還款的保障。比率越大，表明短期償債能力越強，企業財務風險越小，債權人收回債權的保障程度越高。亨通光電和三維通信2007—2010年的流動比率如圖2-9所示。

	2007年	2008年	2009年	2010年
亨通光電	1.95	1.735	1.38	1.361
三維通信	1.782	1.661	1.671	1.941

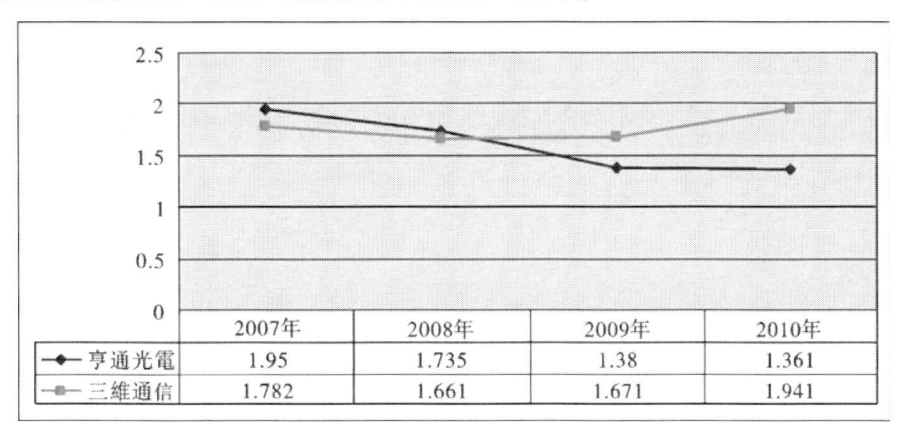

圖2-9　亨通光電與三維通信流動比率趨勢圖

從圖2-9可以看出，三維通信的流動比率2008年比2007年略有下降，2009年、2010年連續上升，2010年超過了2007年；2007—2010年，亨通光電的流動比率逐年下降，其中，2007—2008年高於三維通信，但2009年、2010年被三維通信超越。

2. 速動比率

速動比率是速動資產與流動負債的比值，用於衡量企業流動資產中可以立即用於償還流動負債的能力。它是對流動比率的重要補充，比值越大，表明企業短期償債能力越強；反之，短期償債能力越弱。其計算公式為：

速動比率 = 速動資產 ÷ 流動負債

其中：

速動資產 = 流動資產 - 存貨

公式中的各項目數據均來自資產負債表。

亨通光電與三維通信2007—2010年速動比率如圖2-10所示。

	2007年	2008年	2009年	2010年
亨通光電	1.48	1.222	1.579	0.864
三維通信	1.089	0.877	0.912	1.183

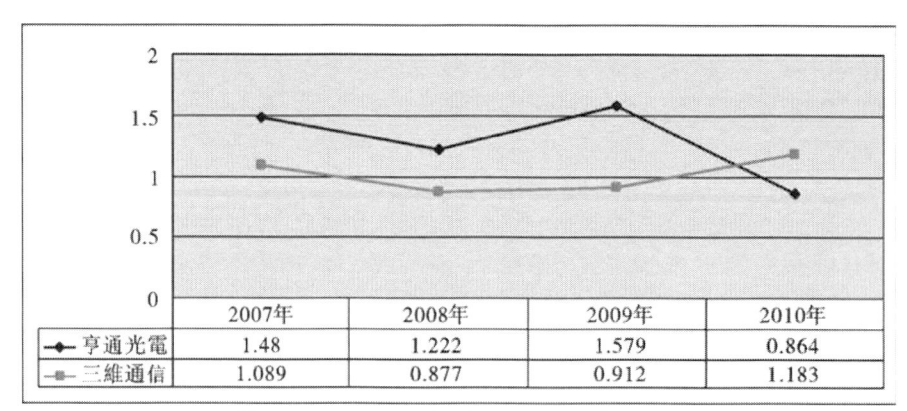

圖 2-10　亨通光電與三維通信速動比率趨勢圖

從圖 2-10 可以看出，2007—2010 年，亨通光電的速動比率波動較大，從 2007 年的 1.48 上升到 2009 年的 1.58，達到最高，2010 年卻大幅下降到 0.86，總體是下降的；三維通信的速動比率，2008 年比 2007 年略有下降后，2009—2010 年逐年上升，2010 年達到 1.18，超過了亨通光電，四年來總體呈上升趨勢，2010 年超過了亨通光電。

3. 現金流動負債比

現金流動負債比率是本年度經營活動所產生的現金淨流量與流動負債的比率。其計算公式為：

現金流動負債比 = 經營活動現金淨流量 ÷ 流動負債

公式中的「經營活動現金淨流量」來自現金流量表，流動負債來自資產負債表。

現金流動負債比表示償還一元的流動負債用當年經營活動所產生的現金能還多少，它反應了企業經營活動中產生的現金淨流入可以在多大程度上保證當期流動負債的償還。亨通光電與三維通信 2007—2010 年現金流動負債比如圖 2-11 所示。

	2007年	2008年	2009年	2010年
亨通光電	0.217	0.255	0.163	0.063
三維通信	0.051	0.097	-0.034	0.127

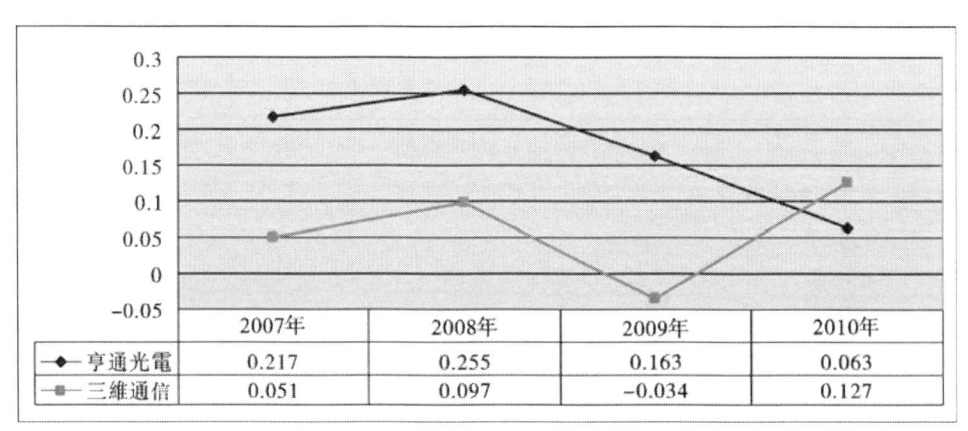

圖 2-11　亨通光電與三維通信現金流動負債比趨勢圖

從圖 2-11 可以看出，亨通光電的現金流動負債比 2008 年小幅上升后，2009 年開始逐年下降，2010 年下降到 0.063；2007—2010 年；三維通信的現金流動負債比波動較大，2008 年比 2007 年上升近一倍，2009 年卻大幅下降並為負值，2010 年又掉頭向

上達到0.127超過了亨通光電。總體來看,亨通光電的現金流動負債比呈下降趨勢,而三維通信呈上升趨勢,其經營活動提供的現金償還流動負債要比亨通光電強。

4. 資產負債率

資產負債率是企業負債總額與資產總額之間的比率。它表示在企業每百元總資產中有多少是通過債權人提供的,反應了企業資產對債權人權益的保障程度。其計算公式為:

資產負債率 =(負債總額÷資產總額)×100%

公式中的各項目數據均來自資產負債表。

資產負債率越小,說明企業的債務負擔越輕,企業長期償債能力越強;資產負債率越大,說明企業的債務負擔越重,企業長期償債能力越弱。亨通光電與三維通信2007—2010年的資產負債率如圖2-12所示。

	2007年	2008年	2009年	2010年
亨通光電	38.60%	40.20%	49.80%	54.10%
三維通信	49.20%	48.60%	52.40%	49.90%

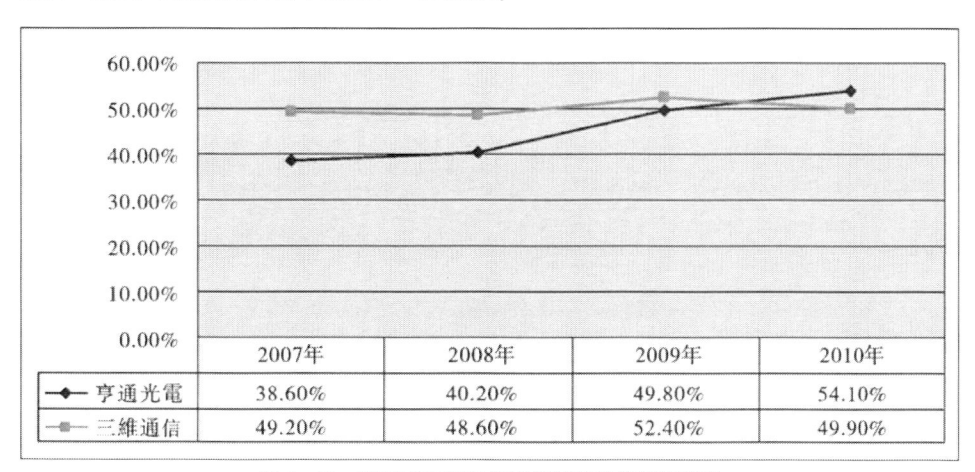

圖2-12 亨通光電與三維通信資產負債率趨勢圖

從圖2-12可知,2007—2010年,亨通光電的資產負債率逐年上升,從2007年的38.6%到2010年的54.1%;三維通信則比較平穩,都維持在50%左右。從圖2-12可知,兩個公司總體債務負擔不重,在合理的舉債範圍之內,其財務風險不大。

5. 產權比率

產權比率是負債總額與股東權益總額之間的比率,反應企業財務結構是否穩定,用於衡量企業的風險程度和對債務的償還能力。一般情況下,產權比率越低,企業長期償債能力越強,債權人權益的保障程度越高,承擔的風險越小。其計算公式為:

產權比率 =(負債總額÷股東權益總額)×100%

公式中的各項目數據均來自於資產負債表。

亨通光電與三維通信2007—2010年的產權比率如圖2-13所示。

	2007年	2008年	2009年	2010年
亨通光電	62.87%	67.14%	99.14%	118.06%
三維通信	96.78%	94.51%	110.16%	99.71%

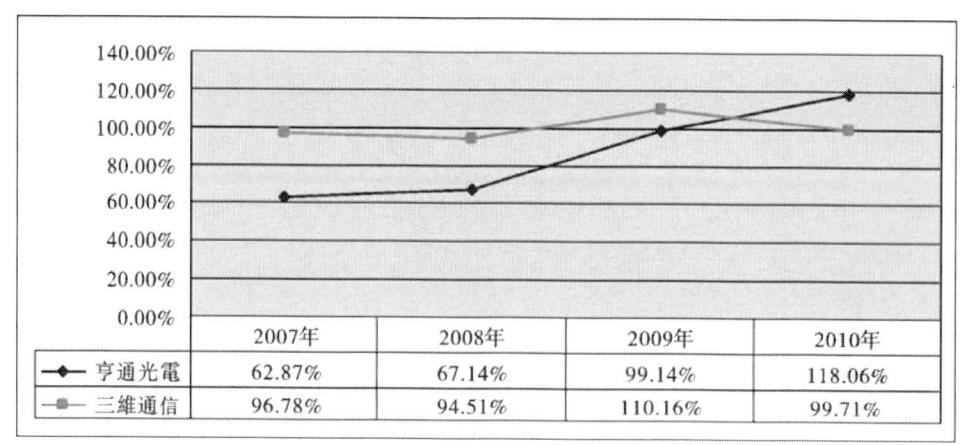

圖 2-13　亨通光電與三維通信產權比率趨勢圖

從圖 2-13 可以看出，2007—2010 年，亨通光電的產權比率逐年上升，從 2007 年的 62.87% 上升到 2010 年的 118.06%，而三維通信則有所波動，從 2007 年的 96.78% 提高到 2010 年的 99.71%，其中，最高為 2009 年的 110.16%。2007—2009 年三維通信的產權比率均高於亨通光電，2010 年則相反。

6. 利息保障倍數

利息保障倍數指標是指企業經營業務收益與利息費用的比率，用以衡量償付借款利息的能力。由於中國會計報表中未對利息費用單獨列示，而且資本化利息也比較難獲取，所以在計算這一比率時將財務費用約等於利息費用進行計算。其計算公式為：

利息保障倍數 =（利潤總額 + 利息費用）÷ 利息費用

公式中的各項目數據均來自利潤表。

亨通光電與三維通信 2007—2010 年的利息保障倍數如圖 2-14 所示。

	2007年	2008年	2009年	2010年
亨通光電	8.31	9.269	12.48	6.501
三維通信	55.99	14.37	12.13	10.64

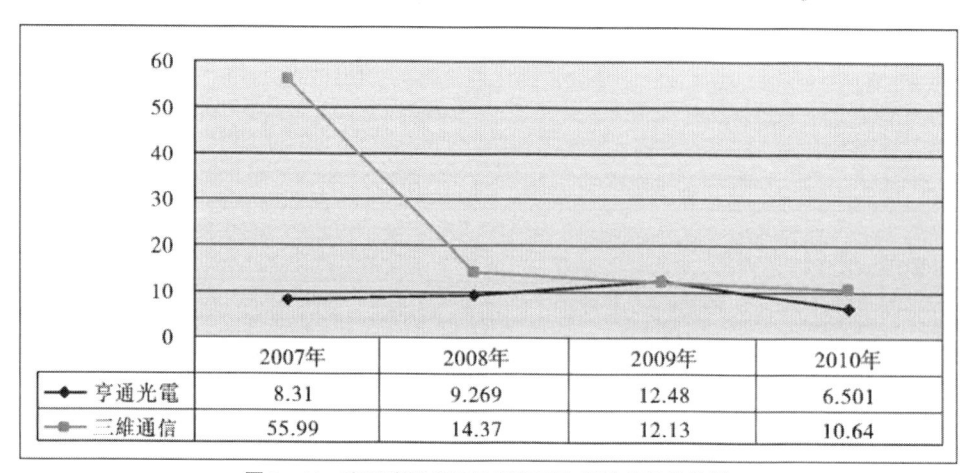

圖 2-14　亨通光電與三維通信利息保障倍數趨勢圖

從圖 2-14 可知，亨通光電的利息保障倍數 2007—2009 年逐年上升，從 8.31 上升

到12.48，但2010年卻大幅度下降到6.5，表明公司負債利息償還的保障程度有所減弱；2007—2010年，三維通信的利息保障倍數降幅巨大，從2007年的55.99下降到2010年的10.64，顯示出公司利息償還的保障程度的減弱。不過，與亨通光電相比，三維通信有較大的優勢，顯示三維通信的利息償還保障程度高於亨通光電。

7. 有形淨值債務率

有形淨值債務率是產權比率的延伸，是更為謹慎、保守地反應在企業清算時債權人投入的資本受到股東權益的保障程度。其計算公式是：

有形淨值債務率＝負債總額÷(所有者權益－無形資產)

公式中的各項目數據均來自資產負債表。

亨通光電與三維通信2007—2010年的有形淨值債務率如圖2－15所示。

	2007年	2008年	2009年	2010年
亨通光電	0.64	0.686	1.05	1.32
三維通信	0.997	0.975	1.118	1.011

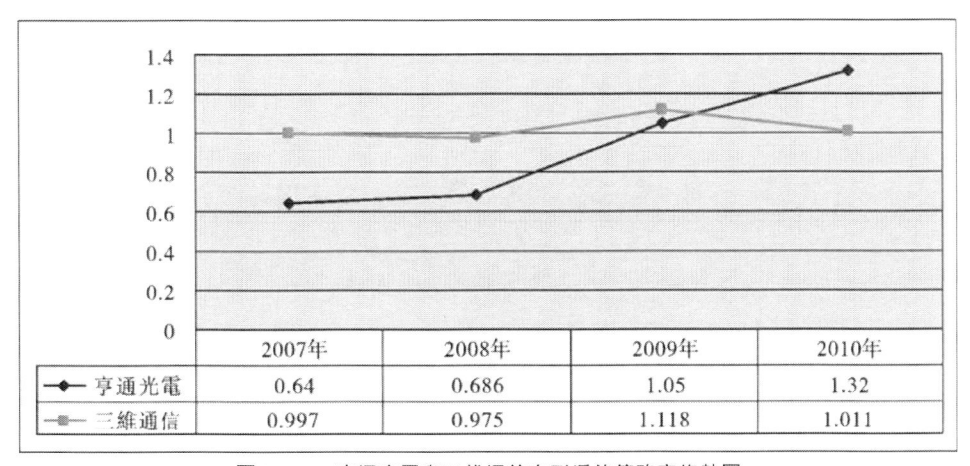

圖2－15　亨通光電與三維通信有形淨值債務率趨勢圖

如圖2－15可以看出，近年來，亨通光電的有形淨值債務率逐年上升，從2007年的0.64上升到2010年的1.32，2010年開始超過了三維通信；而三維通信的有形淨值債務率2007—2010年則比較穩定，維持在1左右，2010年開始低於亨通光電。

亨通光電與三維通信償債能力的總體評價：

(1) 從短期償債能力看，近年來，亨通光電的流動比率、速動比率和現金流動負債比率均呈下降趨勢，顯示出公司的短期償債能力也在逐步下降，應引起重視；三維通信流動比率和速動比率尚可，但現金流動負債比較低，短期償債能力總體上比亨通光電強。

(2) 從長期償債能力看，2010年，三維通信的資產負債率、利息保障倍數、有形淨值債務率均優於亨通光電，表明三維通信的長期償債能力比亨通光電強。

(二) 營運能力分析

營運能力是指企業資產營運的效率和效益，實質上體現利用資源創造價值的能力，評價企業營運能力的指標有應收帳款週轉率、存貨週轉率、流動資產週轉率、固定資產週轉率和總資產週轉率以及對應的週轉天數。

1. 應收帳款週轉率

應收帳款週轉率是指企業一定時期的營業收入與應收帳款平均余額的比值，表示

應收帳款一定時期（如一年）週轉的次數。其計算公式爲：

應收帳款週轉率＝營業收入÷應收帳款平均余額

其中：

應收帳款平均余額＝(年初應收帳款＋年末應收帳款)÷2

公式中的營業收入來自利潤表，年初應收帳款、年末應收帳款來自資產負債表。

用時間表示的應收帳款週轉情況就是應收帳款週轉天數，其計算公式爲：

應收帳款週轉天數＝360÷應收帳款週轉率

應收帳款週轉率表示應收帳款每年週轉的次數，該比率反應了企業應收帳款收回速度快慢及其管理效率的高低。應收帳款週轉率越高，週轉次數越多，表明應收帳款回收速度越快，企業應收帳款管理效率越高，償債能力越強。

亨通光電與三維通信2008—2010年的應收帳款週轉率如圖2－16所示。

	2008年	2009年	2010年
亨通光電	3.7	4.45	3.98
三維通信	3.496	4.012	3.252

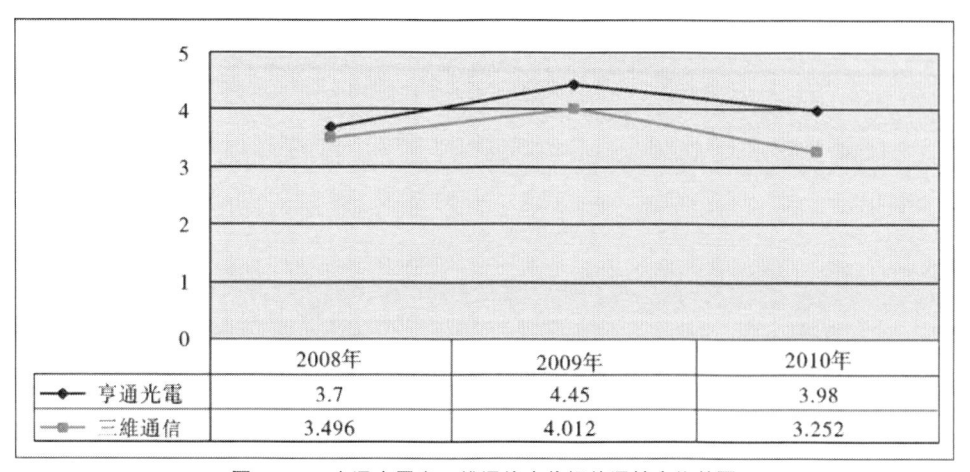

圖2－16　亨通光電與三維通信應收帳款週轉率趨勢圖

從圖2－16可以看出，亨通光電與三維通信的應收帳款週轉率2009年比2008年均有不同程度的上升，分別從2008年的3.7、3.496增加到2009年的4.45和4.012，但2010年則同時下降，比率達到3.98和3.25。亨通光電的比率均高於三維通信，表明亨通光電的應收帳款週轉速度快於三維通信。

2. 存貨週轉率

存貨週轉率是企業一定時期營業成本與平均存貨之間的比率，表示存貨在一定時期（通常是一年）週轉的次數，也稱存貨週轉次數。其計算公式爲：

存貨週轉率＝營業成本÷存貨平均余額

其中：

存貨平均余額＝(年初存貨＋年末存貨)÷2

公式中的營業收入來自利潤表，年初存貨、年末存貨來自資產負債表。

用時間表示的存貨週轉情況就是存貨週轉天數，其計算公式爲：

存貨週轉天數＝360÷存貨週轉率

一定時期內存貨週轉次數越多，說明存貨的週轉速度越快，存貨占用水平越低，流動性越強，存貨的使用效率越好；反之，存貨的週轉速度越慢，存貨儲存過多，占

用資金多，有積壓現象。

亨通光電與三維通信2008—2010年的存貨週轉率如圖2-17所示。

	2008年	2009年	2010年
亨通光電	2.94	2.54	2.07
三維通信	1.19	1.274	1.264

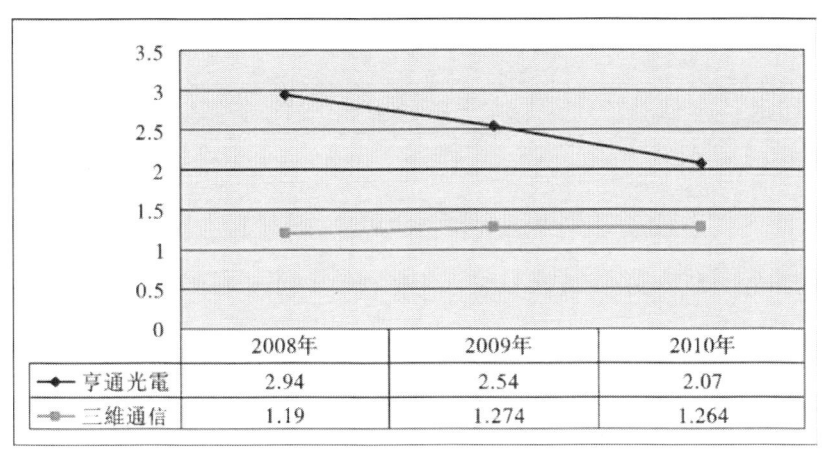

圖2-17　亨通光電與三維通信存貨週轉率趨勢圖

從圖2-17可以看出，近年來，亨通光電的存貨週轉率逐年下降，從2008年的2.94下降到2010年的2.07，說明公司存貨的週轉速度在減慢；2008—2010年，三維通信的存貨週轉率相對穩定，並略有提高，但亨通光電高於三維通信，表明亨通光電的存貨週轉速度較三維通信要快。

3. 流動資產週轉

流動資產週轉率是企業一定時期內營業收入與全部流動資產平均余額的比率。其計算公式爲：

流動資產週轉率 = 營業收入 ÷ 流動資產平均余額

其中：

流動資產平均余額 = (年初流動資產余額 + 年末流動資產余額) ÷ 2

流動資產週轉天數 = 360 ÷ 流動資產週轉率

公式中的營業收入來自利潤表，年初流動資產余額、年末流動資產余額來自資產負債表。

流動資產週轉率表示企業在一定時期（通常是一年）內流動資產週轉的次數，或者說平均每元流動資產所取得的營業收入。它是評價企業資產利用效率的主要指標。

流動資產週轉天數表示流動資產每週轉一次所需要的天數。

一般情況下，流動資產週轉率越高，週轉天數越短，表明企業流動資產週轉的速度越快，流動資產利用效率越高；反之，企業流動資產週轉的速度越慢，流動資產利用效率越低。

亨通光電與三維通信2008—2010年的流動資產週轉率如圖2-18所示。

	2008年	2009年	2010年
亨通光電	0.99	1.1	1.01
三維通信	0.808	0.897	0.791

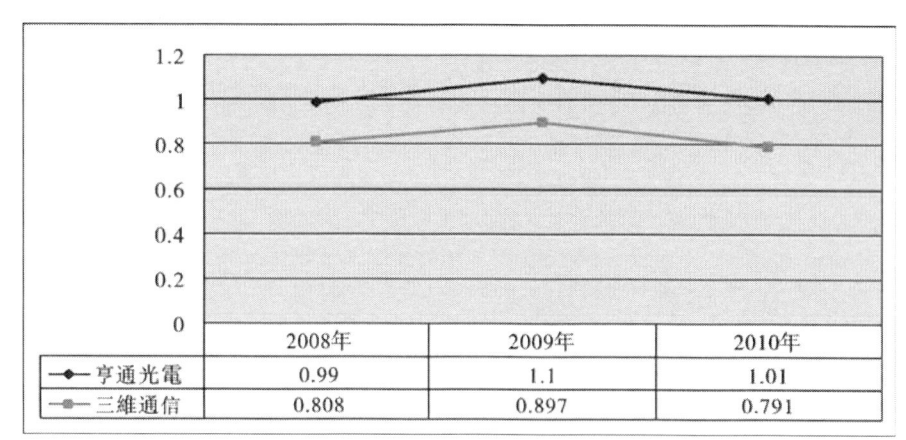

圖 2-18　亨通光電與三維通信流動資產週轉率趨勢圖

從圖 2-18 可以看出，2008—2010 年，亨通光電和三維通信的流動資產週轉率的走勢一致，均為 2009 年比 2008 年略為上升，2010 年下降又回到 2008 年的水平，並且亨通光電的週轉率高於三維通信，反應出亨通光電流動資產週轉速度比三維通信快，利用效率高於三維通信。

4. 固定資產週轉

固定資產週轉率是企業在一定時期（通常為一年）內營業收入與固定資產平均余額的比率，其計算公式為：

固定資產週轉率 = 營業收入 ÷ 固定資產平均余額

其中：

固定資產平均余額 =（年初固定資產余額 + 年末固定資產余額）÷ 2

固定資產週轉天數 = 360 ÷ 固定資產週轉率

公式中的營業收入來自利潤表，年初固定資產余額、年末固定資產余額來自資產負債表。

固定資產週轉率表示平均每元固定資產營運一年所獲得的營業收入，相當於固定資產平均每年週轉的次數。固定資產週轉天數表示固定資產每週轉一次所需要的時間。固定資產週轉率越高，週轉天數越短，表明企業固定資產週轉的速度就越快，固定資產營運的效率就越高。亨通光電與三維通信 2008—2010 年的固定資產週轉率如圖 2-19 所示。

從圖 2-19 可以看出，2008—2010 年，亨通光電的固定資產週轉率在波動中略為下降，從 2008 年的 3.75 上升到 2009 年的 4.7，2010 年大幅度下降到 3.5；三維通信的固定資產週轉率則逐年上升，從 2008 年的 4.33 上升到 2010 年的 5.36，並且均高於亨通光電，反應出三維通信的固定資產利用效率比亨通光電要高。

5. 總資產週轉率

總資產週轉率是企業在一定時期（通常是一年）內營業收入與平均總資產的比率，其計算公式為：

總資產週轉率 = 營業收入 ÷ 總資產平均余額

	2008年	2009年	2010年
亨通光電	3.75	4.7	3.53
三維通信	4.333	4.803	5.363

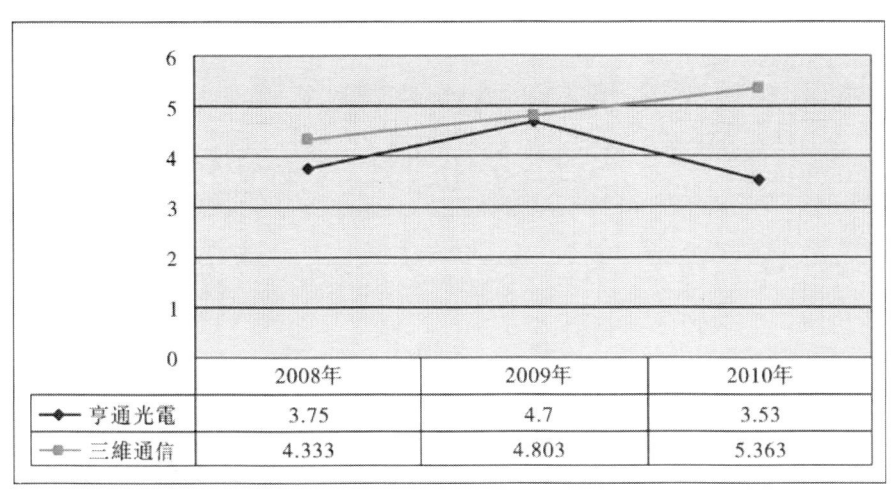

圖 2－19　亨通光電與三維通信固定資產週轉率趨勢圖

其中：

　　總資產平均余額＝(年初總資產余額＋年末總資產余額)÷2

　　總資產週轉天數＝360÷總週轉率

　　公式中的營業收入來自利潤表，年初總資產余額、年末總資產余額來自資產負債表。

　　總資產週轉率表示平均每元總資產營運一年所獲得的營業收入，相當於總資產平均每年週轉的次數。比率反應了全部資產投資產生營業收入的能力，總資產週轉率越高，表明企業全部資產的利用效率越高；反之，則說明企業全部資產的利用效率較低，最終會影響到企業的盈利能力。

　　亨通光電與三維通信2008—2010年的總資產週轉率如圖2－20所示。

	2008年	2009年	2010年
亨通光電	0.7	0.75	0.65
三維通信	0.613	0.724	0.658

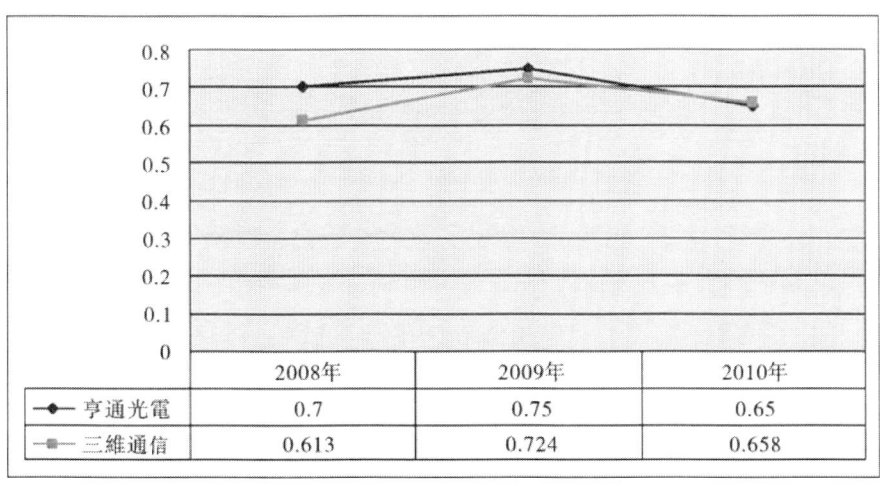

圖 2－20　亨通光電與三維通信總資產週轉率趨勢圖

從圖 2-20 可知，2008—2010 年，兩個公司的總資產週轉率均是先升后降，2008 年亨通光電高於三維通信，然后差距不斷縮小，到 2010 年兩者趨於一致，達到 0.65，表明 2010 年平均營運 1 元的資產獲得 0.65 元的營業收入。

從以上分析來看，2008—2010 年亨通光電的流動資產週轉率、存貨周折率和應收帳款週轉率均高於三維通信，而固定資產週轉率則三維通信優於亨通光電，使到總資產週轉率兩個公司不相上下。但亨通光電下降趨勢比較明顯。

(三) 盈利能力分析

盈利能力是指企業在一定時期賺取利潤的能力。一般可以通過三個方面評價企業的盈利能力：一是銷售盈利能力，二是資產盈利能力，三是資本盈利能力。

1. 銷售盈利能力分析

(1) 營業毛利率

營業毛利率是營業毛利與營業收入的比值，反應企業初始的盈利能力。其計算公式為：

營業毛利率 = 營業毛利 ÷ 營業收入 × 100%

其中：

營業毛利 = 營業收入 - 營業成本

公式中的營業收入與營業成本均來自利潤表。

營業毛利率表示平均每百元營業收入中所獲得的毛利潤，營業毛利率越高，說明企業對產品成本的控制成效越顯著，或者產品的單位成本越低，產品競爭力越強。同時，毛利潤對管理費用、營業費用和財務費用等期間費用的承受能力越強，盈利能力也越強；否則相反。

亨通光電與三維通信 2007—2010 年的營業毛利率如圖 2-21 所示。

	2007年	2008年	2009年	2010年
亨通光電	22.10%	20.40%	27.70%	29.10%
三維通信	38.49%	36.46%	34.69%	32.60%

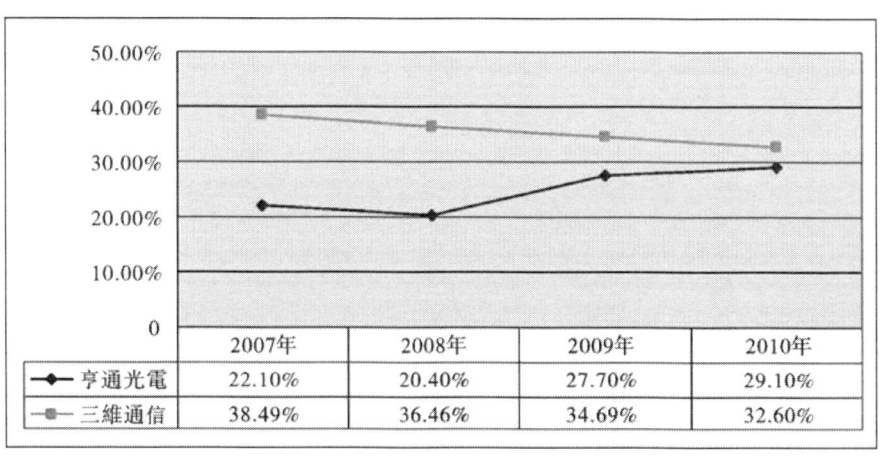

圖 2-21　亨通光電與三維通信營業毛利率趨勢圖

從圖 2-21 可以看出，2007—2010 年，亨通光電的營業毛利率總體上呈現上升的態勢，2010 年達 29.1%；而三維通信則呈現下降趨勢，從 2007 年的 38.49% 下降到 2010 年的 32.6%，雖然，四年來都在亨通光電之上，但差距在縮小。總體來講，三維通信的營業毛利率優於亨通光電。

(2) 成本費用利潤率

成本費用利潤率是指企業一定時期利潤總額與成本費用總額之間的比率，其計算公式爲：

成本費用利潤率＝［利潤總額÷（營業成本＋銷售費用＋管理費用＋財務費用）］×100%

成本費用利潤率表示企業每消耗100元的成本費用所取得的利潤總額。成本費用利潤率越高，表示企業以較小的耗費獲得較高的利潤，成本費用控制越好，盈利能力越強。

亨通光電與三維通信2007—2010年的成本費用利潤率如圖2-22所示。

	2007年	2008年	2009年	2010年
亨通光電	13.50%	11.10%	15.90%	12.60%
三維通信	20.65%	17.86%	15.33%	12.70%

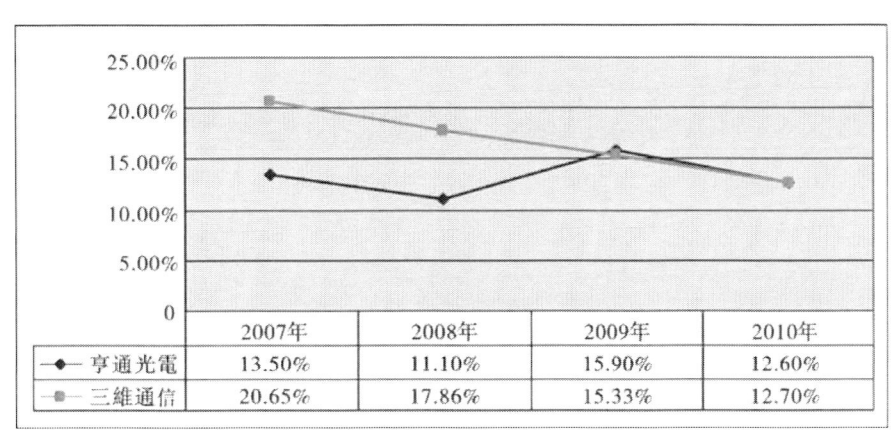

圖2-22 亨通光電與三維通信成本費用利潤率趨勢圖

從圖2-22可以看出，2007—2010年，三維通信的成本費用利潤率逐年下降，從2007年的20.65%下降到2010年的12.7%；而亨通光電的成本費用利潤率則在波動中有所下降，2009年、2010年兩個公司的比率基本持平，分別爲15%和12%左右，並且2010年都比2009年有所下降。這表明兩家公司每耗用百元的成本費用所得到的利潤基本相等，成本盈利能力不相上下。

(3) 營業收入費用率

營業收入費用率是指期間費用（銷售費用、管理費用和財務費用）之和與營業收入之間的比值，表示每百元營業收入中應承擔的期間費用，用於衡量營業收入對費用的支付能力。其計算公式爲：

營業收入費用率＝［（銷售費用＋管理費用＋財務費用）÷營業收入］×100%

公式中的各項目數據均來自利潤表。

營業收入費用率直接影響著營業利潤率，一般情況下，營業收入費用率增加，會引起營業利潤率下降。亨通光電與三維通信2007—2010年的銷售淨利率如圖2-23所示。

從圖2-23可以看出，2007—2010年，亨通光電營業收入費用率逐年上升，從2007年的9.88%上升到2010年的18.08%，上升了近一倍，表明公司每百元營業收入應承擔的期間費用逐年增加，將對盈利能力產生影響；三維通信的營業收入費用率四年來比較穩定，保持在21.8～24.1。四年來，三維通信的營業收入費用率均高於亨通光電，說明每百元營業收入三維通信要承擔的期間費用比亨通光電高。

	2007年	2008年	2009年	2010年
亨通光電	9.88%	11.01%	13.76%	18.08%
三維通信	23.04%	24.13%	22.14%	21.86%

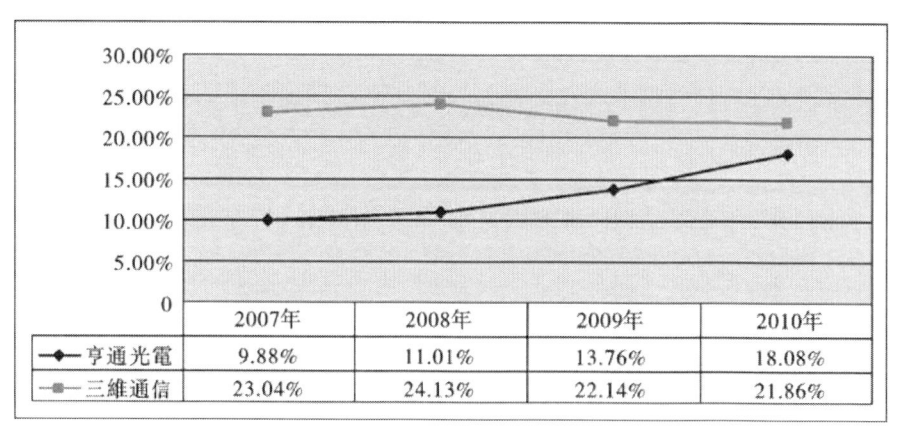

圖2－23　亨通光電與三維通信營業收入費用率趨勢圖

（4）營業利潤率

營業利潤率是指一定時期營業利潤與營業收入的比值，其計算公式為：

營業利潤率＝營業利潤÷營業收入×100%

公式中的各項目數據均來自利潤表。

營業利潤率表示每百元營業收入所獲得的營業利潤，營業利潤率越高，表明企業通過日常經營活動獲得收益的能力越強。

亨通光電與三維通信2007—2010年的營業利潤率如圖2－24所示。

	2007年	2008年	2009年	2010年
亨通光電	11.50%	9.80%	13.20%	10.40%
三維通信	13.22%	11.34%	10.71%	8.61%

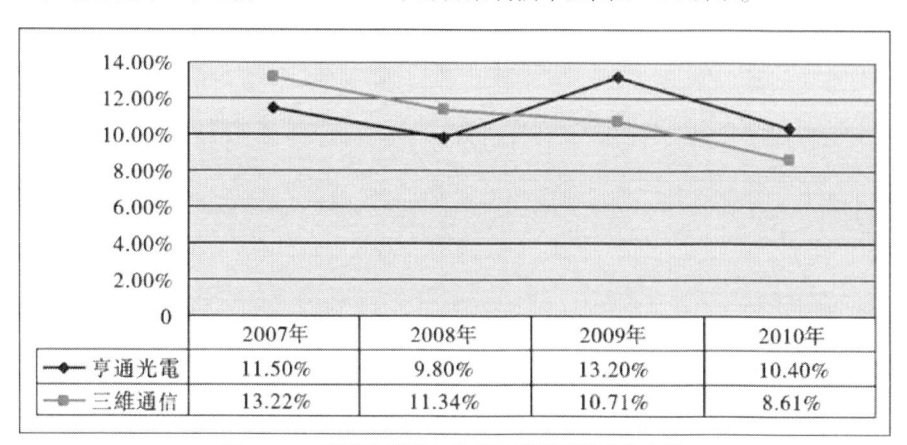

圖2－24　亨通光電與三維通信營業利潤率趨勢圖

從圖2－24可以看出，三維通信的營業利潤率逐年下降，從2007年的13.22%下降到2010年的8.61%，並且2007—2008年高於亨通光電，但2009—2010年被亨通光電超越；而亨通光電的營業利潤率，2008年下降后，2009年大幅上升達到13.2%，並超越了三維通信，但2010年又下降，幾乎接近2008年的低點，不過仍在三維通信之上。總體來說，近兩年，亨通光電的營業利潤率優於三維通信。

（5）銷售淨利率

銷售淨利率是淨利潤與營業收入的比值，其計算公式為：

銷售淨利率＝淨利潤÷營業收入×100%

公式中的各項目數據均來自利潤表。

銷售淨利率反應每百元營業收入所獲取的淨利潤，銷售淨利率越大，表明企業在正常經營的情況下由盈轉虧的可能性越小，並且通過擴大主營業務規模取得利潤的能力越強。

亨通光電與三維通信2007—2010年的銷售淨利率如圖2-25所示。

	2007年	2008年	2009年	2010年
亨通光電	8.88%	8.60%	11.70%	9.40%
三維通信	16.85%	14.13%	11.80%	10.43%

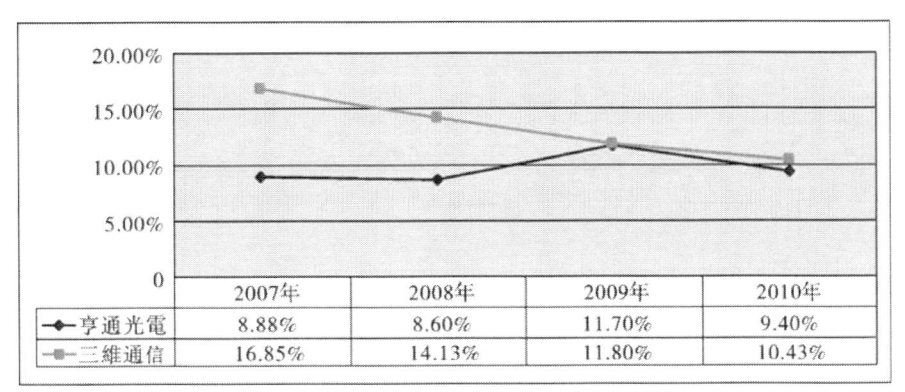

圖2-25　亨通光電與三維通信銷售淨利率趨勢圖

從圖2-25可以看出，2007—2010年，三維通信的銷售淨利率逐年下降，從2007年的16.85%下降到2010年的10.43%，表明該公司銷售盈利能力在不斷減弱；亨通光電的銷售淨利率基本穩定，從2007年的8.88%到2010年的9.40%，與三維通信只差1個百分點。

銷售盈利能力的總體評價：

綜合以上分析可知，2010年，三維通信的毛利率優於亨通光電，兩家公司的成本費用利潤率基本持平。由於收入費用率三維通信高於亨通光電，三維通信的營業利潤率反而低於亨通光電，雖然三維通信的銷售淨利率高於亨通光電，但作爲反應正常經營業務盈利能力的重要指標——營業利潤率，亨通光電更有優勢。所以，我們認爲亨通光電的銷售營利能力比三維通信強。

2. 資產盈利能力分析

（1）總資產報酬率

總資產報酬率是企業的息稅前利潤與平均總資產的比值，其計算公式爲：

總資產報酬率＝（利潤總額＋利息支出）÷總資產平均余額×100%

其中：

總資產平均余額＝（年初總資產余額＋年末總資產余額）÷2

公式中的「利息支出」數據來自利潤表中的「財務費用」。

總資產報酬率表示平均每百元總資產營運一年所獲得的息稅前利潤，該比率反應企業資產利用的綜合效果，用於衡量企業運用全部資產營利的能力。一般情況下，該比率越高，表明企業資產的利用效益越好，經營水平越高。

亨通光電與三維通信2008—2010年的總資產報酬率如圖2-26所示。

從圖2-26可以看出，2008年，三維通信的總資產報酬率高於亨通光電，但到2009年被亨通光電超越，2010年兩家公司的總資產報酬率都有一定的下降，兩者差距很小，顯示出兩家公司的資產營運效益不相上下。

	2008年	2009年	2010年
亨通光電	8%	11.10%	8.60%
三維通信	10.30%	10.60%	8.20%

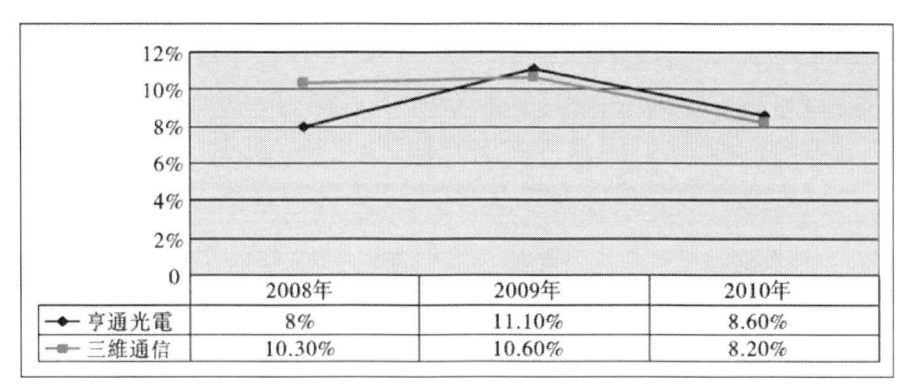

圖2-26　亨通光電與三維通信總資產報酬率趨勢圖

（2）流動資產利潤率

流動資產利潤率是利潤總額與流動資產平均余額之間的比值，表示平均每百元總資產所獲得的稅前利潤，是衡量流動資產營運效益的指標。其計算公式爲：

流動資產利潤率 =（利潤總額÷流動資產平均余額）×100%

其中：

流動資產平均余額 =（年初流動資產余額 + 年末流動資產余額）÷2

流動資產利潤率越高，表明企業流動資產營運效益越好，盈利能力越強。

亨通光電與三維通信2008—2010年的流動資產利潤率如圖2-27所示。

	2008年	2009年	2010年
亨通光電	10%	15%	11.30%
三維通信	12.60%	12%	9%

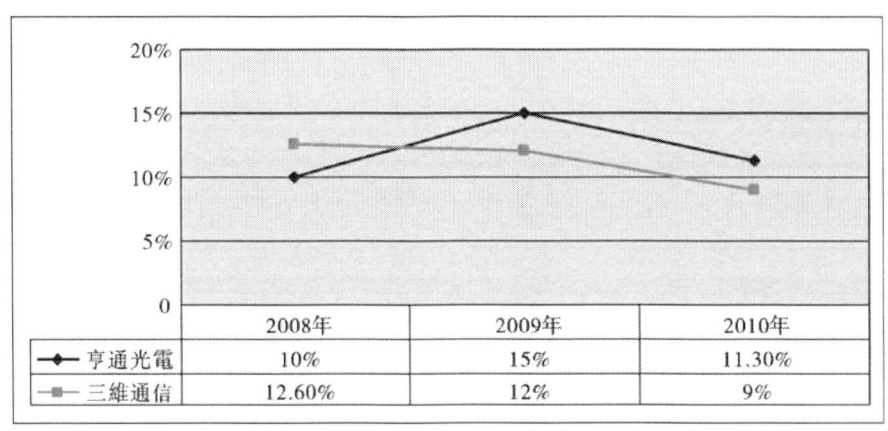

圖2-27　亨通光電與三維通信流動資產利潤率趨勢圖

圖2-27顯示，2009—2010年亨通光電的流動資產利潤率明顯高於三維通信，其差距超過2個百分點，不過，兩家公司2010年的比率都比2009年有所下降，並且三維通信的比率低於2008年。可見，亨通光電的流動資產營運效益好過三維通信。

（3）固定資產利潤率

固定資產利潤率是利潤總額與固定資產平均余額的比率，表示平均每百元固定資產所獲得的稅前利潤，反應企業固定資產營運效益。

其計算公式爲：

固定資產利潤率＝(利潤總額÷固定資產平均余額)×100%
其中：
固定資產平均余額＝(年初固定資產余額＋年末固定資產余額)÷2

固定資產利潤率越高，表示企業固定資產營運效益越好，爲提高全部資產的盈利能力提供重要保障。亨通光電與三維通信2008—2010年的固定資產利潤率如圖2-28所示。

	2008年	2009年	2010年
亨通光電	37.80%	64.40%	39.50%
三維通信	67.90%	64.40%	60.80%

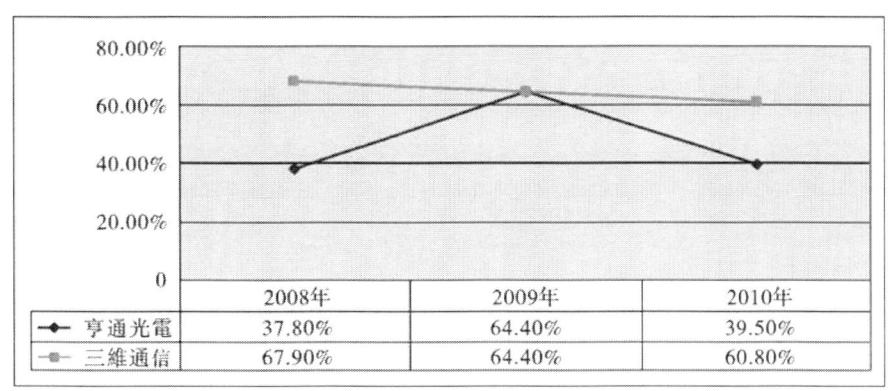

圖2-28　亨通光電與三維通信固定資產利潤率趨勢圖

圖2-28顯示，2008—2010年，三維通信的固定資產利潤率緩慢下降，但保持較高的水平，2008年、2010年均高於亨通光電；2008—2010年，亨通光電的固定資產利潤率先升后降，從2009年的64.4%下降到2010年的39.5%，接近2008年的水平，除2009年與三維通信持平外，2008年、2010年均遠低於三維通信。這表明三維通信的固定資產營運效益好於亨通光電。

（4）總資產淨利率

總資產淨利率是淨利潤與資產平均余額的比率，表示企業在一定時期內平均每元的資產所獲得的稅后利潤。其計算公式爲：

總資產淨利率＝(淨利潤÷總資產平均余額)×100%

其中：

總資產平均余額＝(年初總資產＋年末總資產)÷2

總資產淨利率是評價企業總資產盈利水平的綜合指標，比值越大，表明企業資產盈利能力越強。

亨通光電與三維通信2008—2010年的總資產淨利率如圖2-29所示。

從圖2-29可知，2008—2010年，亨通光電的總資產淨利率先升后將，2010年重回2008年的水平，說明該公司的資產盈利水平不太穩定。而三維通信的總資產淨利率則連年下降，從2008年的8.7%下降到2010年的6.9%，反應出該公司的資產盈利水平有下降的趨勢，不過2008年、2009年兩年均在亨通光點之上。這說明總體上三維通信的資產盈利能力比亨通光電強。

資產盈利能力的總體評價：

從以上分析可知，2009—2010年，亨通光電的總資產報酬率比三維通信略高，但三維通信的總資產利潤率和總資產淨利率比亨通光電好，總體上說三維通信的資產營

	2008年	2009年	2010年
亨通光電	6.10%	8.70%	6.10%
三維通信	8.70%	8.50%	6.90%

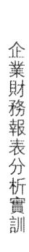

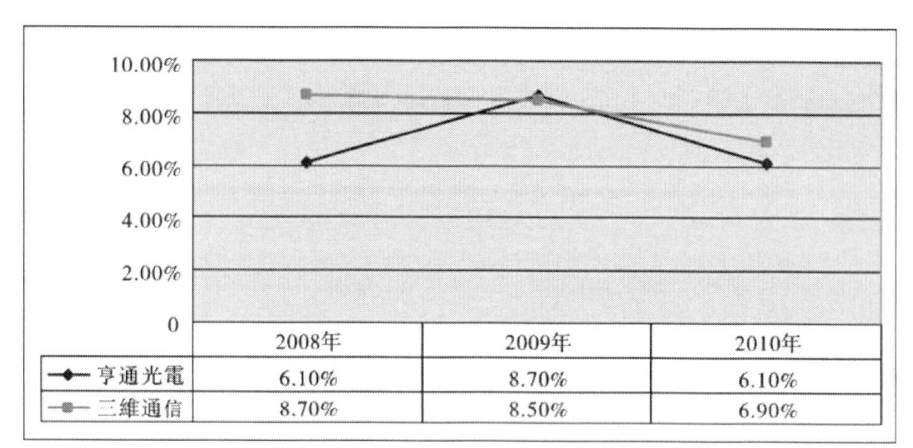

圖 2－29　亨通光電與三維通信總資產淨利率趨勢圖

利能力比亨通光電強。

3. 資本營利能力

（1）所有者權益利潤率

所有者權益利潤率是企業一定時期利潤總額與所有者權益平均數的比率，表示股東平均每一元的所有者權益所獲得的稅前利潤，其計算公式爲：

所有者權益利潤率＝（利潤總額÷所有者權益平均數）×100%

其中：

所有者權益平均數＝（年初所有者權益＋年末所有者權益）÷2

亨通光電與三維通信 2008—2010 年淨資產收益率如圖 2－30 所示。

	2008年	2009年	2010年
亨通光電	11.70%	18.80%	15.20%
三維通信	18.78%	19.80%	15.30%

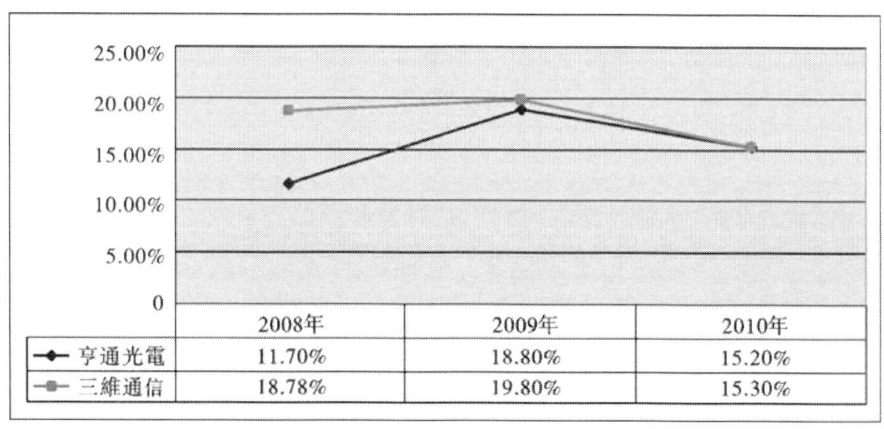

圖 2－30　亨通光電與三維通信所有者權益利潤率趨勢圖

從圖 2－30 可以看出，2008 年，三維通信的所有者權益利潤率遠高於亨通光電，但 2008 年后差距逐步縮小，到 2010 年幾乎相等，而且，三維通信 2010 年的所有者權益利潤率還低於 2008 年，反應出有下降的趨勢；亨通光電的情況好一些，還處於上升通道中。

（2）淨資產收益率

淨資產收益率是企業一定時期淨利潤與平均淨資產的比率，表示股東平均每一元的所有者權益所獲得的淨利潤。其計算公式爲：

淨資產收益率＝（淨利潤÷所有者權益平均余額）×100%

其中：

所有者權益平均余額＝（年初所有者權益＋年末所有者權益）÷2

淨資產收益率是評價企業自有資本與累積獲得報酬水平的最具綜合性與代表性的綜合指標，是企業盈利能力指標的核心。淨資產收益率越高，表明投資者投資的回報越高，企業的盈利能力越強。亨通光電與三維通信2008—2010年淨資產收益率如圖2-31所示。

	2008年	2009年	2010年
亨通光電	10%	16.10%	12.80%
三維通信	16.95%	17.47%	14.04%

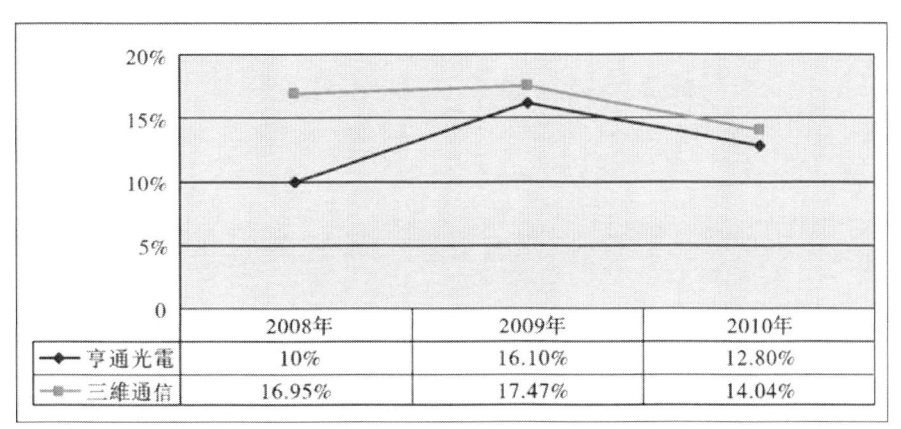

圖2-31　亨通光電與三維通信淨資產收益率趨勢圖

從圖2-31可知，2008—2010年，亨通光電與三維通信的淨資產收益率均爲先升後降，而且，三維通信的淨資產收益率均高於亨通光電的同期水平，不過，其差距有所縮小，反應出三維通信的股東投資回報率高於亨通光電，資本盈利水平優於亨通光電。

（3）股本收益率

股本收益率是企業一定時期淨利潤與平均實收資本（股本）的比率，表示股東平均每一元的實收資本（股本）所獲得的淨利潤。其計算公式爲：

股本收益率＝（淨利潤÷股本平均余額）×100%

其中：

股本平均余額＝（年初股本＋年末股本）÷2

股本收益率是從股東投入本金的角度來衡量企業盈利能力水平的指標，它反應了股東投入本金所獲得的回報。股本收益率越高，表明股東投資的回報越大。亨通光電與三維通信2008—2010年股本收益率如圖2-32所示。

從圖2-32可以看出，亨通光電的股本收益率2010年比2009年有所下降，但遠高於2008年，總體上是上升的；近三年，三維通信的股本收益率先升後降，2010年在2008年以下，並且三年都低於亨通光電。

資本營利能力的總體評價：

綜合以上分析可知，2008—2010年，除股本收益率外，三維通信的淨資產利潤率和淨資產收益率均比亨通光電高。總的來說，三維通信的資本營利能力比亨通光電強。

	2008年	2009年	2010年
亨通光電	74.60%	132.60%	118.20%
三維通信	63%	75.50%	60.30%

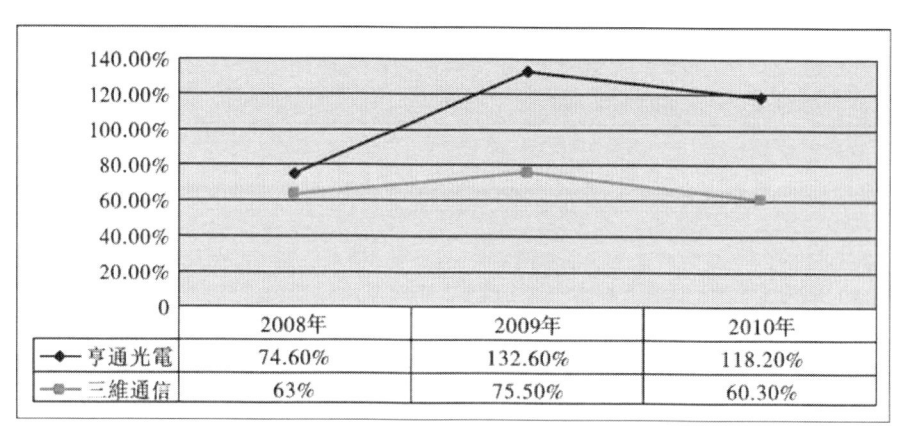

圖 2－32　亨通光電與三維通信股本收益率趨勢圖

(四) 獲現能力分析

獲現能力是指標企業在一定時期內獲取現金的能力，反應企業收入利潤的質量。評價獲現能力的指標一般有銷售現金回收率、營業收入現金比率、盈余現金保障倍數、全部資產現金回收率和總資產現金週轉率。

1. 銷售現金回收率

銷售現金回收率是企業一定時期（一般為一年）內銷售商品提供勞務所收到的現金與營業收入的比率。其計算公式為：

銷售現金回收率＝銷售商品提供勞務所收到的現金÷營業收入

公式中的「銷售商品提供勞務所受到的現金」來自現金流量表，「營業收入」來自利潤表。

銷售現金回收率表示企業在一定時期每元營業收入現金回收的比例，比率越高，說明營業收入現金收回的程度越高，銷售獲現能力越強。由於現金流量表中「銷售商品提供勞務所收到的現金」既包括當年銷售收回的現金，也包括往年銷售的應收帳款的現金，還包括當年的預收款。所以，在實際分析時，要連續觀察幾年的比率。亨通光電與三維通信2007—2010年銷售現金回收率如圖2－33所示。

	2007年	2008年	2009年	2010年
亨通光電	1.283	1.266	1.181	1.277
三維通信	1.104	1.093	0.981	1.069

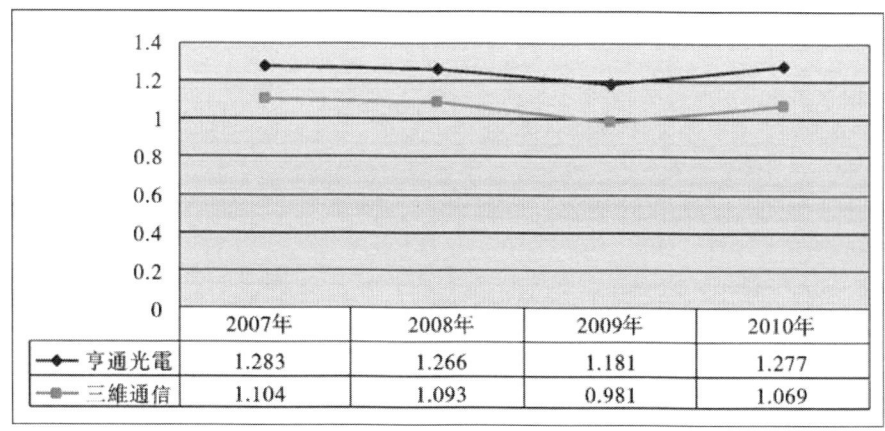

圖 2－33　亨通光電與三維通信銷售現金回收率趨勢圖

從圖 2-33 可知，2007—2010 年，亨通光電與三維通信的銷售現金回收率的走勢基本一致，均爲稍有波動但變化不大，2010 年與 2007 年基本持平，但亨通光電每年都大於 1，三維通信則在 1 左右，並且亨通光電均大於三維通信。以上結果表明兩個公司營業收入現金回收比較穩定，銷售現金回收情況較好；同時，亨通光電的銷售獲現能力要比三維通信強。

2. 營業收入現金比率

營業收入現金比率是企業一定時期（一般爲一年）內經營活動現金流量淨額與營業收入的比率。其計算公式爲：

營業收入現金比率 = 經營活動現金流量淨額 ÷ 營業收入

公式中的「經營活動現金流量淨額」來自現金流量表，「營業收入」來自利潤表。

營業收入現金比率表示企業在一年內每一元營業收入收回的現金淨額，比率越高，說明企業營業收入現金回收越好，營業收入質量越高，獲現能力越強。但由於現金流量表中的現金流入和流出是以收付實現制編製的，如果企業當年大量購入存貨而支付現金時，對比率會產生較大的影響，所以，在分析時應加以注意。亨通光電與三維通信 2007—2010 年營業收入現金比率如圖 2-34 所示。

	2007年	2008年	2009年	2010年
亨通光電	0.146	0.15	0.124	0.048
三維通信	0.058	0.074	-0.031	0.084

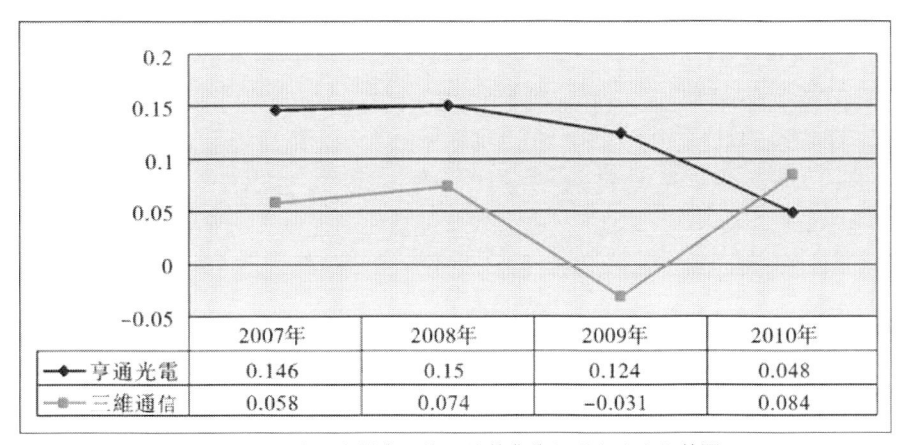

圖 2-34　亨通光電與三維通信營業收入現金比率趨勢圖

從圖 2-34 可以看出，近四年，三維通信的營業收入現金比率波動較大，而且比值偏低，2009 年出現負數，所幸的是 2010 年有所上升，並超過 2007 年的水平；亨通光電的營業收入現金比率逐年下降，2010 年下降加速，並首次低於三維通信，說明該公司營業收入的質量有所下降。

3. 盈余現金保障倍數

盈余現金保障倍數是經營活動現金流量淨額與淨利潤的比率。其計算公式爲：

盈余現金保障倍數 = 經營活動現金流量淨額 ÷ 淨利潤

盈余現金保障倍數反應了當期淨利潤中現金收益的保障程度，比值越高，說明企業利潤的質量越高，獲現能力越強，但分子或分母出現負值時指標失效。

亨通光電與三維通信 2007—2010 年盈余現金保障倍數如圖 2-35 所示。

從圖 2-35 可知，2007—2009 年，亨通光電的盈余現金保障倍數都大於三維通信，

	2007年	2008年	2009年	2010年
亨通光電	1.642	1.739	1.06	0.509
三維通信	0.346	0.524	-0.268	0.809

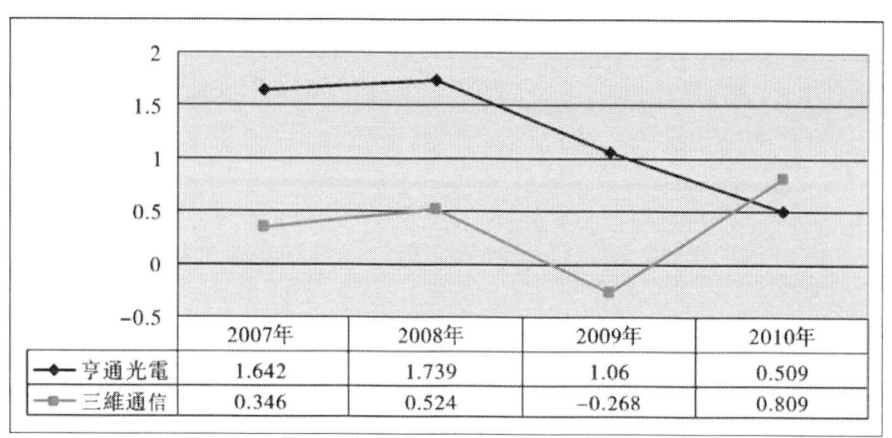

圖 2-35　亨通光電與三維通信盈余現金保障倍數趨勢圖

兩者的走勢相同，均爲 2008 年比 2007 年略有上升，2009 年比 2008 年大幅下降，三維通信爲負數；但到了 2010 年，三維通信轉爲上升，達到 0.809 並超過了 2008 年；而亨通光電繼續下降，首次低於三維通信，總體上看亨通光電的利潤質量高於三維通信，但 2010 年有所改變。

4. 全部資產現金回收率

全部資產現金回收率是經營活動現金流量淨額與總資產平均數的比率，其計算公式爲：

全部資產現金回收率 = 經營活動現金流量淨額 ÷ 總資產平均數

全部資產現金回收率表示每一元資產獲得的現金流量，它反應了企業運用全部資產獲取現金的能力，比值越大表示企業運用全部資產獲取現金的能力越強。亨通光電與三維通信 2008—2010 全部資產現金回收率如圖 2-36 所示。

	2008年	2009年	2010年
亨通光電	0.105	0.092	0.031
三維通信	0.045	-0.023	0.056

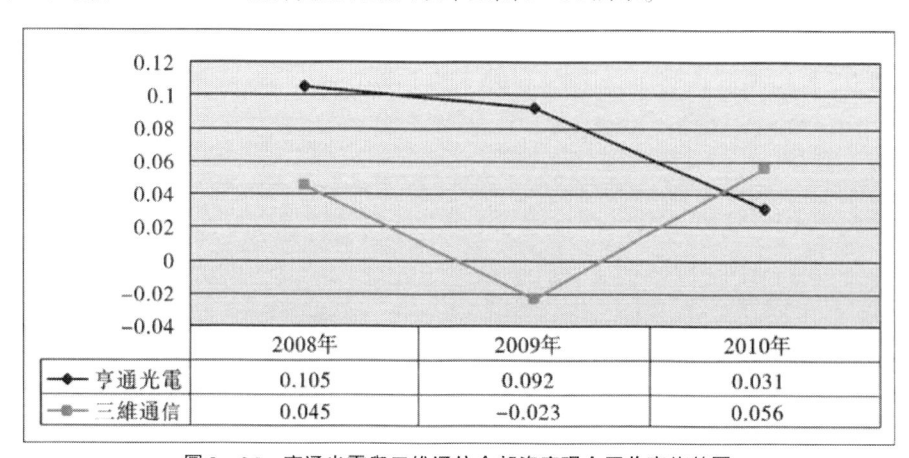

圖 2-36　亨通光電與三維通信全部資產現金回收率趨勢圖

從圖 2-36 可以看出，2008—2010 年，亨通光電與三維通信全部資產現金回收率的走勢和盈余現金保障倍數的走勢如出一轍。

5. 總資產現金週轉率

總資產現金週轉率是銷售商品提供勞務收到的現金與總資產平均數的比率。其計算公式為：

總資產現金週轉率＝銷售商品提供勞務收到的現金÷總資產平均數

總資產現金週轉率表示每一元總資產所獲得的現金收入，它是從現金的角度反應總資產的週轉速度，總資產現金週轉率比總資產週轉率更能體現企業資產的週轉速度。亨通光電與三維通信2008—2010總資產現金週轉率如圖2－37所示。

	2008年	2009年	2010年
亨通光電	0.891	0.881	0.828
三維通信	0.67	0.71	0.704

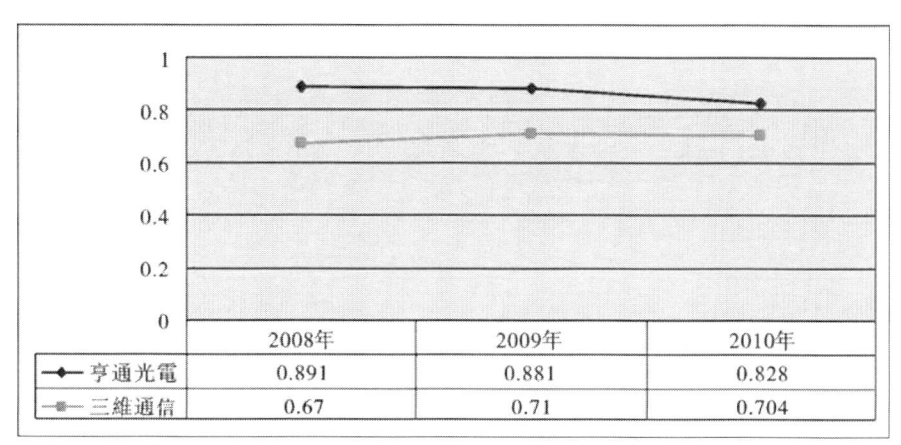

圖2-37　亨通光電與三維通信總資產現金週轉率趨勢圖

從圖2－37可以看出，2008—2010年，三維通信的總資產現金週轉率保持基本穩定，並略有上升，在0.7左右；而亨通光電略有下降，但每年都高於三維通信，反應出亨通關電的總資產現金週轉速度較三維通信快。

亨通光電與三維通信獲現能力的總體評價：

從以上圖表可以看出，2008年—2010年，亨通光電的銷售現金回收率和總資產現金週轉率都超過三維通信，表示每元營業收入與每元總資產所收到的現金亨通光電較三維通信有優勢；營業收入現金比率、盈餘現金保障倍數與全部資產現金回收率，2009年以前亨通光電有明顯優勢，但2010年被三維通信全面超越，這與亨通光電2010年經營活動現金流出增加有關。總體來講，亨通光電的獲現能力比三維通信稍強。

（五）發展能力分析

發展能力是指企業在生存的基礎上，擴大規模、壯大實力的潛在能力，分析發展能力主要考察總資產、營業收入、營業利潤、淨利潤、淨資產的增長趨勢和增長速度。

1. 總資產定基增長率

增長率分定基增長率和環比增長率兩種。定基增長率是把某一時期作為基期，其他時期與之對比的一種增長率。環比增長率是計劃期與上期連續對比的形成的比率，本案例採用定比比率。

總資產定基增長率是本年總資產對某一年的增長額與某一年總資產的比率。其計算公式為：

總資產定基增長率＝[（本年總資產－基期總資產）÷基期總資產]×100%

總資產定基增長率表示本年度總資產相對某一固定年份總資產的增長幅度，比率為正數，說明企業本年度的資產規模相對基期獲得增加；比率為負數，則說明資產比基期減少。以2007年為基期，亨通光電與三維通信2008—2010年的總資產增長率如圖2-38所示。

	2008年	2009年	2010年
亨通光電	9.28%	49.61%	79.70%
三維通信	12.19%	115.45%	131.55%

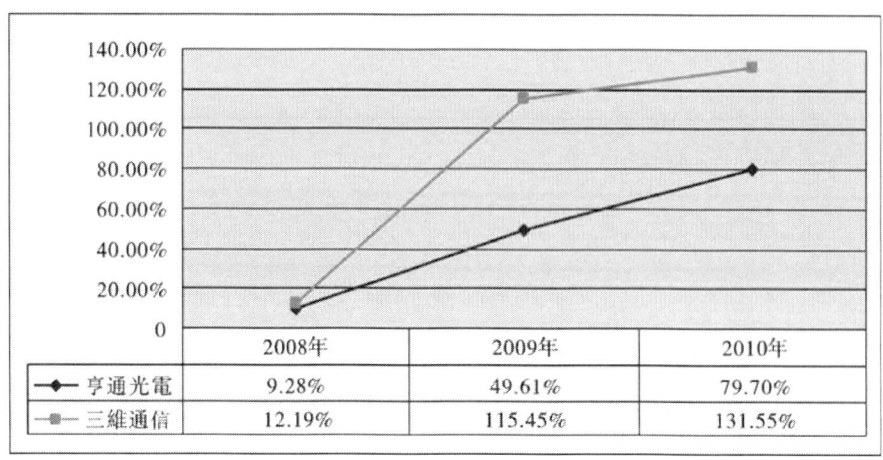

圖2-38　亨通光電與三維通信總資產定基增長率趨勢圖

在經營效益和資產週轉率不變的情況下，一個企業的新增利潤主要來源於新增資產，因此，一個企業的發展能力首先表現在規模的擴張上。從圖2-38可以看出，2008—2010年，亨通光電與三維通信的總資產定基增長率逐年上升，表明兩間公司的資產規模逐年增加，三維通信的增長速度高於亨通光電，說明三維通信的發展勢頭強過亨通光電。

對總資產增長率的分析，還要注意分析資產增長的效益性，因為，企業資產增長率越高並不意味著企業資產規模增長就越適當。要評價一個企業資產規模增長是否適當，必須與收入增長結合起來。

2. 營業收入定基增長率

營業收入定基增長率是本年營業收入對某一年的增長額與某一年營業收入的比率。其計算公式為：

營業收入定基增長率＝[(本年營業收入－基期營業收入)÷基期營業收入]×100%

營業收入定基增長率表示本年度的營業收入相對某一固定年份營業收入的增長幅度，是用於衡量企業經營成果和市場佔有能力、預測企業經營業務拓展趨勢的重要指標。比率為正數，表明企業本年營業收入有所增長，指標值越高，表明增長速度越快，企業市場前景越好。亨通光電與三維通信2008—2010年的營業收入增長率如圖2-39所示。

從圖2-38和圖2-39可以看出，近三年，三維通信和亨通光電在資產高速增長的同時，營業收入也快速增長，而且營業收入增長的速度高於資產增長的速度，並且，三維通信營業收入定基增長率高於亨通光電。這反應出兩家公司資產增長具有效益性，具有良好的成長性。

	2008年	2009年	2010年
亨通光電	30.66%	71.50%	89.50%
三維通信	66.26%	203.06%	276.06%

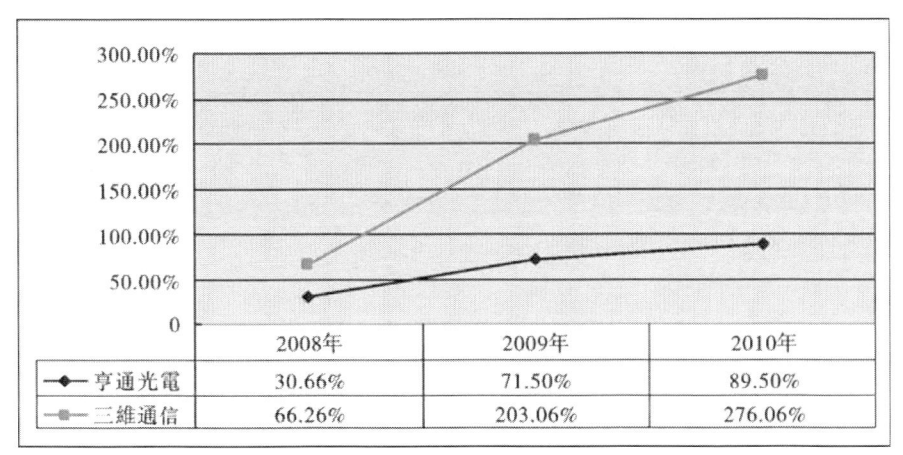

圖 2-39　亨通光電與三維通信營業收入定基增長率趨勢圖

3. 營業利潤定基增長率

營業利潤定基增長率是企業本期營業利潤增長額同基期營業利潤的比率。計算公式為：

營業利潤定基增長率 = [(本年營業利潤 - 基期營業利潤) ÷ 基期營業利潤] × 100%

營業利潤定基增長率表示與基期相比，企業營業利潤的增減變動情況，是評價企業經營發展和盈利能力狀況的綜合指標。比值越大，說明企業營業利潤增長越快，業務擴張能力越強。

亨通光電與三維通信 2008—2010 年的營業利潤定基增長率如圖 2-40 所示。

	2008年	2009年	2010年
亨通光電	12.08%	97.12%	71.95%
三維通信	42.67%	145.47%	145.01%

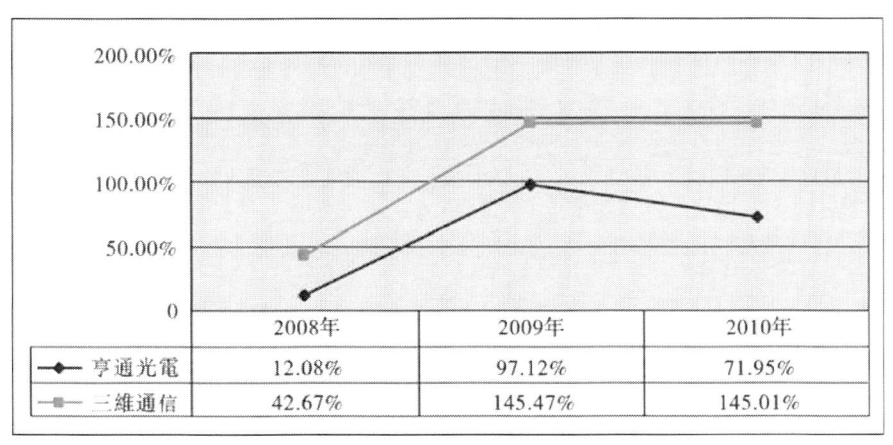

圖 2-40　亨通光電與三維通信營業利潤定基增長率趨勢圖

從圖 2-40 可以看出，2009—2010 年，三維通信營業利潤定基增長率保持較高的水平，達到 145% 以上，說明該公司的營業利潤獲得較快增長；2008—2010 年，亨通光電的營業利潤定基增長率有所波動，也低於三維通信，2010 年比 2009 年下降了 26 個百分點，但總體是上升的。總體來說三維通信營業利潤的增長速度高於亨通光電。

4. 淨利潤定基增長率

淨利潤定基增長率是淨利潤增長額與基期淨利潤的比值。其計算公式為：

淨利潤定基增長率＝[（本年淨利潤－基期淨利潤）÷基期淨利潤]×100%

淨利潤定基增長率表示與基相比，各年淨利潤增減變動情況。淨利潤增長率越高，表明企業收益增長越快，市場競爭力越強。

亨通光電與三維通信 2008—2010 年的淨利潤定基增長率如圖 2-41 所示。

	2008年	2009年	2010年
亨通光電	26.70%	125.31%	100.78%
三維通信	39.28%	112.18%	132.64%

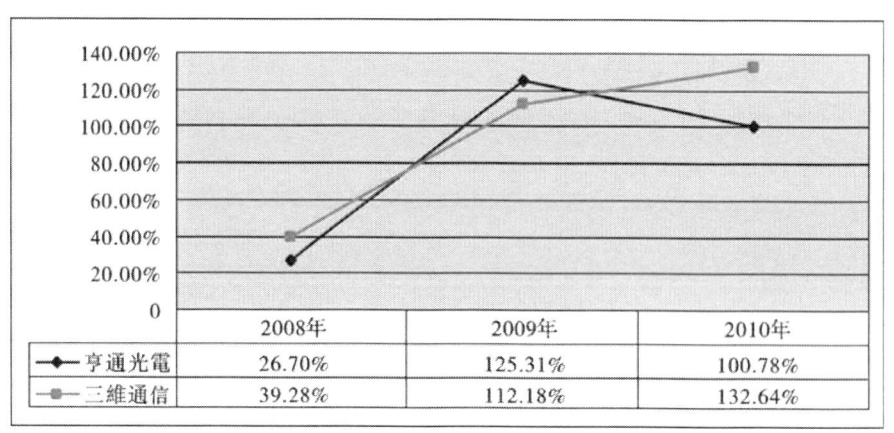

圖 2-41　亨通光電與三維通信淨利潤定基增長率趨勢圖

從圖 2-41 可以看出，2008—2010 年，三維通信的淨利潤定基增長率逐年提高，從 2008 年的 39.28% 提高到 2010 年的 132.64%，表明公司的淨利潤增長迅速，公司的收益獲得實質性增長。亨通光電淨利潤增長情況不如三維通信，2009 年雖然曾超過三維通信，但 2010 年比 2009 年下降了 20 個百分點，說明該公司的淨利潤增長還不穩定。

5. 股本定基增長率

股本定基增長率是股本增長額與基期股本的比值。其計算公式為：

股本定基增長率＝[（股本本年余額－基期股本余額）÷基期股本余額]×100%

股本定基增長率表示與基期相比各期股本增減變動情況，反應了股東投入本金的變動情況。比值越高，表明股東投入的本金越多。

亨通光電與三維通信 2008—2010 年的股本定基增長率如圖 2-42 所示。

	2008年	2009年	2010年
亨通光電	0	0	0
三維通信	50%	67.63%	168.20%

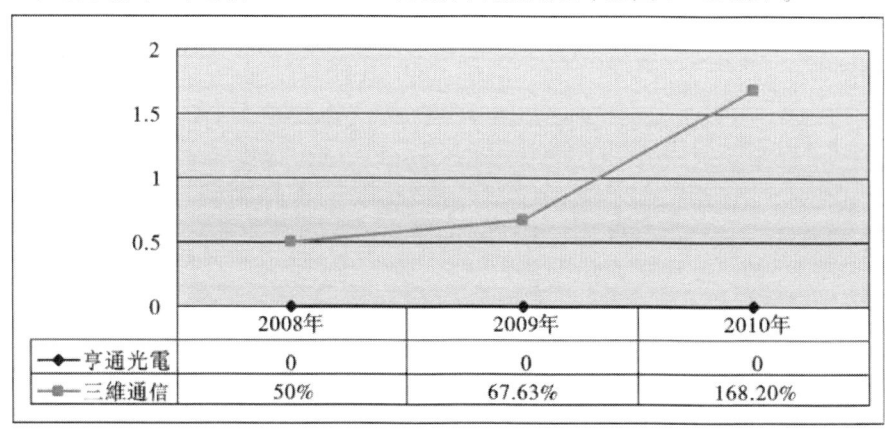

圖 2-42　亨通光電與三維通信股本定基增長率趨勢圖

從圖 2-42 可知，2008—2010 年，三維通信的股本定基增長率逐年增長，2010 年速度加快，從 2008 年的 50% 提高到 2010 年的 168.2%。而亨通光電的股本近三年沒有變化。

6. 所有者權益定基增長

所有者權益定基增長率是所有者權益增長額與基期所有者權益的比率。其計算公式為：

所有者權益定基增長率 =[（本年所有者權益余額－基期所有者權益余額）÷基期所有者權益余額] ×100%

所有者權益定基增長率表示與基期相比企業股東權益增減變動情況，反應了企業股東財富的增長程度，也體現出企業資產增長的質量。該比率越高，表明企業股東權益增長越快，企業資產增長狀況良好。亨通光電與三維通信 2008—2010 年的所有者權益定基增長率如圖 2-43 所示。

	2008年	2009年	2010年
亨通光電	6.49%	22.36%	34.22%
三維通信	13.50%	101.74%	128.16%

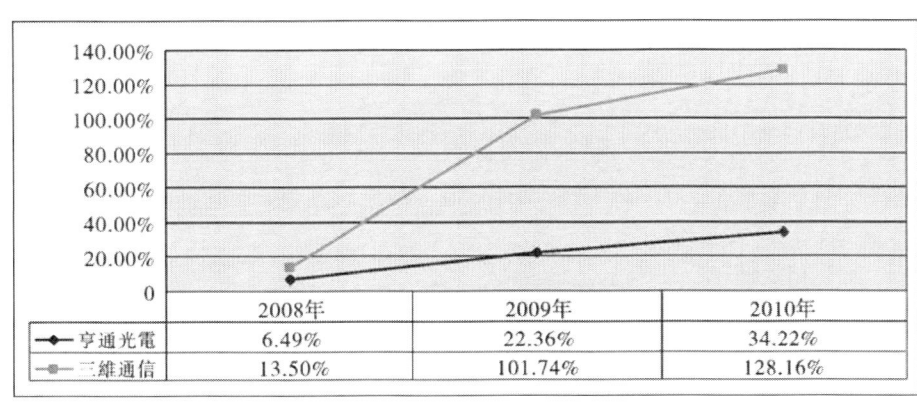

圖 2-43　亨通光電與三維通信所有者權益定基增長率趨勢圖

從圖 2-43 可以看出，2008—2010 年，亨通光電的所有者權益定基增長率穩步增長，從 2008 年的 6.49% 提高到 2010 年的 34.22%；三維通信的所有者權益定基增長率 2009 年大幅增長后，2010 年保持高速增長，達到 128.16%。

亨通光電與三維通信發展能力的總體評價：

（1）對亨通光電來說。2008—2010 年，總資產比 2007 年分別增長 9.28%、49.61%、79.7%，在股本不變的情況下，所有者權益分別增長 6.49%、22.3% 和 34.22%，低於總資產的增長幅度，這意味著公司近三年資產規模的擴張主要來自負債的增長；營業收入三年來分別增長 30.66%、71.5% 和 89.5%，高於資產的增幅，表明公司資產的增長是有效益的，而淨利潤三年也分別增長 126.7%、125.31% 和 100.78%，高於營業收入的增長幅度，也說明公司收入的增長具有效益性。以上說明公司具有良好的成長性。

（2）對三維通信來說。2008—2009 年，與 2007 年相比，總資產分別增長 12.19%、115.45%、131.55%，營業收入分別增長 66.26%、203.06%、276.06%，收入增幅超過資產的增幅，表明資產增長的效益性好；公司的淨利潤分別增長 39.28%、112.18%、132.64%，雖然增幅也高，但遠低於收入的增幅，說明收入增長

的效益性還不太理想。三年來，公司淨資產的增長率、淨利潤增長率與資產增長基本持平，反應出公司資產的增長主要是靠所有者權益的增加，公司具有一定的成長性。

(3) 從以上分析可以認為，亨通光電和三維通信都具有較好的成長性。但是，不論是資產規模、營業收入、淨利潤、還是淨資產，三維通信的增長速度均超過亨通光電，所以，相對而言三維通信的發展能力高於亨通光電。

三、杜邦分析

從營利能力分析可知，2010年三維通信和亨通光電的淨資產收益率分別為12.8%和14.04%，下面我們從杜邦分析體系逐層分析差異的原因。

1. 第一層（如表2-17所示）

表2-17　　　　　　　　淨資產收益率影響因素分析表

公司	淨資產收益率（%）	總資產淨利率（%）	權益乘數
亨通光電	12.8	6.1	2.1
三維通信	14.04	6.9	2.035

從表2-17可知，2010年三維通信的淨資產收益率為14.04%，比亨通光電的12.8%高出1.24個百分點，說明三維通信的淨資產收益能力強於亨通光電。其主要原因是三維通信的總資產淨利率大於亨通光電，雖然，三維通信的權益乘數略低於亨通光電，但差距較小。這意味著三維通信的所有者權益營利能力強於亨通光電，根本原因是三維通信的總資產營利能力強於亨通光電。而總資產淨利率三維通信大於亨通光電的原因又是什麼，要從第二層進行分析。

2. 第二層（如表2-18所示）

表2-18　　　　　　　　總資產淨利率影響因素分析表

公司	總資產淨利率（%）	總資產週轉率	銷售淨利率
亨通光電	6.1	0.65	9.4
三維通信	6.9	0.658	10.43

從表2-18發現，2010年，亨通光電和三維通信的總資產週轉率分別為0.65和0.658，兩者只相差0.08，而銷售淨利率分別是9.4%和10.43%，三維通信大於亨通光電。這表明三維通信銷售獲利能力強是它的總資產淨利率大於亨通光電的主要原因。

四、亨通光電與三維通信財務狀況的總體評價

通過以上分析，亨通光電和三維通信給我們以下總體的印象：

(1) 2008年以來，亨通光電與三維通信的資產規模快速擴張，銷售業務不斷上升，利潤逐年增加，兩家公司具有良好的成長性，但對於整體規模和實力，亨通光電比三維通信強。

(2) 兩家公司的營運能力不相上下，存在一定的波動，總體上三維通信占優勢。

(3) 財務結構、負債水平均屬於合理的範圍，存在財務風險的可能性較小。

(4) 從盈利能力看，亨通光電銷售淨利率、總資產淨利率和淨資產淨利率存在波動，反應出公司的盈利水平不穩定；三維通信的銷售淨利率、總資產淨利率和淨資產

淨利率逐年下降，顯示該公司的盈利能力不斷減弱，但總體上三維通信的盈利水平在亨通光電之上。

（5）兩家公司資金回收速度較快，獲現能力較強，總體來講，亨通光電的獲現能力比三維通信更有優勢。

下篇
基礎訓練與實訓

模塊一
償債能力分析

【實訓目的】

通過本模塊的訓練，學生能正確理解和領會評價企業償債能力指標的計算和內涵，能夠運用償債能力分析方法對企業的償債能力進行分析和評價，並揭示企業所面臨的財務風險。

【分析內涵】

一、指標內涵

1. 流動比率

（1）計算公式

流動比率＝流動資產÷流動負債

（2）內容解釋

① 比率表示要支付一元的流動負債有多少流動資產作為償還的保障，反應了流動資產在短期債務到期時可變現用於償還流動負債的能力，是衡量短期償債能力的重要指標。

② 比值越大，表示流動負債償還的保障程度越高，短期償債能力越強；反之，越弱。

③ 該比率並不是越大越好，一般認為，生產企業合理的流動比率是2。比率越大，並不等於企業有足夠的償還債務的能力，也可能是企業存貨大量積壓、應收帳款增加過多等原因所致。

2. 速動比率

（1）計算公式

速動比率＝（流動資產－存貨）÷流動負債

（2）內容解釋

① 比率表示要支付一元的流動負債，在扣除存貨後還有多少流動資產作為償還的保障，它是對流動比率的重要補充。比率越大，表明短期償債能力越強；反之，越弱。

②一般經驗認為，生產企業合理的流動比率是1。

3. 現金比率

（1）計算公式

現金比率＝（貨幣資金＋交易性金融資產）÷流動負債

（2）內容解釋

① 比率表示每支付一元的流動負債目前有多少現金類資產來償還，反應了企業現金類資產的直接支付能力。比率越大，表明短期償債能力越強；反之，越弱。

② 這是最保守的短期償債能力比率，一般認為，這一比率在0.2左右。比率過大，說明企業現金沒有發揮最大效益，現金閒置過多，降低了企業的獲利能力；比率過小，又不能滿足當前的現金支付需要。

4. 現金流動負債比

（1）計算公式

現金流動負債比＝經營活動現金淨流量÷流動負債

（2）內容解釋

① 比率表示要支付一元的流動負債當年經營活動產生的淨現金能提供多少，它反應了企業的流動負債用經營活動實現的現金來保障的程度。

② 比率越大，表明企業經營活動產生的淨現金越多，越能保障企業到期債務的按期償還。

5. 資產負債率

（1）計算公式

資產負債率＝負債總額÷資產總額×100%

（2）內容解釋

① 比率表示每100元資產中有負債所占的比重，它表明企業全部資金來源中有多少是通過債權人提供的，或者說在企業的全部資產中有多少屬於債權人所有。

② 該比率是評價企業負債水平和償債能力的綜合指標。比值越大，表明企業負債越重，償債能力越弱；反之，償債能力越強。

③ 資產負債率，站在債權人的角度可以說明債權的保證程度；站在所有者的角度可以說明自身承受風險的程度；站在企業的角度既可以反應企業的實力，也能反應其償債風險。

6. 產權比率

（1）計算公式

產權比率＝負債總額÷股東權益總額

（2）內容解釋

①產權比率反應企業所有者權益對債權人權益的保障程度。它是資產負債率的延伸，資產負債率體現的是部分與總體的關係，而產權比率體現的是部分之間的關係。

②產權比率越小，表明企業的長期償債能力越強，債權人權益的保障程度越高，承擔的風險越小，但企業不能充分地發揮負債的財務槓桿效應。

7. 利息保障倍數

（1）計算公式

利息保障倍數 =（利息費用 + 利潤總額）÷ 利息費用

（2）內容解釋

①利息保障倍數表示每支付一元貸款利息要提供的息稅前利潤，它反應企業償還利息的保障程度。

②利息保障倍數越高，表明企業長期償債能力越強。從長期來看，若要維持正常的償債能力，利息保障倍數至少大於1，如果利息保障倍數過小，企業將面臨虧損以及償債的安全性與穩定性下降的風險。

8. 有形淨值債務率

（1）計算公式

有形淨值債務率 = 債務總額 ÷（股東權益總額 − 無形資產）

（2）內容解釋

①有形淨值債務率實際上是產權比率的改進形式，是更謹慎、更保守地反應債權人利益的保障程度的指標。

②之所以要將無形資產從股東權益中扣除，是因爲從保守的觀點看，在企業處於破產狀態時，無形資產往往會發生嚴重貶值，因而不會像有形資產那樣爲債權人提供保障。

③有形淨值債務率越小，表明長期償債能力越強；反之，越弱。

二、分析思路

分析與評價企業償債能力，首先要分別計算連續幾年償債能力的相關指標，然後將計劃期實際值分別與歷史數據、行業平均數和主要的競爭對手同期數據進行對比，確定差距。通過與往年數據對比，觀察指標的變化趨勢，以及變化對企業的影響；與行業及主要競爭對手比較，尋找企業的償債能力與行業或主要競爭對手的差異，明確在行業所處的地位，對企業作出正確的評價。

【基礎訓練】

一、單項選擇題

1. 流動性是指資產的（　　）。
   A. 管理能力　　　　　　　　B. 盈利能力
   C. 變現能力　　　　　　　　D. 抗風險能力

2. 在計算速動比率時，要從流動資產中扣除存貨后再除以流動負債，扣除存貨的原因在於（　　）。
   A. 存貨數額經常發生變動　　B. 存貨變現能力差
   C. 存貨不能用來償還債務　　D. 存貨不屬於營運資金

3. 某企業現在的流動比率是2∶1，下列哪項經濟業務會引起該比率降低（　　）。
   A. 用銀行存款償還應付帳款　　B. 發行股票收到銀行存款
   C. 收回應收帳　　　　　　　　D. 開出短期票據借款

4. 某企業年初流動比率為2.2，速動比率為1；年末流動比率為2.4，速動比率為0.9。發生這種情況的可能是（　　）。
  A. 當存貨增加   B. 應收帳款增加
  C. 應付帳款增加   D. 預收帳款增加

5. 如果流動資產大於流動負債，則月末用現金償還一筆應付款會使（　　）。
  A. 營運資產減少   B. 營運資產增加
  C. 流動比率提高   D. 流動比率降低

6. 企業的長期償債能力主要取決於（　　）。
  A. 資產的短期流動性   B. 獲利能力
  C. 資產的多少   D. 債務的多少

7. 權益乘數越高，則（　　）。
  A. 資產負債率越高   B. 流動比率越高
  C. 資產負債率越低   D. 資產週轉率越高

8. 權益乘數是指（　　）。
  A. 1÷（1－產權比率）   B. 1÷（1－資產負債率）
  C. 產權比率÷（1－資產負債率）   D. 資產負債率÷（1－資產負債率）

9. 如果流動比率大於1，則下列結論成立的有（　　）。
  A. 速動比率大於1   B. 現金比率大於1
  C. 營運資金大於0   D. 短期償債能力絕對有保障

10. 對流動比率的表述正確的有（　　）。
  A. 流動比率高，並不意味著企業一定具有短期償債能力
  B. 流動比率越高越好
  C. 不同企業的流動比率有統一的衡量標準
  D. 流動比率比速動比率更能準確地反應企業的短期償債能力

11. 流動比率反應的是（　　）。
  A. 企業短期償債能力   B. 長期償債能力
  C. 流動資金週轉狀況   D. 流動資產利用情況

12. 甲公司年初流動比率為2.2，速動比率為1.0；當年期末流動比率為2.5，速動比率為0.8。下列各項中可能解釋年初與年末之間差異的是（　　）。
  A. 賒銷增加   B. 存貨增加
  C. 應付帳款增加   D. 應收帳款週轉加速

13. 一般而言，短期償債能力與（　　）關係不大。
  A. 資產變現能力   B. 資產再融資能力
  C. 企業獲利能力   D. 企業流動負債

14. 下列對現金流動負債比率評價正確的是（　　）。
  A. 該指標數值越低越好   B. 該指標數值越高越好
  C. 該指標數值為1最好   D. 該指標數值為2最好

15. 下列指標中反應企業長期償債能力的財務比率是（　　）。
  A. 利息保障倍數   B. 營業利潤率
  C. 淨資產收益率   D. 資本保值增值

16. 資產負債表的趨勢分析主要通過編製（　　）來進行。
   A. 比較利潤表　　　　　　　　B. 資產負債分析表
   C. 比較資產負債表　　　　　　D. 期間費用分析表

二、多項選擇題
1. 影響速動比率的因素有（　　）。
   A. 應收帳款　　　　　　　　　B. 存貨
   C. 短期借款　　　　　　　　　D. 應收票據
2. 反應短期償債能力的比率包括（　　）。
   A. 流動比率　　　　　　　　　B. 速動比率
   C. 現金比率　　　　　　　　　D. 利息保障倍數
3. 下列比率越高，反應企業償債能力越強的有（　　）。
   A. 速動比率　　　　　　　　　B. 流動比率
   C. 資產負債率　　　　　　　　D. 現金比率
   E. 利息保障倍數
4. 下列說法正確的有（　　）。
   A. 一般來說，流動比率越高，說明資產的流動性越大，短期償債能力越強。
   B. 一般來說，速動比率越高，說明企業短期內可變現資產的償還短期內到期債務的能力越強。
   C. 流動比率越高，則速動比率也越高。
   D. 對企業而言，現金比率越高越有利。
5. 企業速動資產包括（　　）等。
   A. 現金　　　　　　　　　　　B. 存貨
   C. 短期投資　　　　　　　　　D. 應收帳款
6. 反應企業的償債能力的指標有（　　）。
   A. 已獲利息倍數　　　　　　　B. 現金流動負債比率
   C. 資產損失比率　　　　　　　D. 資產負債率
7. 流動比率大於1，則下列結論不一定成立的是（　　）。
   A. 速動比率大於1　　　　　　B. 營運資金大於0
   C. 資產負債率大於1　　　　　D. 短期償債能力絕對有保障
8. 流動比率為1.2，則賒購材料一批（不考慮增值稅），將會導致（　　）。
   A. 流動比率提高　　　　　　　B. 流動比率降低
   C. 流動比率不變　　　　　　　D. 速動比率降低

三、判斷題
1. 從股東角度分析，資產負債率高，節約所得稅帶來的收益就大。　　　　（　　）
2. 資產負債表反應會計期末財務狀況，現金流量表反應現金流量。　　　　（　　）
3. 利息保障倍數指標可以反應企業償付利息的能力。　　　　　　　　　　（　　）
4. 某企業年末速動比率為0.5，則該企業可能仍具有短期償債能力。　　　（　　）
5. 儘管流動比率可以反應企業的短期償債能力，但有的企業流動比率較高，卻沒有能力支付到期的應付帳款。　　　　　　　　　　　　　　　　　　　　（　　）
6. 對債權人而言，企業的資產負債率越高越好。　　　　　　　　　　　　（　　）

7. 現金比率越高越好。 (　　)
8. 流動比率越高，表明企業的償債能力越強，經營管理水平越高。 (　　)

四、計算題

1. 寶山鋼鐵股份有限公司2007—2010年的資產負債表如表1-1所示。

表1-1　　　　　　　　　　寶鋼股份資產負債表　　　　　　　　　　單位：元

會計年度	2007年	2008年	2009年	2010年
貨幣資金	11,240,041,072.36	6,851,604,374.54	5,558,276,152.91	9,200,675,786.05
交易性金融資產	1,637,805,977.77	1,141,165,158.85	546,377,068.35	297,133,851.72
應收票據	5,656,985,157.79	4,501,112,144.38	6,674,251,784.05	7,879,784,804.93
應收帳款	6,311,642,149.53	5,269,190,881.79	5,566,287,279.15	6,728,952,000.41
預付款項	6,003,758,547.07	4,600,807,313.48	4,099,365,175.79	5,464,166,424.66
其他應收款	866,340,183.83	736,214,627.64	753,857,108.28	1,088,689,487.14
應收利息	18,236,632.06	14,759,478.14	5,702,089.26	8,097,921.09
應收股利	22,045,889.41	—	—	19,199,112.85
存貨	39,068,728,055.69	35,644,590,875.74	29,462,171,383.42	38,027,321,873.88
一年內到期的非流動資產	—	—	—	150,362,590.00
其他流動資產	5,798,266,680.00	—	—	—
流動資產合計	76,623,850,345.51	58,759,444,854.56	52,666,288,041.21	68,864,383,852.73
可供出售金融資產	1,598,061,926.01	860,182,984.66	1,056,020,521.34	1,253,630,345.22
長期股權投資	3,754,348,861.50	3,849,504,621.27	4,207,114,195.86	4,432,305,394.65
投資性房地產	135,688,714.39	136,754,792.01	130,535,317.25	154,564,391.52
固定資產	81,551,754,350.99	109,187,870,660.63	115,465,901,991.79	117,737,019,179.64
在建工程	16,373,360,851.23	16,275,909,358.26	13,746,832,781.17	9,762,744,217.47
工程物資	754,629,512.45	1,114,501,067.25	689,829,883.01	504,102,159.55
無形資產	5,626,751,807.39	5,964,551,561.91	7,837,110,155.00	8,149,310,483.44
長期待攤費用	95,353,256.42	57,723,308.83	34,538,554.27	18,828,446.84
遞延所得稅資產	878,126,575.62	1,779,480,353.48	1,054,669,754.72	1,135,371,070.97
其他非流動資產	943,869,055.41	2,035,213,365.28	4,253,941,320.76	4,052,844,207.70
非流動資產合計	111,711,944,911.41	141,261,692,073.58	148,476,494,475.17	147,200,719,897.00
資產總計	188,335,795,256.92	200,021,136,928.14	201,142,782,516.38	216,065,103,749.73
短期借款	20,481,128,544.17	24,104,126,921.47	24,274,429,785.95	23,611,246,423.82
交易性金融負債	174,951,938.47	11,500,444.73	6,285,024.95	3,480,773.10
應付票據	3,341,058,247.89	4,251,242,725.68	4,855,355,992.37	2,221,942,799.91
應付帳款	17,175,498,091.38	18,621,675,643.72	18,582,613,440.64	19,164,134,658.37
預收款項	9,337,924,203.53	9,219,197,161.95	11,045,412,382.55	11,795,800,061.97
應付職工薪酬	1,691,758,498.54	1,716,327,357.44	1,595,130,198.30	1,641,234,036.31
應交稅費	1,064,638,899.65	-1,799,441,237.31	-946,370,733.37	1,122,962,791.89
應付利息	510,345,030.65	355,730,320.99	240,456,545.77	289,681,337.11

表1-1(續)

會計年度	2007年	2008年	2009年	2010年
應付股利	4,553,376.33	19,951,672.62	16,683,769.64	14,489,839.41
其他應付款	1,051,898,821.40	1,140,848,514.14	1,016,238,301.24	865,954,967.77
一年內到期的非流動負債	2,209,045,617.00	4,850,420,366.30	2,982,960,014.44	3,536,710,083.31
其他流動負債	18,842,366,892.70	9,550,840,186.79	7,052,751,678.45	8,908,340,779.32
流動負債合計	75,885,168,161.71	72,042,420,078.52	70,721,946,400.93	73,175,978,552.29
長期借款	16,431,946,896.94	14,201,884,772.41	5,294,932,134.33	8,586,976,200.00
應付債券	—	7,785,029,718.21	18,067,156,259.62	18,474,795,283.20
長期應付款	—	7,544,731,994.48	5,092,440,941.36	2,542,058,246.12
專項應付款	25,434,461.51	18,878,920.71	110,914,331.45	458,086,945.11
遞延所得稅負債	495,343,584.26	431,657,612.06	265,472,181.46	396,226,414.46
其他非流動負債	896,907,084.32	158,846,453.73	370,619,491.07	1,088,486,622.56
非流動負債合計	17,849,632,027.03	30,141,029,471.60	29,201,535,339.29	31,546,629,711.45
負債合計	93,734,800,188.74	102,183,449,550.12	99,923,481,740.22	104,722,608,263.74
實收資本（或股本）	17,512,000,000.00	17,512,000,000.00	17,512,000,000.00	17,512,048,088.00
資本公積	33,645,805,604.77	36,806,692,595.98	37,314,308,498.73	37,565,832,959.01
盈餘公積	15,796,900,214.28	16,812,395,927.36	17,827,770,213.00	20,124,401,541.84
未分配利潤	21,620,790,256.82	20,935,302,003.95	22,583,995,111.41	29,674,047,101.69
少數股東權益	6,096,984,643.23	5,880,817,631.28	6,082,403,274.02	6,596,017,233.65
外幣報表折算價差	-71,485,650.92	-109,520,780.55	-109,491,178.96	-145,142,801.00
歸屬母公司所有者權益（或股東權益）	88,504,010,424.95	91,956,869,746.74	95,136,897,502.14	104,746,478,252.34
所有者權益（或股東權益）合計	94,600,995,068.18	97,837,687,378.02	101,219,300,776.16	111,342,495,485.99
負債和所有者（或股東權益）合計	188,335,795,256.92	200,021,136,928.14	201,142,782,516.38	216,065,103,749.73

請計算該公司2008—2010年各項目增長率和比重，將計算結果填入表1-2中，並對公司資產負債表作初步分析。

表1-2　　　　　寶山股份資產負債表趨勢與結構分析表　　　　　單位:%

項目	2008年		2009年		2010年	
	增減率	比重	增減率	比重	增減率	比重
貨幣資金						
交易性金融資產						
應收票據						
應收帳款						
預付款項						
其他應收款						

表1-2(續)

項目	2008年 增減率	比重	2009年 增減率	比重	2010年 增減率	比重
應收利息						
應收股利						
存貨						
一年內到期的非流動資產						
其他流動資產						
流動資產合計						
可供出售金融資產						
長期股權投資						
投資性房地產						
固定資產						
在建工程						
工程物資						
無形資產						
長期待攤費用						
遞延所得稅資產						
其他非流動資產						
非流動資產合計						
資產總計						
短期借款						
交易性金融負債						
應付票據						
應付帳款						
預收款項						
應付職工薪酬						
應交稅費						
應付利息						
應付股利						
其他應付款						
一年內到期的非流動負債						
其他流動負債						
流動負債合計						

表1-2(續)

項目	2008年 增減率	2008年 比重	2009年 增減率	2009年 比重	2010年 增減率	2010年 比重
長期借款						
應付債券						
長期應付款						
專項應付款						
遞延所得稅負債						
其他非流動負債						
非流動負債合計						
負債合計						
實收資本（或股本）						
資本公積						
盈余公積						
未分配利潤						
少數股東權益						
外幣報表折算價差						
歸屬母公司所有者權益（或股東權益）						
所有者權益（或股東權益）合計						
負債和所有者合計						

2. 已知中興通訊2007—2010年有關財務數據如表1-3所示。

表1-3　　　　中興通訊2007—2010年部分財務數據　　　　單位：千元

項目	2007年	2008年	2009年	2010年
貨幣資金	6,483,170	11,480,406	14,496,808	15,383,207
交易性金融資產	123,644	——	——	123,365
存貨	5,363,430	8,978,036	9,324,800	12,103,670
流動資產	30,486,661	42,676,095	55,593,903	65,528,099
流動負債	20,938,653	29,996,836	41,095,060	48,214,142
所有者權益	12,888,408	15,183,547	17,948,866	24,961,998
無形資產	224,848	589,084	613,773	891,290
資產總計	39,173,096	50,865,921	68,342,322	84,152,357
財務費用	494,371	1,308,254	784,726	1,198,477
利潤總額	1,727,734	2,262,543	3,324,742	4,360,201

表1-3(續)

項目	2007年	2008年	2009年	2010年
經營活動產生的現金流量淨額	88,390	3,647,913	3,729,272	941,910
流動比率				
速動比率				
現金比率				
現金流動負債比				
資產負債率				
產權比率				
有形淨值債務率				
權益乘數				

要求：

（1）根據表1-3計算中興通訊2007—2010年的流動比率、速動比率、現金比率、現金流動負債比、資產負債率、產權比率、權益乘數和有形淨值債務率，並將結果填在表1-3的空格裡。

（2）根據計算結果對該公司的償債能力作出分析與評價。

【實訓案例】

案例一　中國聯通資產負債表初步分析

一、案例資料

中國聯合網路通信股份有限公司（以下簡稱「中國聯通」）是於2001年12月31日經批准設立的股份有限公司，是由中國聯合通信有限公司以其於中國聯通BVI有限公司的51%股權投資所對應的淨資產出資，聯合聯通尋呼有限公司、聯通興業科貿有限公司、北京聯通興業科貿有限公司和聯通進出口有限公司四家發起單位共同設立的，股本總額1,469,659,639.5萬元。公司是一家特別限定的控股公司，經營範圍僅限於通過聯通BVI公司持有聯通紅籌公司的股權，而不直接經營任何其他業務。公司對聯通紅籌公司、聯通營運公司擁有實質控制權，收益來源於聯通紅籌公司。公司2009—2010年比較資產負債表如表1-4所示。

表1-4　　　　　中國聯通2009—2010年比較資產負債表　　　　　單位:%

會計年度	2009年		2010年	
	比重	增長率	比重	增長率
貨幣資金	2.10	-6.95	5.14	158.16
應收票據	—	45.12	0.01	150.60

表1-4(續)

會計年度	2009年 比重	增長率	2010年 比重	增長率
應收帳款	2.35	5.99	2.35	5.44
預付款項	0.44	24.57	0.69	65.46
其他應收款	1.59	-54.49	0.36	-75.75
應收利息	0	20.87	—	-75.93
存貨	0.57	106.06	0.84	54.55
其他流動資產	0.25	—	0.14	-41.51
流動資產合計	7.33	-15.04	9.54	37.66
可供出售金融資產	1.90	—	1.40	-22.11
長期股權投資	0	—	0.01	218.09
固定資產	67.99	18.18	68.65	6.80
在建工程	13.79	61.85	12.60	-3.40
工程物資	1.50	25.51	0.76	-46.49
無形資產	4.69	5.90	4.48	1.14
長期待攤費用	1.82	25.20	1.74	1.36
遞延所得稅資產	0.97	-5.26	0.83	-10.13
其他非流動資產	—	—	—	—
非流動資產合計	92.67	24.97	90.46	3.26
資產總計	100	20.80	100	5.78
短期借款	15.24	492.84	8.28	-42.53
交易性金融負債	—	—	5.19	—
應付票據	0.33	32.79	0.13	-57.62
應付帳款	23.99	62.86	21.13	-6.83
預收款項	5.04	-6.98	6.76	41.80
應付職工薪酬	0.86	-6.98	0.77	-5.44
應交稅費	0.22	-91.93	0.33	62.72
應付利息	0.05	-18.93	0.17	243.79
應付股利	—	-90.98	—	-0.06
其他應付款	1.86	-13.40	1.82	3.81
一年內到期的非流動負債	0.02	-92.75	0.04	108.90
流動負債合計	47.61	59.64	44.61	-0.86
長期借款	0.18	-23.85	0.33	92.54

表1-4(續)

會計年度	2009年 比重	2009年 增長率	2010年 比重	2010年 增長率
應付債券	1.67	—	7.57	379.40
長期應付款	5.04	-88.12	0.04	-15.35
預計負債	—		—	
遞延所得稅負債	0.06	1,073.31	0	-84.93
其他非流動負債	0.61	-24.04	0.49	-15.14
非流動負債合計	2.57	-17.14	8.43	247.05
負債合計	50.18	52.41	53.06	11.83
實收資本（或股本）	5.06		4.78	—
資本公積	6.69	15.56	6.27	-0.86
盈余公積	0.13	39.59	0.15	22.64
未分配利潤	5.05	-13.37	4.77	-0.16
少數股東權益	32.88	-0.59	30.97	-0.37
外幣報表折算價差	—	0.44	—	-9.26
歸屬母公司所有者權益（或股東權益）	16.93	0.95	15.97	-0.21
所有者權益（或股東權益）合計	49.82	-0.07	46.94	-0.32
負債和所有者（或股東權益）合計	100	20.80	100	5.78

二、分析要求

（1）分別用縱向分析法和橫向分析法對上述財務報表進行比較，對中國聯通的資產負債表、利潤表和現金流量表進行初步分析。

（2）你認爲中國聯通2010年的財務狀況可能存在哪些問題？

案例二　安凱客車償債能力分析

一、案例資料

下面是安徽安凱汽車股份有限公司（以下簡稱「安凱客車」）2010年年報摘要的部分內容和該公司2007—2010年的財務報表，以及2008—2010年汽車製造行業有關財務指標：

（一）2010年年報中與報表有關的部分內容

1. 基本情況

安徽安凱汽車股份有限公司系1997年4月21日經安徽省人民政府皖政秘〔1997〕63號文批准，由原合肥淝河汽車製造廠（后更名爲安徽安凱汽車集團有公司）（以下簡稱「安凱集團」）獨家發起，通過社會募集方式設立的股份有限公司。1997年7月經中國證券監督管理委員會批准向社會公開發行股票6,000萬股人民幣普通股，同年7月

22 日公司正式成立，7 月 25 日在深圳證券交易所掛牌上市。1999 年 12 月，公司經中國證券監督管理委員會批准向全體股東配售 3,000 萬股人民幣普通股，配股後總股本為 17,000 萬股。2000 年，公司以資本公積向全體股東每 10 股轉增 3 股，送股後總股本為 22,100 萬股。2004 年安徽江淮汽車集團有限公司（以下簡稱「江汽集團」）受讓安凱集團所持有的公司 6,214 萬股股份，成為公司的控股股東。2006 年 5 月，依據公司 2006 年度第一次臨時股東大會暨相關股東會議審議通過，本公司以股權分置改革前總股本 22,100 萬股為基數，用資本公積金向全體股東按每 10 股轉增 3.441.2 股的比例轉增股本，非流通股股東將可獲得的轉增股份全部送給流通股東，以此作為非流通股獲得流通權的對價。該股權分置改革方案於 2006 年 6 月 1 日實施完畢後，公司股本由 22,100 萬股增至 29,705 萬股。根據 2007 年第一次臨時股東大會決議，經中國證券監督管理委員會證監許可〔2008〕424 號《關於核准安徽安凱汽車股份有限公司向安徽江淮汽車集團有限公司發行股份購買資產的批覆》的核准，公司於 2008 年 4 月 24 日向江汽集團發行 996 萬股人民幣普通股購買其持有的安徽江淮客車有限公司（以下簡稱「江淮客車」）41.00% 的股權。每股 1.00 元，每股發行價格 7.62 元，定向增發後公司股本增至 30,701 萬股。

目前，公司是國內新能源汽車的領頭羊之一，公司自 2003 年開始即定位發展新能源客車，力爭曲線崛起，實現安凱歷史上的第三次輝煌。至 2010 年，公司是國內純電動客車出貨量最多的企業，是真正在花大力氣進軍新能源客車、是在工信部備案新能源車型最多的企業。公司主要產品有「安凱·SETRA」「安凱」牌系列公路客車、旅遊客車、公交客車和系列客車專用底盤，產品囊括 8～12 米。

股票簡稱：安凱客車。

股票代碼：000868。

主要業務：客車、底盤生產與銷售，汽車配件銷售；汽車設計、維修、諮詢、試驗；本公司自產產品及技術的出口以及本公司生產所需的原輔材料、儀器儀表、機械設備、零部件及技術的進口（國家限定公司經營和禁止進出口商品及技術除外）。

2. 股本變動情況（如表 1-5 所示）

表 1-5　　　　　　　　　　　股本變動情況

	本報告期變動前		報告期變動增減（＋，－）				本報告報告期變動後	
	數量	比例（%）	送股	公積金轉股	其他	小計	數量	比例（%）
一、有限售條件股份	39,884,091	12.99			－22,066	－22,066	39,862,025	12.98
1. 國家持股	14,365,000	4.68					14,365,000	4.68
2. 國有法人持股	25,495,000	8.30					25,495,000	8.30
3. 其他內資持股								
其中：境內非國有法人持股								
境內自然人持股								
4. 外資持股								
其中：境外法人持股								
境外自然人持股								
5. 高管持股	24,091	0.01			－22,066	－22,066	2,025	0.00
二、無限售條件股份	267,125,909	87.01			22,066	22,066	267,147,975	87.02

表1-5(續)

	本報告期變動前		報告期變動增減（＋，－）				本報告報告期變動後	
	數量	比例（%）	送股	公積金轉股	其他	小計	數量	比例（%）
1. 人民幣普通股	267,125,909	87.01			22,066	22,066	267,147,975	87.02
2. 境內上市的外資股								
3. 境外上市的外資股								
4. 其他								
三、股份總數	307,010,000	100			0	0	307,010,000	100

3. 公司主營業務及其經營情況

（1）主營業務分行業分產品情況（如表1-6所示）

表1-6　　　　　　　　主營業務分行業分產品情況

主營業務分行業情況						
分行業或分產品	營業收入（萬元）	營業成本（萬元）	毛利率（%）	營業收入比上年增減（%）	營業成本比上年增減（%）	毛利率比上年增減（%）
加工製造業	312,944.99	275,064.71	12.10	44.05	44.25	－0.13
主營業務分產品情況						
營運車	286,423.42	252,357.83	11.89	43.74	43.90	－0.10
汽車底盤	7,148.97	5,697.79	20.30	－3.92	－7.08	2.71
配件及修車	19,372.60	17,009.09	12.20	83.76	85.38	－0.77
合計	312,944.99	275,064.71	12.10	44.05	44.25	－0.13

（2）主營業務分地區情況（如表1-7所示）

表1-7　　　　　　　　主營業務分地區情況

地區	營業收入（萬元）	營業收入比上年增減（%）
內銷	295,041.72	40.64
出口	17,903.27	139.79
合計	312,944.99	44.05

4. 公司資產構成情況（如表1-8所示）

表1-8　　　　　　　　公司資產構成情況

項目	本期數（元）	上年同期數（元）	增減率（%）	變動原因
其他應收款	34,877,732.62	55,857,193.66	－37.56	主要系本期收回對合資公司安凱雷博的投資款所致
在建工程	103,823,601.31	31,145,070.60	233.35	主要系江淮客車新基地建設項目投資增加所致
無形資產	123,398,992.34	56,623,851.77	117.93	主要系行焊裝車間土地使用權增加所致

表1-8(續)

項目	本期數（元）	上年同期數（元）	增減率（%）	變動原因
應付帳款	719,131,770.59	494,032,692.35	45.56	主要系公司本期經營規模增大所致
應付職工薪酬	2,353,063.78	1,800,864.20	30.66	主要系公司本期職工薪酬增加所致
應交稅費	22,477,901.41	-4,352,712.54	616.41	主要系2010年12月增值稅截至報告期末未繳所致
應付股利	0.00	993,354.16	-100.00	主要系應付股利已支付所致
其他應付款	128,352,572.84	77,790,245.92	65.00	主要系包河工業區財政往來款
未分配利潤	39,150,516.13	-31,057,579.21	226.06	主要系本期利潤增加所致

5. 公司利潤構成情況（如表1-9所示）

表1-9　　　　　　　　　　公司利潤構成情況

項目	本期數（元）	上年同期數（元）	增減率（%）	變動原因
營業收入	3,152,638,840.15	2,190,301,113.17	43.94	主要系本期營業規模增加所致
營業成本	2,767,997,474.98	1,918,187,879.07	44.30	主要系本期營業規模增加所致
銷售費用	190,354,176.97	140,031,293.38	35.94	主要系本期公司銷售規模增長、銷售服務費及廣告費增加所致
資產減值損失	5,370,743.61	12,150,375.24	-55.80	主要系前期已計提跌價準備的存貨，本期生產消耗而相應結算其跌價損失，以及應收往來帳項帳齡縮短而相應減少壞帳準備所致
投資收益	22,351,025.55	11,779,280.95	89.75	主要系公司的聯營公司安凱車橋業績大幅提升所致
營業利潤	66,272,350.52	17,387,067.23	281.16	主要系本期營業規模增加所致
營業外收入	15,086,362.47	9,806,439.35	53.84	主要系本年政府為支持企業自主創新等，政府補助大幅增加所致

6. 公司現金流量構成情況（如表1-10所示）

表1-10　　　　　　　　　公司現金流量構成情況

項目	本期數（元）	上年同期數（元）	增減率（%）	變動原因
收到的稅費返還	8,700,234.94	1,849,058.03	370.52	主要系公司本期經營規模增加所致
收到其他與經營活動有關的現金	55,633,408.85	42,255,949.23	31.66	主要系公司本期收到政府補助大幅增加所致

表1-10(續)

項目	本期數（元）	上年同期數（元）	增減率（%）	變動原因
支付給職工以及爲職工支付的現金	131,398,038.37	95,232,629.03	37.98	主要系公司本期經營規模增加所致
支付其他與經營活動有關的現金	221,481,406.78	159,740,275.64	38.65	主要系本期支付的銷售費用及研發費用增加所致
收回投資收到的現金	22,000,000.00	188,712.50	11,557.95	主要系本期收回對合資公司安凱雷博的投資款所致
處置固定資產、無形資產和其他長期資產收回的現金淨額	77,748.13	80,728,848.23	-99.90	主要系公司子公司江淮客車收到前期的土地補償款所致
收到其他與投資活動有關的現金	24,000,000.00	6,173,955.67	288.73	主要系公司子公司江淮客車收到前期的土地補償款所致

7. 本年度利潤分配方案

公司本期母公司可分配利潤爲28,148,536.80元，擬按2010年年末總股本307,010,000股爲基數，每10股派發現金股利0.25元（含稅），合計應當派發現金股利7,675,250.00元。剩餘未分配利潤20,473,286.80元，結轉下年度分配。公司本年度不實施資本公積金轉增股本。

此方案尚需提交公司2010年年度股東大會審議。獨立董事對上述利潤分配預案表示無異議。

8. 稅項

(1) 主要稅種及稅率（如表1-11所示）

表1-11　　　　　　　　　　　　主要稅種及稅率　　　　　　　　　　單位:%

稅種	計稅依據	稅率
增值稅	銷售收入	17
企業所得稅	應納稅所得額	15、25
城市維護建設稅	當期流轉稅	7
地方教育費附加	當期流轉稅	1
教育費附加	當期流轉稅	3

註：(1) 本公司執行15%的所得稅稅率；
(2) 子公司江淮客車執行15%的所得稅稅率，其子公司揚州宏運執行25%的所得稅稅率；
(3) 子公司安凱金達，執行25%的所得稅稅率；
(4) 子公司安凱西南，執行25%的所得稅稅率。

(2) 稅收優惠及批文

①2008年12月30日，安徽省科學技術廳、安徽省財政廳、安徽省國家稅務局、安徽省地方稅務局聯合發布科高〔2008〕177號文，本公司被認定爲高新技術企業，自2008年1月1日起享受國家高新技術企業所得稅優惠政策，執行15%的所得稅稅

率，期限為三年。

②2009 年 1 月 21 日，安徽省科學技術廳、安徽省財政廳、安徽省國家稅務局、安徽省地方稅務局聯合發布科高〔2009〕13 號文，江淮客車被認定為高新技術企業，自 2008 年 1 月 1 日起享受國家高新技術企業所得稅優惠政策，執行 15% 的所得稅稅率，期限為三年。

9. 應收款項組合在資產負債表日余額的一定比例（如表 1-12 所示）

表 1-12　　　　應收款項組合在資產負債表日余額的一定比例

帳齡	計提比例（%）
1 年以內	5.00
1~2 年	10.00
2~3 年	30.00
3~4 年	50.00
4~5 年	80.00
5 年以上	100.00

10. 各類固定資產的折舊年限和年折舊率（如表 1-13 所示）

表 1-13　　　　各類固定資產的折舊年限和年折舊率

類別	折舊年限（年）	殘值率（%）	年折舊率（%）
房屋	40	3	2.43
建築物	25	3	3.88
機器設備	13	3	7.46
動力設備	15	3	6.47
運輸設備	10	3	9.7
自動化控制及儀器儀表	10	3	9.7
工具及其他生產工具	12	3	8.08
非生產設備及器具	5~18	3	19.40~5.39

11. 合併財務報表主要項目註釋

（1）貨幣資金（如表 1-14 所示）

表 1-14　　　　貨幣資金

項目	年末余額			年初余額		
	原幣金額	折算匯率	折合人民幣	原幣金額	折算匯率	折合人民幣
現金			406,705.19			836,122.15
其中：人民幣			406,705.19			836,122.15
銀行存款			619,815,396.10			457,423,078.63

表1-14(續)

項目	年末余額			年初余額		
	原幣金額	折算匯率	折合人民幣	原幣金額	折算匯率	折合人民幣
其中：人民幣			617,706,696.48			455,987,537.67
美元	306,114.37	6.622,7	2,027,303.63	205,143.38	6.828,2	1,400,605.19
歐元	3,199.80	8.806,5	28,179.04	356,593.00	9.797,1	34,935.77
港元	62,539.75	0.850,93	53,216.95			
其他貨幣資金			165,865,417.13			209,368,103.44
其中：人民幣			165,865,417.13			209,368,103.44
合計			786,087,518.42			667,627,304.22

（2）應收票據（分類列示，如表1-15所示）

表1-15　　　　　　　　　　　　　應收票據　　　　　　　　　　　　單位：元

票據種類	年末余額	年初余額
銀行承兌匯票	116,014,035.05	93,401,764.00
合計	116,014,035.05	93,401,764.00

（3）應收帳款

組合中，按帳齡分析法計提壞帳準備的應收帳款，如表1-16所示。

表1-16　　　　　　　　　　　　　應收帳款

帳齡	年末余額			年初余額		
	余額（元）	比例（％）	壞帳準備（元）	余額（元）	比例（％）	壞帳準備（元）
1年以內（含1年）	380,971,313.80	82.03	19,048,565.69	317,881,230	80.67	15,894,061.5
1～2年	44,797,776.56	9.65	4,477,223.90	35,386,187.85	8.98	3,538,618.79
2～3年	11,695,565.00	2.52	3,508,669.50	11,778,241.90	2.99	3,533,472.57
3～4年	3,695,961.60	0.80	1,847,980.81	2,646,420.31	0.67	1,323,210.16
4～5年	2,013,179.55	0.43	1,610,543.65	1,033,024.99	0.26	826,419.99
5年以上	21,236,710.14	4.57	21,236,710.14	25,341,459.48	6.43	25,341,459.48
合計	464,410,506.65	100.00	51,729,693.69	394,066,564.53	100.00	50,457,242.49

應收帳款金額前五名單位情況，如表1-17所示。

表 1-17　　　　　　　　　應收帳款金額前五名單位情況

單位名稱	與本公司關係	金額（元）	年限	占應收帳款總額的比例（%）
MOHAMAD ATTK EST	非關聯方	25,153,942.73	1 年以內	5.05
大連交通運輸集團有限公司	非關聯方	17,804,651.56	1 年以內	3.58
南京中大金陵雙層客車製造有限公司	非關聯方	17,029,515.88	1 年以內	3.42
合肥公交集團有限公司	非關聯方	15,326,700.00	1 年以內	3.08
深圳市鵬運國旅運輸有限公司	非關聯方	12,375,000.00	1 年以內	2.49
合計	—	87,689,810.17	—	17.62

（4）預付帳款

帳齡列示如表 1-18 所示。

表 1-18　　　　　　　　　預付帳款帳齡

帳齡	年末余額（元）	比例（%）	年初余額（元）	比例（%）
1 年以內（含 1 年）	81,870,403.34	79.93	82,568,154.67	94.18
1～2 年（含 2 年）	20,197,393.50	19.72	1,567,350.76	1.79
2～3 年（含 3 年）	234,324.61	0.23	3,442,944.62	3.93
3 年以上	126,658.96	0.12	89,282.58	0.10
合計	102,428,780.41	100.00	87,667,732.63	100.00

帳齡超過 1 年的重要預付帳款本期未及時結算的原因，如表 1-19 所示。

表 1-19　　　　帳齡超過 1 年的重要預付帳款本期未及時結算的原因

單位名稱	款項性質	金額（元）	未結算原因
德國 SETRA 公司	材料款	16,685,729.47	未開票
安凱集團有限公司管理人	購買安凱集團破產資產款	3,000,000.00	未開票

（5）存貨

2010 年 12 月 31 日存貨分類情況如表 1-20 所示。

表 1-20　　　　　　2010 年 12 月 31 日存貨分類情況　　　　　　單位：元

項目	帳面成本	跌價準備	帳面價值
在途物資	1,621,600.00		1,621,600.00
原材料	240,282,711.69	34,231,903.46	206,050,808.23
庫存商品	104,599,917.96	568,764.62	14,031,153.34

表1-20(續)

項目	帳面成本	跌價準備	帳面價值
在產品	40,245,495.31	—	40,245,495.31
週轉材料	1,018,094.45	—	1,018,094.45
合計	387,767,819.41	34,800,668.08	352,967,151.33

2009年12月31日存貨分類情況，如表1-21所示。

表1-21　　　　　　　2009年12月31日存貨分類情況　　　　　　　單位：元

項目	帳面成本	跌價準備	帳面價值
原材料	243,745,586.53	35,880,687.10	207,864,899.43
庫存商品	106,575,344.42	377,056.49	106,198,287.93
在產品	44,453,572.70	—	44,453,572.70
合計	394,774,503.65	36,257,743.59	358,516,760.06

（6）固定資產（如表1-22所示）

表1-22　　　　　　　　　　　固定資產　　　　　　　　　　單位：元

項目	年初數	本年增加	本年減少	年末數
一、固定資產原值				
其中：房屋	2,937,712.30	4,396,945.86	27,315.00	257,307,343.16
建築物	46,950,999.34	1,468,691.00		48,419,690.34
機器設備	120,408,658.79	5,031,994.52	1,411,604.11	124,029,049.20
動力設備	29,986,481.86			29,986,481.86
運輸設備	18,079,590.66	1,687,619.64	1,884,984.00	17,882,226.30
自動化控制及儀器儀表	67,979,025.95	4,220,217.99	138,853.33	72,060,390.61
工具及其他生產工具	176,963,360.00	2,845,406.92		179,808,766.92
非生產設備及器具	30,610,127.46	28,355.00		30,581,772.46
合計	743,915,956.36	19,650,875.93	3,491,111.44	760,075,720.85
二、累計折舊				
其中：房屋	64,537,112.49	8,271,861.55	2,483.96	72,806,490.08
建築物	6,647,813.83	1,568,492.16	—	8,216,305.99
機器設備	69,417,496.85	7,003,311.62	1,288,374.27	75,132,434.20
動力設備	5,680,771.50	1,006,767.45	—	6,687,538.95
運輸設備	9,686,578.52	2,383,194.09	1,408,372.97	10,661,399.64

表1-22(續)

項目	年初數	本年增加	本年減少	年末數
自動化控制及儀器儀表	38,967,161.58	4,056,058.90	131,725.00	42,891,495.48
工具及其他生產工具	123,605,931.52	9,796,601.83	—	133,402,533.35
非生產設備及器具	15,574,832.18	1,754,971.06	4,826.62	17,324,976.62
合計	334,117,698.47	35,841,258.66	2,835,782.82	367,123,174.31

(7) 營業稅金及附加（如表1-23所示）

表1-23　　　　　　　　　　營業稅金及附加　　　　　　　　　單位：元

種類	本年發生額	上年發生額	計繳標準
營業稅	25,553.22	16,670.90	按營業收入的5%
城市維護建設稅	5,367,998.53	4,451,068.71	按流轉稅額的7%
教育費附加	3,104,430.37	2,513,194.24	按流轉稅額的4%
合計	8,497,982.12	6,980,933.85	—

(8) 銷售費用（如表1-24所示）

表1-24　　　　　　　　　　銷售費用　　　　　　　　　　　　單位：元

項目	本年金額	上年金額
業務費	42,145,720.09	40,176,553.10
銷售服務費	33,214,427.46	25,739,672.57
廣告費	24,167,787.09	9,828,102.43
工資	17,766,823.25	8,793,253.02
差旅費	17,259,135.78	11,863,551.23
運費	15,795,219.74	6,946,093.81
會務費	10,367,529.71	7,215,722.68
市場開發費	7,926,593.35	7,112,060.24
展覽費	4,752,644.13	2,297,851.14
辦公費	4,558,672.87	2,379,586.28
業務招待費	3,280,864.46	1,008,238.14
其他	3,247,438.47	12,067,774.49
宣傳費	2,180,060.44	1,666,762.60
修理費	790,365.87	6,760.56
租賃費	749,507.76	412,941.00

表1-24(續)

項目	本年金額	上年金額
保險費	678,419.05	942,599.98
折舊費	474,287.53	501,939.67
福利費	443,398.86	412,500.05
勞務派遣	347,463.64	267,242.43
工會經費	122,996.42	218,384.71
訴訟費	84,821.00	173,703.25
合計	190,354,176.97	140,031,293.38

(9) 管理費用（按項目列示，如表1-25所示）

表1-25　　　　　　　　　　　　管理費用　　　　　　　　　　　　單位：元

項目	本年金額	上年金額
工資	30,004,806.28	22,545,395.97
社會保險費	11,591,931.28	6,012,018.22
折舊費	8,797,394.73	9,795,656.82
稅金	8,780,184.53	9,546,546.85
住房公積金	5,703,291.42	2,954,757.52
其他	8,810,474.57	6,806,975.52
職工福利費	4,277,188.13	1,182,360.06
研究開發費	25,370,600.38	16,778,408.77
無形資產攤銷	2,963,183.94	1,424,888.92
辦公費	4,139,167.65	2,091,832.95
董事會費	1,942,742.50	1,551,109.59
修理費	2,258,870.20	833,146.01
保險費	63,448.48	1,556,271.15
工會經費	1,274,510.91	543,163.77
差旅費	947,397.21	1,414,135.51
業務招待費	954,226.30	2,853,794.42
水電費	950,418.28	836,478.49
檢測費	732,540.00	1,788,266.10
警衛消防費	730,057.87	602,287.21
技術諮詢費	722,041.00	272,449.00
低值易耗品攤銷	630,867.78	507,139.61

表1-25(續)

項目	本年金額	上年金額
長期攤銷費用	581,297.40	581,297.40
職工教育經費	497,449.20	233,011.05
審計費	458,782.40	482,251.60
物業費	370,000.00	330,000.00
試驗費	270,025.00	871,005.80
質量認證費	438,746.89	1,574,982.11
排污費	265,705.65	235,269.76
運費	259,635.17	209,306.60
會務費	246,627.55	81,998.80
資產攤銷	212,786.04	336,311.69
勞動保險費	130,358.25	487,771.92
租賃費	83,224.77	179,696.00
應付福利費	75,123.53	399,147.15
通信費	105,720.04	150,339.03
市內交通費	53,439.90	52,073.00
訴訟費	51,602.00	59,624.30
仲介諮詢費	45,000.00	583,703.32
合計	125,790,867.23	98,744,871.99

(10) 財務費用 (如表1-26所示)

表1-26　　　　　　　　　　財務費用　　　　　　　　　　單位：元

項目	本年發生額	上年發生額
利息支出	14,478,390.38	13,118,255.34
減：利息收入	5,729,326.10	6,173,955.67
利息收支淨額	8,749,064.28	6,944,299.67
匯兌損失	634,305.86	384,678.37
減：匯兌收益		143,171.48
其他	779,903.80	1,412,166.80
合計	10,163,273.94	8,597,973.36

(二) 2007—2010 年安凱客車財務報表

1. 資產負債表（如表 1 - 27 所示）

表 1 - 27　　　　　　　　　　安凱客車資產負債表　　　　　　　　　　單位：元

會計年度	2007 年	2008 年	2009 年	2010 年
貨幣資金	355,195,364.31	484,924,615.81	667,627,304.22	786,087,518.42
應收票據	98,682,444.88	101,440,420.00	93,401,764.00	116,014,035.05
應收帳款	214,721,741.10	317,984,996.92	364,650,044.00	446,067,486.66
預付款項	107,155,372.20	73,236,090.62	87,667,732.63	102,428,780.41
其他應收款	18,255,523.62	29,838,168.00	55,857,193.66	34,877,732.62
應收股利	—	—	2,400,000.00	2,400,000.00
存貨	351,549,484.26	387,280,133.18	358,516,760.06	352,967,151.33
其他流動資產	8,232,920.00	—	—	—
流動資產合計	1,153,792,850.37	1,394,704,424.53	1,630,120,798.57	1,840,842,704.49
長期股權投資	80,688,603.35	89,532,950.16	94,646,455.11	109,454,604.46
固定資產	284,156,783.84	391,675,368.12	371,252,533.19	354,406,821.84
在建工程	715,501.00	2,946,540.58	31,145,070.60	103,823,601.31
無形資產	20,517,491.36	55,515,314.97	56,623,851.77	123,398,992.34
長期待攤費用	5,231,676.64	4,650,379.24	4,069,081.84	3,487,784.44
遞延所得稅資產	3,776,280.96	2,640,692.66	2,738,245.57	1,567,642.76
非流動資產合計	395,086,337.15	546,961,245.73	560,475,238.08	696,139,447.15
資產總計	1,548,879,187.52	1,941,665,670.26	2,190,596,036.65	2,536,982,151.64
短期借款	106,820,964.22	190,111,000.00	218,642,523.49	260,000,000.00
交易性金融負債	—	—	—	542,996.33
應付票據	264,373,264.00	401,497,570.00	536,296,736.00	448,926,045.00
應付帳款	389,244,358.93	464,045,405.70	494,032,692.35	719,131,770.59
預收款項	60,331,006.74	58,586,773.64	70,650,070.46	53,344,845.95
應付職工薪酬	3,394,838.15	2,402,428.43	1,800,864.20	2,353,063.78
應交稅費	9,738,800.70	12,597,788.54	-4,352,712.54	22,477,901.41
應付股利	—	1,856,186.49	993,354.16	—
其他應付款	35,851,779.32	53,726,559.41	77,790,245.92	128,352,572.84
一年內到期的非流動負債	50,000,000.00	50,000,000.00	—	—
其他流動負債	228,000.00	—	—	—
流動負債合計	919,983,012.06	1,234,823,712.21	1,395,853,774.04	1,635,129,195.90
長期借款	50,000,000.00	—	—	—

表1-27(续)

会计年度	2007年	2008年	2009年	2010年
专项应付款	—	—	84,000,000.00	108,000,000.00
其他非流动负债	—	2,250,000.00	1,500,000.00	5,500,000.00
非流动负债合计	50,000,000.00	2,250,000.00	85,500,000.00	113,500,000.00
负债合计	969,983,012.06	1,237,073,712.21	1,481,353,774.04	1,748,629,195.90
实收资本（或股本）	297,050,000.00	307,010,000.00	307,010,000.00	307,010,000.00
资本公积	337,719,135.30	366,574,095.35	367,201,248.09	367,359,488.11
盈余公积	16,210,798.29	16,210,798.29	16,210,798.29	19,338,413.49
未分配利润	-78,605,286.27	-55,361,766.49	-31,057,579.21	39,150,516.13
少数股东权益	6,521,528.14	70,158,830.90	49,877,795.44	55,494,538.01
归属母公司所有者权益（或股东权益）	572,374,647.32	634,433,127.15	659,364,467.17	732,858,417.73
所有者权益（或股东权益）合计	578,896,175.46	704,591,958.05	709,242,262.61	788,352,955.74
负债和所有者（或股东权益）合计	1,548,879,187.52	1,941,665,670.26	2,190,596,036.65	2,536,982,151.64

2. 利润表

安凯客车利润表如表1-28所示。

表1-28　　　　　　　安凯客车利润表　　　　　　　单位：元

会计年度	2007年	2008年	2009年	2010年
一、营业收入	1,169,795,346.74	2,142,050,853.68	2,190,301,113.17	3,152,638,840.15
减：营业成本	1,018,036,035.86	1,900,848,735.18	1,918,187,879.07	2,767,997,474.98
营业税金及附加	2,495,742.47	6,945,448.06	6,980,933.85	8,497,982.12
销售费用	74,423,014.50	115,137,724.76	140,031,293.38	190,354,176.97
管理费用	60,945,470.83	89,263,829.12	98,744,871.99	125,790,867.23
财务费用	3,835,648.55	17,093,832.15	8,597,973.36	10,163,273.94
资产减值损失	7,315,368.84	-4,589,861.97	12,150,375.24	5,370,743.61
加：公允价值变动净收益	—	—	—	-542,996.33
投资收益	18,992,501.98	12,006,035.71	11,779,280.95	22,351,025.55
其中：对联营企业和合营企业的投资收益	14,607,404.66	9,269,346.81	8,710,217.45	19,148,149.35

表1-28(續)

會計年度	2007年	2008年	2009年	2010年
二、營業利潤	21,736,567.67	29,357,182.09	17,387,067.23	66,272,350.52
加：營業外收入	8,259,229.95	8,130,447.14	9,806,439.35	15,086,362.47
減：營業外支出	332,300.00	372,201.01	781,325.96	848,186.92
其中：非流動資產處置淨損失	182,950.30	191,576.68	265,640.17	70,822.40
三、利潤總額	29,663,497.62	37,115,428.22	26,412,180.62	80,510,526.07
減：所得稅費用	8,933,397.91	6,606,737.91	151,993.86	3,823,992.94
四、淨利潤	20,730,099.71	30,508,690.31	26,260,186.76	76,686,533.13
歸屬於母公司所有者的淨利潤	20,314,204.46	24,025,554.82	24,304,187.28	73,335,710.54
少數股東損益	415,895.25	6,483,135.49	1,955,999.48	3,350,822.59
五、每股收益	——	——	——	——
（一）基本每股收益	0.07	0.08	0.08	0.24
（二）稀釋每股收益	0.07	0.08	0.08	0.24

3. 現金流量表（如表1-29所示）

表1-29　　　　　　　　　安凱客車現金流量表　　　　　　　　單位：元

報告年度	2007年	2008年	2009年	2010年
銷售商品、提供勞務收到的現金	1,205,265,837.58	2,231,919,325.52	2,156,624,732.61	2,452,263,990.80
收到的稅費返還	930,000.00	51,365,609.57	1,849,058.03	8,700,234.94
收到其他與經營活動有關的現金	1,092,181.93	20,258,136.81	42,255,949.23	55,633,408.85
經營活動現金流入小計	1,207,288,019.51	2,303,543,071.90	2,200,729,739.87	2,516,597,634.59
購買商品、接受勞務支付的現金	1,034,485,851.16	1,797,209,030.80	1,583,948,417.92	1,963,380,691.03
支付給職工以及為職工支付的現金	58,256,963.91	90,873,373.24	95,232,629.03	131,398,038.37
支付的各項稅費	34,534,977.59	53,737,557.41	96,992,965.00	67,845,113.88
支付其他與經營活動有關的現金	87,892,663.13	200,547,608.92	159,740,275.64	221,481,406.78
經營活動現金流出小計	1,215,170,455.79	2,142,367,570.37	1,935,914,287.59	2,384,105,250.06
經營活動產生的現金流量淨額	-7,882,436.28	161,175,501.53	264,815,452.28	132,492,384.53

表 1-29(續)

報告年度	2007 年	2008 年	2009 年	2010 年
收回投資收到的現金	4,141,632.93	245,158.00	188,712.50	22,000,000.00
取得投資收益收到的現金	5,800,000.00	2,736,688.90	6,000,896.50	802,876.20
處置固定資產、無形資產和其他長期資產收回的現金淨額	34,000,000.00	285,700.85	80,728,848.23	77,748.13
收到其他與投資活動有關的現金	4,432,789.11	6,274,181.92	6,173,955.67	24,000,000.00
投資活動現金流入小計	48,374,422.04	9,541,729.67	93,092,412.90	46,880,624.33
購建固定資產、無形資產和其他長期資產支付的現金	17,656,036.91	47,873,558.40	93,091,390.50	91,566,288.24
投資支付的現金	1,541,220.00	—	43,111,095.00	—
支付其他與投資活動有關的現金	—	17,692,442.67	—	—
投資活動現金流出小計	19,197,256.91	65,566,001.07	136,202,485.50	91,566,288.24
投資活動產生的現金流量淨額	29,177,165.13	-56,024,271.40	-43,110,072.60	-44,685,663.91
吸收投資收到的現金	—	—	—	2,818,560.00
取得借款收到的現金	156,820,964.22	356,617,255.73	305,859,636.79	277,500,000.00
籌資活動現金流入小計	156,820,964.22	356,617,255.73	305,859,636.79	280,318,560.00
償還債務支付的現金	187,616,921.73	428,327,219.95	328,217,113.30	236,142,523.49
分配股利、利潤或償付利息支付的現金	7,923,417.58	24,971,284.69	16,403,707.87	12,888,237.07
支付其他與籌資活動有關的現金	1,260,856.09	3,674,984.84	—	—
籌資活動現金流出小計	196,801,195.40	456,973,489.48	344,620,821.17	249,030,760.56
籌資活動產生的現金流量淨額	-39,980,231.18	-100,356,233.75	-38,761,184.38	31,287,799.44
四、匯率變動對現金的影響	—	-967,512.69	-241,506.89	-634,305.86
五、現金及現金等價物淨增加額	-18,685,502.33	3,827,483.69	182,702,688.41	118,460,214.20
期初現金及現金等價物餘額	373,880,866.64	481,097,132.12	484,924,615.81	667,627,304.22
期末現金及現金等價物餘額	355,195,364.31	484,924,615.81	667,627,304.22	786,087,518.42

（三）2009—2010 年汽車製造行業償債能力指標平均值（如表 1-30 所示）

表 1-30　　　　　　　上市公司汽車製造行業償債能力指標平均值

財務指標		上市公司平均值	汽車製造行業平均值	財務指標		上市公司平均值	汽車製造行業平均值
速動比率（%）	2009 年	69.84	86.82	資產負債率（%）	2009 年	57.52	61.49
	2010 年	73.82	95.65		2010 年	57.6	59.49
現金流動負債比率（%）	2009 年	21.75	23.48	已獲利息倍數	2009 年	7.21	17.09
	2010 年	15.97	18.55		2010 年	9.32	25.65

二、分析要求

（1）計算安凱客車 2008—2010 年的流動比率、速動比率、現金比率和現金流動負債比率，從以上比率並結合流動資產、流動負債的具體項目構成對安凱客車的短期償債能力進行分析與評價；

（2）計算安凱客車 2008—2010 年的資產負債率、產權比率、利息保障倍數和有形淨值債務率等指標，從以上比率並結合公司的資本結構對安凱客車的長期償債能力進行分析與評價；

（3）寫出安凱客車償債能力的評價報告。

案例三　S 上石化償債能力分析

一、案例資料

1. 公司基本情況與經營範圍

中國石化上海石油化工股份有限公司（以下簡稱「S 上石化」），原名爲上海石油化工股份有限公司，於 1993 年 6 月 29 日在中華人民共和國組建，是國有企業上海石油化工總廠重組的一部分組成之股份有限公司。上海石油化工股份有限公司由中國石油化工集團公司直接監管與控制。中國石油化工集團公司於 2000 年 2 月 25 日完成了重組。重組完成后，中國石油化工股份有限公司成立。作爲該重組的一部分，中國石油化工集團公司將其所持有的本公司 40 億股國有法人股股本，占本公司總股本的 55.56%，出讓給中國石油化工股份有限公司（以下簡稱「中石化股份」）持有。中石化股份因而成爲本公司第一大股東。於 2000 年 10 月 12 日，本公司更改名稱爲中國石化上海石油化工股份有限公司。

「S 上石化」是國內目前規模最大的石化企業之一，也是國內第一家在全球發行股票並在香港聯交所上市，在美國紐約證券交易所以 ADR 形式掛牌的公司。公司主要經營石油加工、油品、化工產品、合成纖維及單體、塑料及製品、針紡原料及製品等，是中國最大的石油煉製、石油化工、化纖、塑料聯合生產基地。公司投入大量資金參與浦東開發，至今已在新區建立了 34 家企業，成爲公司發展的第二基地。公司每年實現的利稅總額、利潤總額和原油加工利潤率均位居中國石化行業第一。其中利稅總額一直占中國石化總公司實現利稅總額的 10% 以上，利潤總額保持爲中國石化總公司實現利潤總額的 1/4。

二、2007—2010 年財務報表
(1) 資產負債表 (如表 1-31 所示)

表 1-31　　　　　　　　　　S 上石化資產負債表　　　　　　　　　單位：元

會計年度	2007 年	2008 年	2009 年	2010 年
貨幣資金	893,165,000.00	627,685,000.00	125,917,000.00	100,110,000.00
交易性金融資產	——	97,644,000.00	——	——
應收票據	1,800,856,000.00	566,356,000.00	603,701,000.00	2,043,493,000.00
應收帳款	563,093,000.00	226,293,000.00	534,948,000.00	751,935,000.00
預付款項	123,939,000.00	66,772,000.00	127,568,000.00	146,865,000.00
其他應收款	254,420,000.00	111,578,000.00	85,457,000.00	58,185,000.00
應收股利	——	74,000,000.00	——	5,042,000.00
存貨	5,197,849,000.00	4,492,215,000.00	6,883,834,000.00	5,352,301,000.00
其他流動資產	——	248,808,000.00	700,000,000.00	73,910,000.00
流動資產合計	8,833,322,000.00	6,511,351,000.00	9,061,425,000.00	8,531,841,000.00
可供出售金融資產	478,793,000.00	123,918,000.00	——	——
長期股權投資	3,543,769,000.00	2,941,717,000.00	2,969,646,000.00	3,526,290,000.00
投資性房地產	512,793,000.00	492,690,000.00	479,247,000.00	465,805,000.00
固定資產	15,259,283,000.00	13,528,185,000.00	15,205,731,000.00	13,802,184,000.00
在建工程	965,463,000.00	1,854,154,000.00	363,646,000.00	1,192,225,000.00
無形資產	597,897,000.00	577,479,000.00	557,172,000.00	537,599,000.00
長期待攤費用	173,807,000.00	145,553,000.00	212,325,000.00	261,706,000.00
遞延所得稅資產	129,207,000.00	1,932,418,000.00	1,509,130,000.00	810,454,000.00
非流動資產合計	21,661,012,000.00	21,596,114,000.00	21,396,897,000.00	20,626,263,000.00
資產總計	30,494,334,000.00	28,107,465,000.00	30,458,322,000.00	29,158,104,000.00
短期借款	3,672,942,000.00	8,838,204,000.00	6,700,398,000.00	3,295,438,000.00
交易性金融負債	——	——	1,000,000,000.00	1,000,000,000.00
應付票據	300,575,000.00	265,443,000.00	722,271,000.00	41,034,000.00
應付帳款	1,913,118,000.00	2,513,076,000.00	3,664,996,000.00	3,322,811,000.00
預收款項	429,516,000.00	443,471,000.00	529,282,000.00	809,908,000.00
應付職工薪酬	85,651,000.00	23,240,000.00	27,674,000.00	8,920,000.00
應交稅費	70,533,000.00	45,448,000.00	635,930,000.00	1,042,054,000.00
應付利息	11,796,000.00	18,333,000.00	20,155,000.00	24,553,000.00
應付股利	——	——	——	15,490,000.00
其他應付款	1,236,529,000.00	660,984,000.00	903,944,000.00	834,780,000.00

表1-31(續)

會計年度	2007年	2008年	2009年	2010年
一年內到期的非流動負債	419,027,000.00	534,521,000.00	74,275,000.00	178,237,000.00
流動負債合計	8,139,687,000.00	13,342,720,000.00	14,278,925,000.00	10,573,225,000.00
長期借款	639,289,000.00	429,021,000.00	304,258,000.00	175,000,000.00
遞延所得稅負債	150,170,000.00	—	—	—
其他非流動負債	261,753,000.00	230,000,000.00	234,781,000.00	236,986,000.00
非流動負債合計	1,051,212,000.00	659,021,000.00	539,039,000.00	411,986,000.00
負債合計	9,190,899,000.00	14,001,741,000.00	14,817,964,000.00	10,985,211,000.00
實收資本（或股本）	7,200,000,000.00	7,200,000,000.00	7,200,000,000.00	7,200,000,000.00
資本公積	3,203,842,000.00	2,939,181,000.00	2,882,278,000.00	2,914,763,000.00
盈餘公積	4,766,408,000.00	4,766,408,000.00	4,801,766,000.00	5,081,314,000.00
未分配利潤	5,829,194,000.00	-1,064,218,000.00	462,029,000.00	2,670,215,000.00
少數股東權益	303,991,000.00	264,353,000.00	294,285,000.00	259,853,000.00
歸屬母公司所有者權益（或股東權益）	20,999,444,000.00	13,841,371,000.00	15,346,073,000.00	17,913,040,000.00
所有者權益（或股東權益）合計	21,303,435,000.00	14,105,724,000.00	15,640,358,000.00	18,172,893,000.00
負債和所有者（或股東權益）合計	30,494,334,000.00	28,107,465,000.00	30,458,322,000.00	29,158,104,000.00

（2）利潤表（如表1-32所示）

表1-32　　　　　　　　　　S上石化利潤表　　　　　　　　　單位：元

會計年度	2007年	2008年	2009年	2010年
一、營業收入	55,404,687,000.00	60,310,570,000.00	51,722,727,000.00	77,591,187,000.00
減：營業成本	50,573,669,000.00	65,753,651,000.00	42,665,330,000.00	65,787,455,000.00
營業稅金及附加	1,073,695,000.00	897,088,000.00	4,312,665,000.00	5,424,817,000.00
銷售費用	504,712,000.00	467,987,000.00	410,432,000.00	578,761,000.00
管理費用	2,268,946,000.00	2,178,866,000.00	2,326,818,000.00	2,382,085,000.00
財務費用	177,926,000.00	428,082,000.00	310,726,000.00	95,219,000.00
資產減值損失	236,633,000.00	1,180,198,000.00	154,836,000.00	433,465,000.00
加：公允價值變動淨收益	—	97,644,000.00	-10,423,000.00	—
投資收益	1,549,331,000.00	132,985,000.00	526,397,000.00	651,503,000.00

表1-32(續)

會計年度	2007年	2008年	2009年	2010年
其中：對聯營企業和合營企業的投資收益	655,897,000.00	-8,508,000.00	231,372,000.00	—
二、營業利潤	2,118,437,000.00	-10,364,673,000.00	2,057,894,000.00	3,540,888,000.00
加：營業外收入	121,441,000.00	2,373,986,000.00	150,156,000.00	49,354,000.00
減：營業外支出	118,784,000.00	31,594,000.00	71,799,000.00	136,498,000.00
其中：非流動資產處置淨損失	51,790,000.00	4,452,000.00	8,488,000.00	37,060,000.00
三、利潤總額	2,121,094,000.00	-8,022,281,000.00	2,136,251,000.00	3,453,744,000.00
減：所得稅費用	479,928,000.00	-1,813,586,000.00	510,175,000.00	724,652,000.00
四、淨利潤	1,641,166,000.00	-6,208,695,000.00	1,626,076,000.00	2,729,092,000.00
歸屬於母公司所有者的淨利潤	1,592,110,000.00	-6,245,412,000.00	1,561,605,000.00	2,703,734,000.00
少數股東損益	49,056,000.00	36,717,000.00	64,471,000.00	25,358,000.00
五、每股收益	—	—	—	—
(一) 基本每股收益	0.22	-0.87	0.22	0.38
(二) 稀釋每股收益	0.22	-0.87	0.22	0.38

(3) 現金流量表（如表1-33所示）

表1-33　　　　　　　　　S上石化現金流量表　　　　　　　　單位：元

報告年度	2007年	2008年	2009年	2010年
銷售商品、提供勞務收到的現金	64,955,246,000.00	72,852,016,000.00	60,581,191,000.00	89,722,717,000.00
收到的稅費返還	—	83,917,000.00	8,435,000.00	66,163,000.00
收到其他與經營活動有關的現金	9,796,000.00	2,437,118,000.00	23,680,000.00	49,134,000.00
經營活動現金流入小計	64,965,042,000.00	75,373,051,000.00	60,613,306,000.00	89,838,014,000.00
購買商品、接受勞務支付的現金	59,334,641,000.00	75,037,127,000.00	50,698,203,000.00	74,510,101,000.00
支付給職工以及為職工支付的現金	2,050,838,000.00	1,949,669,000.00	1,827,448,000.00	2,111,392,000.00
支付的各項稅費	1,491,320,000.00	1,470,710,000.00	4,080,188,000.00	8,542,156,000.00
支付其他與經營活動有關的現金	303,671,000.00	323,430,000.00	303,925,000.00	430,533,000.00

表1-33(續)

報告年度	2007年	2008年	2009年	2010年
經營活動現金流出小計	63,180,470,000.00	78,780,936,000.00	56,909,764,000.00	85,594,182,000.00
經營活動產生的現金流量淨額	1,784,572,000.00	-3,407,885,000.00	3,703,542,000.00	4,243,832,000.00
收回投資收到的現金	1,114,701,000.00	153,997,000.00	506,144,000.00	700,000,000.00
取得投資收益收到的現金	393,062,000.00	546,333,000.00	116,713,000.00	89,817,000.00
處置固定資產、無形資產和其他長期資產收回的現金淨額	68,708,000.00	51,829,000.00	139,666,000.00	66,347,000.00
收到其他與投資活動有關的現金	46,421,000.00	59,472,000.00	19,405,000.00	37,375,000.00
投資活動現金流入小計	1,622,892,000.00	811,631,000.00	781,928,000.00	893,539,000.00
購建固定資產、無形資產和其他長期資產支付的現金	2,134,123,000.00	1,511,072,000.00	2,120,292,000.00	1,356,845,000.00
投資支付的現金	—	8,039,000.00	837,008,000.00	
投資活動現金流出小計	2,134,123,000.00	1,519,111,000.00	2,957,300,000.00	1,356,845,000.00
投資活動產生的現金流量淨額	-511,231,000.00	-707,480,000.00	-2,175,372,000.00	-463,306,000.00
吸收投資收到的現金	—	—	1,000,000,000.00	—
取得借款收到的現金	17,605,887,000.00	32,528,758,000.00	29,211,434,000.00	39,355,780,000.00
籌資活動現金流入小計	17,605,887,000.00	32,528,758,000.00	30,211,434,000.00	40,355,780,000.00
償還債務支付的現金	18,166,938,000.00	27,377,610,000.00	31,849,620,000.00	43,631,344,000.00
分配股利、利潤或償付利息支付的現金	711,652,000.00	1,300,511,000.00	391,750,000.00	530,413,000.00
籌資活動現金流出小計	18,878,590,000.00	28,678,121,000.00	32,241,370,000.00	44,161,757,000.00
籌資活動產生的現金流量淨額	-1,272,703,000.00	3,850,637,000.00	-2,029,936,000.00	-3,805,977,000.00
四、匯率變動對現金的影響	-2,123,000.00	-752,000.00	-2,000.00	-356,000.00

表1-33（續）

報告年度	2007年	2008年	2009年	2010年
五、現金及現金等價物淨增加額	-1,485,000.00	-265,480,000.00	-501,768,000.00	-25,807,000.00
期初現金及現金等價物余額	894,650,000.00	893,165,000.00	627,685,000.00	125,917,000.00
期末現金及現金等價物余額	893,165,000.00	627,685,000.00	125,917,000.00	100,110,000.00

3. 2009—2010石油石化行業償債能力指標平均值（如表1-34所示）

表1-34　　　上市公司石油石化行業償債能力指標平均值

財務指標		上市公司平均值	石油石化行業平均值	財務指標		上市公司平均值	石油石化行業平均值
速動比率（%）	2009年	69.84	41.62	資產負債率（%）	2009年	57.52	46.34
	2010年	73.82	44.77		2010年	57.6	46.77
現金流動負債比率（%）	2009年	21.75	49.81	利息保障倍數	2009年	7.21	12.32
	2010年	15.97	50.24		2010年	9.32	15.18

三、分析要求

（1）分別用縱向分析法和橫向分析法對上述財務報表進行比較，對S上石化的資產負債表進行初步分析。

（2）計算S上石化2008—2010年的流動比率、速動比率、現金比率和現金流動負債比率，從以上比率並結合流動資產、流動負債的具體項目構成對S上石化的短期償債能力進行分析與評價。

（3）計算S上石化2008—2010年的資產負債率、產權比率、利息保障倍數和有形淨值債務率等指標，從以上比率並結合公司的資本結構對S上石化的長期償債能力進行分析與評價。

（4）寫出S上石化償債能力的評價報告。

案例四　合興包裝印刷有限公司償債能力分析

一、案例資料

合興包裝印刷有限公司2007—2010年償債能力指標如表1-35所示。

表1-35　　　合興包裝印刷有限公司2007—2010年償債能力指標

財務比率	2007年	2008年	2009年	2010年
流動比率	1.19	1.69	1.08	1.47
速動比率	0.93	1.38	0.81	1.09
現金比率	0.30	0.64	0.36	0.44
現金流動負債比	0.11	0.06	-0.04	-0.01

表1-35(續)

財務比率	2007年	2008年	2009年	2010年
資產負債率	63.82%	42.87%	60.54%	48.93%
產權比率	1.76	0.75	1.53	0.96
利息保障倍數	6.46	10.33	8.71	5.97
有形淨值債務率	1.89	0.82	1.85	1.07

二、分析要求

請對合興包裝印刷有限公司的短期與長期償債能力進行分析。

模塊二
營運能力分析

【實訓目的】

通過本模塊實訓，學生掌握評價企業營運能力的指標體系，理解各指標的內涵和影響營運能力的因素，掌握營運能力分析的基本方法，能夠對企業的營運能力進行分析和評價。

【分析內涵】

一、指標內涵

評價企業資產營運能力一般採用總資產週轉率、流動資產週轉率、固定資產週轉率、存貨週轉率和應收帳款週轉率等。

1. 總資產週轉率

（1）計算公式

總資產週轉率＝營業收入÷總資產平均值

總資產週轉天數＝360÷總資產週轉率

其中：

總資產平均值＝（總資產期初余額＋總資產期末余額）÷2

（2）指標意義

①總資產週轉率表示企業總資產在一定時期內週轉的次數，反應了企業資產週轉的速度。

②總資產週轉率也表示企業每一元資產在一定時期內所獲得的營業收入，反應了企業資產利用的效率。

③總資產週轉率越大，表明企業資產週轉速度越快，資產營運的效率越高；反之，企業資產週轉速度越慢，資產營運的效率越低。

2. 流動資產週轉率

（1）計算公式

流動資產週轉率＝營業收入÷流動資產平均值

流動資產週轉天數＝360÷流動資產週轉率

其中：

流動資產平均值＝（流動資產期初餘額＋流動資產期末餘額）÷2

（2）指標意義

①流動資產週轉率表示在一定時期企業流動資產週轉的次數，或者每一元流動資產在一定時期所取得的營業收入，反應了企業流動資產週轉的速度和流動資產利用的效率。

②流動資產週轉率越大，表明企業流動資產週轉速度越快，流動資產營運效率越高。

3. 固定資產週轉率

（1）計算公式

固定資產週轉率＝營業收入÷固定資產平均值

固定資產週轉天數＝360÷固定資產週轉率

其中：

固定資產平均值＝（固定資產期初餘額＋固定資產期末餘額）÷2

（2）指標意義

①固定資產週轉率表示每一元固定資產在一定時期所取得的營業收入，相當於在一定時期內固定資產週轉的次數，它是衡量固定資產利用效率的一項指標；固定資產週轉天數表示每週轉一次所需要的天數。

②固定資產週轉率越大，則固定資產週轉一次所需要的時間越短，表明企業全部資產的使用效率越高，週轉速度越快；如果指標較低，則說明企業利用全部資產進行經營的效率較差，週轉速度越慢。

4. 存貨週轉率

（1）計算公式

存貨週轉率＝營業成本÷存貨平均值

存貨週轉天數＝360÷存貨週轉率

（2）指標意義

①存貨週轉率表示在一定時期內企業存貨週轉的次數，存貨週轉天數表示每週轉一次所需要的時間，指標用於衡量和評價企業在生產經營各環節存貨營運的效率。

②存貨週轉率越大，則存貨週轉天數越少，表明企業存貨週轉一次所需要的時間越短，存貨的週轉速度越快，營運能力越強。

5. 應收帳款週轉率

（1）計算公式

應收帳款週轉率＝營業收入÷應收帳款平均值

應收帳款週轉天數＝360÷應收帳款週轉率

其中：

應收帳款平均值 =（應收帳款期初余額 + 應收帳款期末余額）÷ 2

（2）意義

①應收帳款週轉率表示每一元應收帳款投資獲得的營業收入，相當於企業在一定時期內應收帳款週轉的次數；應收帳款週轉天數表示企業從取得應收帳款的權利到收回款項、轉為現金所需要的時間。

②應收帳款週轉率和應收帳款週轉天數從不同角度反應了應收帳款的回收速度和管理效率。一般而言，應收帳款週轉率越大，則應收帳款週轉天數越短，表明應收帳款回收的速度越快，企業營運能力越強；反之，則應收帳款回收的速度越慢，占用在應收帳款的資金越多，營運能力越弱。

③應收帳款週轉率、應收帳款週轉天數與企業的信用政策有關，改變信用政策會改變應收帳款週轉率和應收帳款週轉天數。

二、分析的思路

評價企業的營運能力，一般是將應收帳款週轉率、存貨週轉率、流動資產週轉率、固定資產週轉率和總資產週轉率分別與往年數據、行業平均值、主要競爭對手以及預算數進行對比，確定差異，尋找造成差異的原因，然後進行綜合評價。

【基礎訓練】

一、單項選擇

1. 在計算總資產週轉率時使用的收入指標是（   ）。
    A. 總收入   B. 其他業務收入
    C. 營業收入   D. 投資收益
2. 應收帳款的形成與（   ）有關。
    A. 全部銷售收入   B. 現金銷售收入
    C. 賒銷收入   D. 分期收款收入
3. 影響流動資產週轉率的因素是（   ）。
    A. 產出率   B. 銷售率
    C. 成本收入率   D. 收入成本率
4. 企業的應收帳款週轉天數為 90 天，存貨週轉天數為 180 天，則營業週期為（   ）天。
    A. 90   B. 180
    C. 270   D. 360
5. 企業當年實現銷售收入 3,800 萬元，淨利潤 480 萬元，資產週轉率為 3，則總資產淨利率為（   ）%。
    A. 4.21   B. 12.63
    C. 25.26   D. 37.89
6. 某企業本年營業收入為 20,000 元，應收帳款週轉率為 4，期初應收帳款余額為 3,500 元，則期末應收帳款余額為（   ）元。
    A. 5,000   B. 6,000

C. 6,500   D. 4,000

7. 某企業 2002 年銷售收入淨額為 250 萬元，銷售毛利率為 20%，年末流動資產為 90 萬元，年初流動資產為 110 萬元，則該企業流動資產週轉率為（   ）。

  A. 2 次   B. 2.22 次
  C. 2.5 次   D. 2.78 次

8. 能反應全部資產的營運能力的指標是（   ）。

  A. 權益報酬率   B. 營業週期
  C. 總資產週轉率   D. 總資產報酬率

9. 成龍公司 2000 年的營業收入為 60,111 萬元，其年初資產總額為 6,810 萬元，年末資產總額為 8,600 萬元，該公司總資產週轉率及週轉天數分別為（   ）。

  A. 8.83 次，40.77 天   B. 6.99 次，51.5 天
  C. 8.83 次，51.5 天   D. 7.8 次，46.15 天

10. 對應收帳款週轉速度的表達，正確的是（   ）。

  A. 應收帳款週轉天數越長，週轉速度越快
  B. 計算應收帳款週轉率時，應收帳款餘額應包括應收票據
  C. 計算應收帳款週轉率時，應收帳款餘額應為扣除壞帳準備后的淨額
  D. 應收帳款週轉率越小，表明週轉速度越快

11. 在下列各項中，屬於計算流動資產週轉率應選擇的流動資產週轉額是（   ）。

  A. 營業收入   B. 銷售成本費用
  C. 全部收入   D. 銷售成本

二、多項選擇題

1. 應收帳款週轉率越高越好，因為它表明（   ）。

  A. 收款迅速   B. 減少壞帳損失
  C. 資產流動性高   D. 銷售收入增加
  E. 利潤增加

2. 存貨週轉率偏低的原因可能是（   ）。

  A. 應收帳款增加   B. 降價銷售
  C. 產品滯銷   D. 銷售政策發生變化
  E. 大量賒銷

3. 反應資產週轉速度的財務指標有（   ）。

  A. 應收帳款週轉率   B. 存貨週轉率
  C. 流動資產週轉率   D. 資產報酬率

4. 下列經濟業務會影響存貨週轉率的（   ）。

  A. 收回應收帳款   B. 銷售產成品
  C. 期末購買存貨   D. 償還應付帳款
  E. 產品完工驗收入庫

5. 影回應收帳款週轉率下降的原因有（   ）。

  A. 賒銷比率   B. 客戶故意拖延
  C. 企業的收帳政策   D. 企業的信用政策

6. 應收帳款增長的原因可能是（　　）。
   A. 銷售增加引起應收帳款的自然增長
   B. 客戶故意拖延付款
   C. 企業為擴大銷售適當放寬信用標準
   D. 應收帳款質量提高
7. 應收帳款週轉率提高意味著（　　）。
   A. 短期償債能力增強　　　　B. 收帳費用減少
   C. 收帳迅速，帳齡較短　　　D. 銷售成本降低
8. 存貨週轉天數越長，說明（　　）。
   A. 存貨回收速度越快
   B. 對存貨資產的經營管理效率越低
   C. 資產流動性越強
   D. 存貨佔用資金越多
   E. 一定時期內存貨週轉次數越多

三、判斷題

1. 從一定意義上講，流動性比收益性更重要。　　　　　　　　　（　　）
2. 只要增加總產值，就能提高總資產產值率。　　　　　　　　　（　　）
3. 總資產收入率與總資產週轉率的經濟實質是一樣的。　　　　　（　　）
4. 在其他條件不變時，流動資產比重越高，總資產週轉速度越快。（　　）
5. 資產週轉次數越多，週轉天數越多，表明資產週轉速度越快。　（　　）
6. 使用產品銷售收入作為週轉額是用來說明墊支的流動資產週轉速度。（　　）
7. 成本收入率越高，流動資產週轉速度越快。　　　　　　　　　（　　）
8. 銷售收入增加的同時，流動資產存量減少所形成的節約額是絕對節約額。
　　　　　　　　　　　　　　　　　　　　　　　　　　　　　　（　　）
9. 固定資產產值率越高，固定資產收入率就越高。　　　　　　　（　　）
10. 只要流動資產實際存量大於基期，就會形成絕對浪費額。　　 （　　）

四、計算題

已知中興通訊2007—2010年有關財務數據如表2-1所示。

表2-1　　　　　中興通訊2007—2010年有關財務數據　　　　　單位：千元

會計年度	2007年	2008年	2009年	2010年
應收帳款	7,098,949	19,525,446	18,189,436	17,563,925
存貨	5,363,430	8,978,036	9,324,800	12,103,670
流動資產合計	30,486,661	42,676,095	55,593,903	65,528,099
固定資產	3,038,063	4,103,076	4,714,533	6,523,505
資產總計	39,173,096	50,865,921	68,342,322	84,152,357
營業收入	34,777,181	44,293,427	60,272,563	70,263,874
營業成本	23,004,541	29,492,530	40,623,339	47,335,026

表2-1(續)

會計年度	2007年	2008年	2009年	2010年
銷售商品提供勞務收到的現金	34,078,133	45,008,874	58,137,378	67,783,927
應收帳款週轉率	—			
應收帳款週轉天數				
存貨週轉率	—			
存貨週轉天數				
營業週期				
流動資產週轉率	—			
流動資產週轉天數				
固定資產週轉率	—			
固定資產週轉天數				
總資產週轉率	—			
總資產週轉天數				
總資產現金週轉率	—			

分析要求：

（1）計算中興通訊2008—2010年應收帳款週轉率、存貨週轉率、流動資產週轉率、固定資產週轉率和總資產週轉率、應收帳款週轉天數、存貨週轉天數、流動資產週轉天數、固定資產週轉天數和總資產週轉天數。

（2）根據計算結果對公司的營運能力進行分析和評價。

【實訓案例】

案例一　中國聯通營運能力分析

一、案例資料

中國聯通2008—2010年營運能力指標如表2-2所示。

表2-2　　　　　　　　中國聯通營運能力指標

會計年度	2008年		2009年		2010年	
	北鬥星通	中國聯通	北鬥星通	中國聯通	北鬥星通	中國聯通
應收帳款週轉率	4.67	24.3	3.51	16.51	2.33	17.37
存貨週轉率	4.14	52.01	6.07	58.97	6.43	40.3
流動資產週轉率	0.83	5.77	1.01	4.74	—	4.83

表2-2(續)

會計年度	2008年		2009年		2010年	
	北門星通	中國聯通	北門星通	中國聯通	北門星通	中國聯通
固定資產週轉率	5.88	0.9	5.85	0.62	—	0.6
總資產週轉率	0.67	0.62	0.69	0.41	0.47	0.41

二、分析要求

對中國聯通的營運能力進行分析和評價。

案例二 安凱客車營運能力分析

一、案例資料

1. 安凱客車資產負債表，如表1-27（見第132頁）所示。
2. 安凱客車利潤表，如表1-28所示。
3. 安凱客車現金流量表，如表1-29所示。
4. 汽車製造行業營運能力指標平均值如表2-3所示。

表2-3　　　　　　　　上市公司汽車製造行業營運能力指標平均值

財務指標		上市公司平均值	汽車製造行業平均值	財務指標		上市公司平均值	汽車製造行業平均值
總資產週轉率	2009年	0.78	1.24	應收帳款週轉率	2009年	14.1	19.41
	2010年	8.8	1.48		2010年	14.78	23.28
流動資產週轉率	2009年	1.82	2.17	存貨週轉率	2009年	4.13	8.32
	2010年	1.93	2.42		2010年	4.36	10.27

二、分析要求

（1）計算安凱客車2008—2010年的應收帳款週轉率、存貨週轉率、流動資產週轉率、固定資產週轉率和總資產週轉率；

（2）結合行業數據，對安凱客車的營運能力進行分析，尋找2010年各週轉率變動的原因，寫出分析評價報告。

模塊三
盈利能力分析

【實訓目的】

通過本模塊實訓，學生掌握評價企業盈利能力的指標體系，理解各指標的內涵和影響盈利能力的因素，掌握盈利能力分析的基本方法，能夠對企業的盈利能力進行分析和評價。

【分析內涵】

一、指標內涵

(一) 銷售盈利能力指標

1. 銷售毛利率

(1) 計算公式

銷售毛利率 =（營業收入 - 營業成本）÷ 營業收入 × 100%

(2) 內容解釋

① 銷售毛利率表示每百元營業收入中包含多少毛利潤，反應營業收入扣除成本後還有多少用於支付營業稅金和各項期間費用，是企業盈利的初始源泉，比率越大，說明企業營業成本控制越好，表明企業盈利能力越強；否則相反。

② 影響銷售毛利率的因素包括產品的銷售價格、生產成本或購貨成本與產品的品種結構。

2. 營業利潤率

(1) 計算公式

營業利潤率 = 營業利潤 ÷ 營業收入 × 100%

(2) 內容解釋

① 營業利潤率表示每百元營業收入中獲得的營業利潤的多少。比率越大，表明企業營業盈利能力越強；否則相反。

② 作爲考核盈利能力的指標，營業利潤率比銷售毛利率更趨於全面，因爲它不僅考核企業的成本控制能力，而且考核企業對期間費用控制的水平，更能體現企業經營業務盈利的穩定性和可靠性。

3. 銷售淨利率

（1）計算公式

銷售淨利率 = 淨利潤 ÷ 營業收入 × 100%

（2）內容解釋

① 銷售淨利率表示每百元營業收入中獲得的稅后利潤，比率越大，表明企業每銷售100元的產品所創造的淨利潤越高，銷售盈利能力越強。

② 銷售淨利率與企業淨利潤成正比，與營業收入成反比，因此企業必須在銷售收入不變的情況下提高淨利潤，或者使得淨利潤的增長幅度超過銷售收入的增長幅度，才能提高銷售淨利率。

③ 銷售淨利率是評價企業商品經營盈利能力的綜合指標，因爲只有提高銷售淨利率才能夠使股東獲得真正的收益。

4. 成本費用利潤率

（1）計算公式

成本費用利潤率 = 利潤總額 ÷（營業成本 + 營業稅金及附加 + 銷售費用 + 管理費用 + 財務費用）× 100%

（2）內容解釋

① 成本費用利潤率表示每消耗100元的成本費用所獲得的總利潤，反應了企業成本費用與利潤總額的關係，是從企業耗費的角度評價企業盈利能力的主要指標。

② 成本費用利潤率越高，表明企業以較少的代價獲得較高的利潤，或者說取得一定的利潤付出的代價越少，成本費用控制越好，盈利能力越強。

（二）資產盈利能力指標

1. 總資產報酬率

（1）計算公式

總資產報酬率 =（利潤總額 + 利息費用）÷ 總資產平均余額 × 100%

其中：

總資產平均余額 =（期初總資產 + 期末總資產）÷ 2

（2）內容解釋

① 總資產報酬率表示平均每百元總資產獲得的息稅前利潤，反應了總資產營運的效益。總資產報酬率越高，表明企業在一定時期內每營運100元總資產取得的息稅前利潤越高，說明企業資產盈利能力越強，企業的管理者營運資產的水平越高。

② 影響總資產報酬率的因素包括息稅前利潤和總資產平均余額。比率與前者成正比，與后者成反比。要提高息稅前利潤，必須要提高銷售淨利率；在考慮總資產平均余額對總資產報酬率的影響時，不僅應注意盡可能降低資產占用額，提高資產運用效率，還應重視資產結構的影響，合理安排資產構成，優化資產結構。

③ 由於中國利潤表中只列示財務費用，而沒用單獨列示利息費用，所以在實務中通常用財務費用來代替利息費用。

④ 總資產報酬率在評價在不同資本結構下資產的盈利能力的可比性更高。

2. 總資產淨利率

（1）計算公式

總資產淨利率＝淨利率÷總資產平均余額×100%

總資產平均余額＝(期初總資產＋期末總資產)÷2

（2）內容解釋

① 總資產淨利率表示在一定時間內平均每百元總資產所取得的淨利潤，是反應企業資產盈利能力的綜合指標。總資產淨利率越大，說明企業資產綜合盈利能力越強；反之，越弱。

② 由於計算總資產淨利率時採用的收益是淨利潤，所以，在評價不同的資本結構情況下資產的盈利能力可比性略顯不足。

（三）資本盈利能力指標

1. 股本收益率

（1）計算公式

股本收益率＝淨利潤÷股本平均余額×100%

其中：

股本平均余額＝(期初股本余額＋期末股本余額)÷2

（2）內容解釋

① 股本收益率表示平均每百元股本所取得的淨利潤。股本收益率越大，表明股東每投入100元股本所得到的回報越高，股本的盈利能力越強。

② 股本收益率只是從股東投入的「本金」的角度來衡量企業盈利能力的指標。它還不能全面地反應股東投入總資本的獲利水平。

2. 淨資產收益率

（1）計算公式

淨資產收益率＝淨利潤÷所有者權益平均余額×100%

（2）內容解釋

① 淨資產收益率又稱所有者權益淨利率，表示每百元淨資產所獲得的淨利潤，反應股東投入總資本所獲得的投資回報。比率越大，說明股東投資回報率越高，企業資本盈利能力越強；反之，企業資本盈利能力越弱。

② 淨資產收益率是反應企業自有資本及其累積獲得報酬水平最具綜合性和代表性的指標，反應企業資本營運的綜合效益。

二、分析思路

評價企業的盈利能力，通常運用銷售毛利率、營業利潤率、銷售淨利率、成本費用利潤率、總資產報酬率、淨資產淨利率、股本收益率等指標，一般是將以上比率分別與往年數據、行業平均值、主要競爭對手以及預算數進行對比，確定差異，尋找造成差異的原因，然後進行綜合評價。

【基礎訓練】

一、單項選擇題

1. 息稅前利潤就是利潤表中未扣除利息費用和所得稅之前的利潤，可以用（　　）加利息費用和所得稅來測算。
   A. 利潤總額　　　　　　　　B. 淨利潤
   C. 主營業務利潤　　　　　　D. 利潤分配

2. 下列衡量企業獲利能力大小的指標是（　　）。
   A. 流動資產週轉率　　　　　B. 每股盈餘
   C. 權益乘數　　　　　　　　D. 產權比率

3. 以下（　　）指標是評價上市公司獲利能力的基本核心指標。
   A. 每股收益　　　　　　　　B. 淨資產收益率
   C. 每股市價　　　　　　　　D. 每股淨資產

4. 企業當年實現銷售收入3,800萬元，淨利潤480萬元，資產週轉率為3，則總資產收益率為（　　）%。
   A. 4.21　　　　　　　　　　B. 12.63
   C. 25.26　　　　　　　　　D. 37.89

5. 企業為股東創造財富的主要手段是增加（　　）。
   A. 自由現金流量　　　　　　B. 淨利潤
   C. 淨現金流量　　　　　　　D. 營業收入

6. MOU公司2000年實現利潤情況如下：主營業務利潤3,000萬元，其他業務利潤68萬元，資產減值準備56萬元，銷售費用280萬元，管理費用320萬元，營業收入實現4,800萬元，則營業利潤率是（　　）。
   A. 62.5%　　　　　　　　　B. 64.2%
   C. 51.4%　　　　　　　　　D. 50.25%

7. 投資人最關心的財務信息是（　　）。
   A. 總資產收益率　　　　　　B. 銷售利潤率
   C. 淨資產收益率　　　　　　D. 流動比率

8. 杜邦財務分析體系的核心指標是（　　）。
   A. 總資產淨利率　　　　　　B. 總資產週轉率
   C. 淨資產收益率　　　　　　D. 銷售淨利率

9. 企業營業利潤率與去年基本一致，而銷售淨利率卻有較大幅度下降，在下列原因中應是（　　）。
   A. 銷售收入下降　　　　　　B. 銷售成本上升
   C. 營業費用增加　　　　　　D. 營業外支出增加

二、多項選擇題

1. 下列指標中反應企業營利能力的比率有（　　）。
   A. 產權比率　　　　　　　　B. 負債比率

  C. 資產淨利率   D. 銷售毛利率
2. 盈利能力分析中使用的指標主要有（ ）。
  A. 利息保障倍數   B. 總資產報酬率
  C. 銷售淨利率   D. 淨資產收益率
3. 企業淨資產收益率的計算公式有（ ）。
  A. 淨利潤÷平均淨資產
  B. 淨利潤÷［（年初淨資產＋年末淨資產）÷2］
  C. 淨利潤÷年末股東權益
  D. 淨利潤÷資產總額
4. 下列經濟業務會影響股份公司每股淨資產指標的有（ ）。
  A. 以固定資產的帳面淨值對外進行投資
  B. 發行普通股股票
  C. 用銀行存款償還債務
  D. 用資本公積金轉增股本
5. 影響總資產報酬率的因素有（ ）。
  A. 稅後利潤   B. 所得稅
  C. 利息   D. 資產平均占用額
  E. 息稅前利潤
6. 影響營業利潤率的因素主要有（ ）。
  A. 其他業務利潤   B. 資產減值準備
  C. 營業利潤   D. 主營業務收入
7. 屬於反應上市公司盈利能力的指標有（ ）。
  A. 每股收益   B. 每股股利
  C. 總資產報酬率   D. 每股淨資產
8. 為提高總資產利潤率，企業可採取的措施有（ ）。
  A. 提高銷售利潤率   B. 優化資本結構
  C. 優化資產結構   D. 加速資產週轉率
9. 下列指標中比值越高說明獲利能力越強的有（ ）。
  A. 資產負債率   B. 成本費用利潤率
  C. 固定資產利潤率   D. 總資產報酬率

三、判斷題
1. 每股收益越高，意味著股東可以從上市公司分得越高的股利。 （ ）
2. 上市公司的成本費用利潤率越低，表明公司的獲利能力越強。 （ ）
3. 在銷售利潤率不變的情況下，提高資產利用率可以提高資產利潤率。（ ）
4. 淨資產報酬率是所有比率中綜合性最強的最具有代表性的一個指標，它是杜邦財務分析體系的核心。 （ ）
5. 對於股東來講，股利支付率總是越高越好。 （ ）
6. 中國企業的利潤分配表反應了利潤總額的去向，包括所得稅、提取法定公積金和公益金、給投資者分配利潤等。 （ ）
7. 資本保值增值率是指期末所有者權益總額除以期初所有者權益總額。 （ ）

8. 市盈率是評價上市公司盈利能力的指標，它反應投資者願意對公司每股淨利潤支付的價格。（　）

9. 總資產收益率的高低直接影響淨資產收益率的高低，與淨資產收益率成反向變動，是影響淨資產收益率最基本的因素。（　）

10. 影響淨資產收益率的因素主要有總資產淨利率、企業資本結構、總資產週轉率和所得稅率等。（　）

四、計算題

1. 已知中興通訊 2008—2010 年有關財務數據如表 3-1 所示。

表 3-1　　　　　　　中興通訊 2007—2010 年有關財務數據　　　　　　　單位：千元

會計年度	2007 年	2008 年	2009 年	2010 年
營業收入	34,777,181	44,293,427	60,272,563	70,263,874
減：營業成本	23,004,541	29,492,530	40,623,339	47,335,026
財務費用	494,371	1,308,254	784,726	1,198,477
營業利潤	1,000,754	1,245,393	2,064,163	2,589,558
淨利潤	1,451,451	1,911,935	2,695,661	3,476,482
銷售商品、提供勞務收到的現金	34,078,133	45,008,874	58,137,378	67,783,927
經營活動產生的現金流量淨額	88,390	3,647,913	3,729,272	941,910
三、利潤總額	1,727,734	2,262,543	3,324,742	4,360,201
資產	39,173,096	50,865,921	68,342,322	84,152,357
實收資本（或股本）	959,522	1,343,330	1,831,336	2,866,732
所有者權益（或股東權益）	12,888,408	15,183,547	17,948,866	24,961,998
流動資產	30,486,661	42,676,095	55,593,903	65,528,099
固定資產	3,038,063	4,103,076	4,714,533	6,523,505
銷售毛利率	—			
營業利潤率	—			
銷售利潤率	—			
銷售淨利率	—			
成本費用利潤率	—			
總資產利潤率	—			
流動資產利潤率	—			
固定資產利潤率	—			
總資產淨利率	—			
總資產報酬率	—			

表3-1(續)

會計年度	2007年	2008年	2009年	2010年
股本收益收益率	—			
淨資產收益率	—			

分析要求：

（1）根據表3-1有關數據計算各盈利能力指標。

（2）根據計算結果對公司的盈利能力進行分析和評價。

2. 中國聯通2008—2010年利潤表主要項目如表3-2所示。

表3-2　　　　　　　　　中國聯通利潤表　　　　　　　　單位：元

會計年度	2008年	2009年	2010年
一、營業收入	152,764,263,901.00	158,368,819,533.00	176,168,361,570.00
減：營業成本	96,190,604,309.00	105,653,764,889.00	123,734,874,682.00
營業稅金及附加	4,163,756,705.00	4,487,042,060.00	4,870,685,998.00
銷售費用	17,078,772,839.00	20,956,737,441.00	23,732,607,298.00
管理費用	12,558,257,527.00	14,047,876,509.00	16,112,717,598.00
勘探費用	—	—	—
財務費用	2,169,287,089.00	943,518,133.00	1,624,542,243.00
資產減值損失	15,190,801,217.00	2,375,636,936.00	2,663,931,281.00
加：公允價值變動淨收益	—	1,239,125,224.00	
投資收益	—	212,157,048.00	484,626,759.00
二、營業利潤	5,412,784,215.00	11,355,525,837.00	3,913,629,229.00
加：營業外收入	2,316,844,326.00	1,100,637,091.00	1,060,149,128.00
減：營業外支出	247,381,046.00	275,186,614.00	327,274,954.00
三、利潤總額	7,482,247,495.00	12,180,976,314.00	4,646,503,403.00
減：所得稅費用	1,701,844,884.00	2,807,082,528.00	975,227,096.00
加：影響淨利潤的其他科目	27,947,388,024.00	—	—
四、淨利潤	33,727,790,635.00	9,373,893,786.00	3,671,276,307.00

分析要求：

（1）根據表3-2以總收入爲分母計算2009—2010年各項目增減率和比重，並填入表3-3，並作簡要分析。

表3-3　　　　　　　　　2009—2010年各項目增減率和比重　　　　　單位:%

會計年度	2009		2010	
	增減率	比重	增減率	比重
一、營業收入				
減：營業成本				
毛利潤				
營業稅金及附加				
銷售費用				
管理費用				
財務費用				
核心利潤				
資產減值損失				
加：公允價值變動淨收益				
投資收益				
二、營業利潤				
加：營業外收入				
減：營業外支出				
三、利潤總額				
減：所得稅費用				
加：影響淨利潤的其他科目				
四、淨利潤				
總收入		100		100

（2）根據表3-2以營業收入為分母計算2009—2010年各項目增減率和比重，並填入表3-4，並作簡要分析。

表3-4　　　　　　　　　2009—2010年各項目增減率和比重　　　　　單位:%

會計年度	2009		2010	
	增減率	比重	增減率	比重
一、營業收入		100		100
減：營業成本				
毛利潤				
減：營業稅金及附加				
銷售費用				
管理費用				

表3-4(續)

會計年度	2009		2010	
	增減率	比重	增減率	比重
財務費用				
核心利潤				
減：資產減值損失				
加：公允價值變動淨收益				
投資收益				
二、營業利潤				
加：營業外收入				
減：營業外支出				
三、利潤總額				
減：所得稅費用				
加：影響淨利潤的其他科目				
四、淨利潤				

【實訓案例】

案例一　中興通訊利潤表初步分析

一、案例資料

中興通訊股份有限公司（以下簡稱「中興通訊」）系由深圳市中興新通信設備有限公司與中國精密機械進出口深圳公司、驪山微電子研究所、深圳市兆科投資發展有限公司、湖南南天集團有限公司、吉林省郵電器材總公司及河北電信器材有限公司共同發起，並向社會公眾公開募集股份而設立的股份有限公司。經中國證券監督管理委員會證監發字（1997）452號及證監發字453號文批准，1997年10月6日，本公司通過深圳證券交易所上網發行普通股股票，並於1997年11月18日，在深圳證券交易所掛牌交易。公司主要從事設計、開發、生產、分銷及安裝各種先進的電信設備，包括營運商網路、手機和電信軟件系統和服務業務等。

中興通訊是全球領先的綜合通信解決方案提供商。公司擁有通信業界最完整的、端到端的產品線和融合解決方案，通過全系列的無線、有線、業務、終端產品和專業通信服務，靈活滿足全球不同營運商的差異化需求以及快速創新的追求。2009年，中興通訊無線通信產品出貨量躋身全球第四位，其中CDMA產品出貨量連續4年居全球第一，固網寬帶接入產品出貨量穩居全球第二，光網路出貨量達到全球第三，手機產品累計出貨超過2億部，並全面服務於歐美日高端市場的頂級營運商。自2005年以來，中興通訊營業收入實現了超過29%的年複合增長率，2010年超過700億元，是中國最

大的通信設備上市公司,成爲全球第五大電信設備商、第六大通信終端廠商。

表 3-5 是中興通訊 2007—2010 年比較利潤分析表。

表 3-5　　　　　中興通訊 2007—2010 年比較利潤分析表　　　　單位:%

會計年度	2007 年 比重	2007 年 增長率	2008 年 比重	2008 年 增長率	2009 年 比重	2009 年 增長率	2010 年 比重	2010 年 增長率
一、營業收入	100.00	51.00	100	27.36	100	36.08	100	16.57
減:營業成本	66.15	51.63	66.58	28.20	66.58	37.74	67.37	16.52
營業稅金及附加	0.81	151.68	0.94	48.38	0.94	66.62	1.64	65.82
銷售費用	12.64	39.97	11.99	20.87	11.99	32.6	12.46	24.28
管理費用	14.34	24.38	4.74	-57.90	4.74	22.3	13.52	270.04
財務費用	1.42	106.32	2.95	164.63	2.95	-40.2	1.71	52.73
資產減值損失	2.27	——	0.95	-46.86	0.95	75.97	0.45	-57.28
加:公允價值變動淨收益	0.33	——	-0.29	-211.04	-0.29	-90.32	0.12	565.58
投資收益	0.17	86.62	0.28	106.38	0.28	-90.32	0.71	4,088
其中:對聯營企業和合營企業的投資收益	0.07		0.04	-18.09	0.04	30.81	0.06	69.69
影響營業利潤的其他科目	——		-9.02		——		——	
二、營業利潤	2.88	117.75	2.81	24.45	2.81	65.74	3.69	25.45
加:補貼收入								
營業外收入	2.61	3,674.30	2.48	21.21	2.48	26.69	2.85	43.89
減:營業外支出	0.52	585.07	0.18	-54.71	0.18	61.24	0.33	76.94
其中:非流動資產處置淨損失	0.07		0.08	55.28	0.08	-28.2	0.03	-9.91
三、利潤總額	4.97	61.53	5.11	30.95	5.11	46.97	6.21	31.14
減:所得稅費用	0.79	119.93	0.79	26.90	0.79	79.43	1.26	40.48
四、淨利潤	4.17	53.76	4.32	31.73	4.32	40.99	4.95	28.97
歸屬於母公司所有者的淨利潤	3.60	55.09	3.75	32.59	3.74	48.06	4.63	32.24
少數股東損益	0.57	45.85	0.57	26.31	0.57	-5.64	0.32	-4.76
五、每股收益								
(一)基本每股收益	0.00	——	0.00	-4.62	——	12.9	——	-16.29
(二)稀釋每股收益	0.00	——	0.00	-6.98	——	12.5	——	-14.81

二、分析要求

(1) 根據表 3-5 對公司 2007—2010 年利潤比上期增減變動情況進行分析與評價。

(2) 根據表 3-5 對公司 2007—2010 年利潤結構變動情況進行分析與評價。

案例二　安凱客車盈利能力分析

一、案例資料

(1) 安凱客車資產負債表，如表 1-27 所示。

(2) 安凱客車利潤表，如表 1-28 所示。

(3) 安凱客車現金流量表，如表 1-29 所示。

(4) 汽車製造行業盈利能力指標平均值如表 3-6 所示。

表 3-6　　　　　　　　上市公司汽車製造行業財務指標平均值

財務指標		上市公司平均值	汽車製造行業平均值	財務指標		上市公司平均值	汽車製造行業平均值
營業利潤率（％）	2009 年	7.07	6.01	淨資產收益率（％）	2009 年	9.45	16.55
	2010 年	7.7	8.11		2010 年	12.54	25.26
總資產報酬率（％）	2009 年	6.8	8.11				
	2010 年	8.09	12.72				

二、分析要求

(1) 根據表 1-27 的資料，編製安凱客車比較利潤表，對安凱客車的利潤表作初步分析；

(2) 計算安凱客車 2008—2010 年銷售盈利能力、資產盈利能力和資本盈利能力的有關財務比率，從以上比率並結合行業平均值對公司的盈利能力進行分析與評價；

(3) 根據以上分析寫出分析評價報告。

模塊四 獲現能力分析

【實訓目的】

通過本模塊實訓，學生掌握評價企業獲現能力的指標體系，理解各指標的內涵和影響獲現能力的因素，掌握獲現能力分析的基本方法，能夠對企業的獲現能力進行分析和評價。

【分析內涵】

一、指標內涵

1. 營業收入回收率

（1）計算公式

營業收入回收率＝銷售商品、提供勞務收到的現金÷營業收入×100%

（2）內容解釋

①銷售現金回收率表示企業每百元銷售收入現金回收的金額，比率反應了企業在一定時期取得的銷售收入中收回現金的比例。

②比率反應了企業當期營業收入的收現情況，體現了收入的質量，比值越大，說明企業收入的質量越高，獲現能力越強。

③當比率大於 1 時，說明企業當期的營業收入全部變現，而且還收回了部分前期的應收帳款；當比率等於 1 時，說明企業的銷售款基本沒有掛帳；當比率小於 1 時，說明企業帳面收入高，變現收入低，掛帳較多。

④指標數值越高，說明企業銷售款的回收速度越快，對應收帳款的管理越好，獲取現金的能力越強；指標數值越低，說明企業收帳能力越差，或者說明企業銷售條件較為寬鬆，獲取現金的能力越弱。

2. 營業收入現金比率

(1) 計算公式

營業收入現金比率＝經營活動產生的現金淨流量÷營業收入×100%

(2) 內容解釋

①該比率表示每100元的營業收入所取得的現金淨流量；

②比率反應了企業當期營業收入的收現情況，體現了收入的質量；

③指標數值越高，說明企業經營狀況和經營效益越好，獲現能力越強；反之，亦然。

3. 盈利現金保障倍數

(1) 計算公式

盈利現金保障倍數＝經營活動產生的現金淨流量÷淨利潤×100%

(2) 內容解釋

①盈利現金保障倍數表示每支付100元的淨利潤用經營活動所提供的淨現金，即當期實現的淨利潤中有多少經營活動現金作保障。

②該指標值越大，表明企業實現的帳面利潤中流入現金的利潤越多，企業盈利質量越好。

4. 全部資產現金回收率

(1) 計算公式

全部資產現金回收率＝經營活動產生的現金淨流量÷平均總資產×100%

(2) 內容解釋

①該比率表示每100元資產通過經營活動所形成的現金淨流量；

②該比率反應企業運用全部資產獲取現金的能力，比率越高，說明企業運用全部資產獲取現金能力越強。

二、分析的思路

評價企業的獲現能力，通常運用銷售現金回收率、營業收入現金比率、淨利潤現金比率、全部資產現金回收率和總資產現金週轉率等指標，一般是將銷售現金回收率、營業收入現金比率、淨利潤現金比率、全部資產現金回收率和總資產現金週轉率分別與往年數據、行業平均值、主要競爭對手以及預算數進行對比，確定差異，尋找造成差異的原因，然后進行綜合評價。

【基礎訓練】

一、單項選擇

1. (　　) 產生的現金流量最能反應企業獲取現金的能力。
   A. 經營活動　　　　　　　　B. 投資活動
   C. 籌資活動　　　　　　　　D. 以上各活動都是
2. 用現金償還債務，對現金的影響是(　　)。
   A. 增加　　　　　　　　　　B. 減少
   C. 不增不減　　　　　　　　D. 屬非現金事項

3. 以下（　　）項目屬於經營活動產生的現金流出。
   A. 支付的增值稅稅額　　　　　B. 權益性投資所支付的現金
   C. 償還債務所支付的現金　　　D. 分配股利所支付的現金
4. 以下（　　）項目屬於投資活動產生的現金收入。
   A. 銷售商品、提供勞務所收到的現金
   B. 收到的租金
   C. 處置固定資產而收到的現金
   D. 借款所收到的現金
5. 以下（　　）項目屬於酬資活動產生的現金收入。
   A. 收到的租金　　　　　　　　B. 收回投資所收到的現金
   C. 發行債券所收到的現金　　　D. 處置固定資產而收到的現金
6. 以下（　　）項目屬於投資活動產生的現金流出。
   A. 支付的所得稅款　　　　　　B. 購買固定資產所支付的現金
   C. 支付的增值稅　　　　　　　D. 融資租賃支付的現金
7. 以下（　　）項目屬於酬資活動產生的現金流出。
   A. 支付的其他稅費　　　　　　B. 支付的其他經營費用
   C. 債權性投資做支付的現金　　D. 融資租賃支付的現金
8. 以下比率屬於反應獲取現金能力的指標是（　　）。
   A. 營業收入現金比率　　　　　B. 現金流動負債比率
   C. 現金債務總額比率　　　　　D. 現金比率
9. 現金償付比率計算公式中的分子是（　　）。
   A. 經營活動產生的現金流量　　B. 投資活動產生的現金流量
   C. 經營活動產生的現金淨流量　D. 投資活動產生的現金淨流量

二、多項選擇題
1. 下列經濟事項中，不能產生現金流量的有（　　）。
   A. 出售固定資產　　　　　　　B. 企業從銀行提取現金
   C. 投資人投入現金　　　　　　D. 將庫存現金送存銀行
   E. 企業用現金購買將於 3 個月到期的國庫券
2. 下列各項活動中，屬於籌資活動產生的現金流量項目是（　　）。
   A. 以現金償還債務的本金　　　B. 支付現金股利
   C. 支付借款利息　　　　　　　D. 發行股票等集資金
   E. 收回長期債權投資本金
3. （　　）活動形成經營活動現金流量。
   A. 應付帳款的發生　　　　　　B. 購買無形資產
   C. 應交稅費的形成　　　　　　D. 發行長期債券
   E. 支付職工工資
4. 以下（　　）項目屬於投資活動產生的現金收入。
   A. 收到的增值稅銷項稅　　　　B. 收回投資所收到的現金
   C. 處置固定資產而收到的現金　D. 發行債券所收到的現金
5. 以下（　　）項目屬於經營活動產生的現金流出。

  A. 支付的增值稅稅額   B. 支付的所得稅款
  C. 支付的其他稅費   C. 償還債務支付的現金
6. 在分析獲現能力時，可以選用的指標有（　　　）。
  A. 總資產淨現率   B. 現金流動負債比率
  C. 銷售現金比率   D. 投資收益收現比率
  E. 淨資產淨現率

三、判斷題
1. 現金流量表是反應企業一定時期現金流入和現金流出情況的靜態報表。（　　）
2. 現金流量表在本質上屬於資金表。（　　）
3. 現金淨流量是流動資產減去流動負債后的淨值。（　　）
4. 編製現金流量表需要前期與當期的利潤表做資料。（　　）
5. 一般來說，現金流量淨額越大，則企業活動力越強。（　　）

四、計算題
1. 中興通訊2007—2010年現金流量如表4-1所示。

表4-1　　　　　　　　　　中興通訊現金流量表　　　　　　　　　單位：元

報告年度	2007年	2008年	2009年	2010年
銷售商品、提供勞務收到的現金	34,078,133,000	45,008,874,000	58,137,378,000	67,783,927,000
收到的稅費返還	2,649,273,000	3,972,631,000	3,204,945,000	4,742,338,000
收到其他與經營活動有關的現金	199,881,000	325,759,000	442,533,000	655,081,000
經營活動現金流入小計	36,927,287,000	49,307,264,000	61,784,856,000	73,181,346,000
購買商品、接受勞務支付的現金	24,683,459,000	30,430,667,000	38,252,058,000	47,382,746,000
支付給職工以及爲職工支付的現金	4,778,567,000	6,160,806,000	7,899,513,000	9,678,857,000
支付的各項稅費	1,729,913,000	2,515,238,000	3,287,551,000	4,437,726,000
支付其他與經營活動有關的現金	5,646,958,000	6,552,640,000	8,616,462,000	10,740,107,000
經營活動現金流出小計	36,838,897,000	45,659,351,000	58,055,584,000	72,239,436,000
經營活動產生的現金流量淨額	88,390,000	3,647,913,000	3,729,272,000	941,910,000
收回投資收到的現金	26,803,000	15,392,000	12,933,000	—
取得投資收益收到的現金	34,479,000	89,862,000	5,210,000	17,001,000
處置固定資產、無形資產和其他長期資產收回的現金淨額	18,295,000	52,554,000	1,011,000	29,480,000
投資活動現金流入小計	79,577,000	157,808,000	19,154,000	46,481,000

表4-1(續)

報告年度	2007年	2008年	2009年	2010年
購建固定資產、無形資產和其他長期資產支付的現金	1,777,223,000	1,911,923,000	2,053,824,000	3,067,164,000
投資支付的現金	60,000,000	233,536,000	266,425,000	91,902,000
投資活動現金流出小計	1,837,223,000	2,145,459,000	2,320,249,000	3,159,066,000
投資活動產生的現金流量淨額	-1,757,646,000	-1,987,651,000	-2,301,095,000	-3,112,585,000
吸收投資收到的現金	503,138,000	4,004,786,000	46,371,000	3,913,019,000
取得借款收到的現金	6,981,386,000	9,365,004,000	9,721,064,000	11,946,153,000
籌資活動現金流入小計	7,484,524,000	13,369,790,000	9,767,435,000	15,859,172,000
償還債務支付的現金	3,117,701,000	8,896,625,000	7,435,235,000	11,568,474,000
分配股利、利潤或償付利息支付的現金	538,488,000	830,481,000	1,045,009,000	1,252,949,000
籌資活動現金流出小計	3,656,189,000	9,727,106,000	8,480,244,000	12,821,423,000
籌資活動產生的現金淨流量	3,828,335,000	3,642,684,000	1,287,191,000	3,037,749,000
四、匯率變動對現金的影響	8,607,000.00	-268,535,000.00	16,294,000	-37,797,000
五、現金及現金等價物淨增加額	2,167,686,000.00	5,034,411,000.00	2,731,662,000	829,277,000
期初現金及現金等價物餘額	4,142,063,000.00	6,309,749,000.00	11,344,160,000	14,075,822,000
期末現金及現金等價物餘額	6,309,749,000.00	11,344,160,000.00	14,075,822,000	14,905,099,000

要求：編製中興通訊2007—2010年現金流入、流出與現金淨流量結構分析表，計算結果填入表4-2、表4-3、表4-4，並作簡要分析。

表4-2　　　　　　　　　　　現金流入結構分析表　　　　　　　　單位：%

報告年度	2007年	2008年	2009年	2010年
銷售商品、提供勞務收到的現金				
收到的稅費返還				
收到其他與經營活動有關的現金				
經營活動現金流入小計				
收回投資收到的現金				
取得投資收益收到的現金				

表4-2(續)

報告年度	2007年	2008年	2009年	2010年
處置固定資產、無形資產和其他長期資產收回的現金淨額				
投資活動現金流入小計				
吸收投資收到的現金				
取得借款收到的現金				
籌資活動現金流入小計				
合計				

表4-3　　　　　　　　　現金流出結構分析表　　　　　　　　　單位:%

報告年度	2007年	2008年	2009年	2010年
購買商品、接受勞務支付的現金				
支付給職工以及為職工支付的現金				
支付的各項稅費				
支付其他與經營活動有關的現金				
經營活動現金流出小計				
購建固定資產、無形資產和其他長期資產支付的現金				
投資支付的現金				
投資活動現金流出小計				
償還債務支付的現金				
分配股利、利潤或償付利息支付的現金				
籌資活動現金流出小計				
合計				

表4-4　　　　　　　　　現金淨流量結構分析表　　　　　　　　單位:%

報告年度	2007年	2008年	2009年	2010年
經營活動產生的現金流量淨額				
投資活動產生的現金流量淨額				
籌資活動產生的現金流量淨額				
匯率變動對現金的影響				
合計				

2. 已知中興通訊 2008—2010 年有關財務數據如表 4-5 所示。

表 4-5　　　　　　　中興通訊 2008—2010 年有關財務數據　　　　　　單位：千元

報告年度	2007 年	2008 年	2009 年	2010 年
銷售商品、提供勞務收到的現金	34,078,133	45,008,874	58,137,378	67,783,927
經營活動產生的現金流量淨額	88,390	3,647,913	3,729,272	941,910
營業收入	34,777,181	44,293,427	60,272,563	70,263,874
淨利潤	1,451,451	1,911,935	2,695,661	3,476,482
銷售回收率				
營業收入現金比率				
總資產現金回收率				
總資產現金比率				
盈余現金保障倍數				

要求：

（1）根據表 4-5 有關數據計算 2008—2010 年各項獲現能力比率，並將計算結果填在表中的空格裡。

（2）根據計算結果對公司的獲現能力進行分析和評價。

【實訓案例】

案例一　七匹狼現金流量表初步分析

一、案例資料

七匹狼實業股份有限公司系主要經營「七匹狼」休閒男裝品牌服飾的高新技術的上市公司（股票代碼002029）。公司產品定位爲男士休閒服裝，在市場上享有很高的品牌知名度和美譽度，產品綜合市場佔有率均名列前茅，截止到 2010 年年末公司擁有終端網點 3,525 家，同比增加 276 家，其中直營及聯營終端 388 家，代理終端 3,137 家。2010 年，七匹狼共銷售 16,000,000 件服飾類產品，平均每一分鐘銷售產品 61 件，全年營業收入達 21.98 億元，實現淨利潤 2.89 億元。以下是七匹狼 2007—2010 年財務報表。

1. 資產負債表（如表 4-6 所示）

表 4-6　　　　　　　　　七匹狼資產負債表　　　　　　　　　單位：元

會計年度	2007 年	2008 年	2009 年	2010 年
貨幣資金	708,864,452.38	597,901,420.00	575,163,290.82	144,049,122.13
應收票據	265,100.00	17,250,000.00	56,730,000.00	149,964,401.00
應收帳款	44,511,096.88	111,446,212.17	245,471,115.41	317,735,914.44

表4-6(續)

會計年度	2007年	2008年	2009年	2010年
預付款項	110,087,764.84	77,577,083.18	146,972,142.46	353,076,416.49
其他應收款	10,171,126.80	35,884,181.02	22,291,792.94	13,708,928.68
存貨	303,585,010.42	403,767,854.92	301,698,984.79	395,292,648.17
一年內到期的非流動資產	1,315,904.74	3,765,605.64	36,668,018.19	1,575,587.77
流動資產合計	1,178,800,456.06	1,247,592,356.93	1,384,995,344.61	1,375,403,018.68
持有至到期投資	—	—	189,000,000.00	362,852,128.50
長期股權投資	2,185,015.27	2,315,164.63	2,474,936.43	—
投資性房地產	66,964,618.10	242,360,326.39	336,180,975.14	467,976,293.73
固定資產	141,754,874.89	122,160,112.61	87,354,980.74	90,863,480.30
在建工程	2,644,542.60	197,624.00	4,822,751.23	12,715,914.02
無形資產	10,909,904.76	19,320,357.69	21,786,719.67	19,615,977.39
長期待攤費用	45,628,764.88	114,067,542.24	14,579,495.14	15,065,001.80
遞延所得稅資產	6,529,244.34	17,870,293.19	42,884,255.99	91,391,612.20
非流動資產合計	276,616,964.84	518,291,420.75	699,084,114.34	1,060,480,407.94
資產總計	1,455,417,420.90	1,765,883,777.68	2,084,079,458.95	2,435,883,426.62
短期借款	—	—	50,000,000.00	
應付票據	38,350,000.00	119,184,200.00	68,805,200.00	135,547,000.00
應付帳款	56,459,385.84	162,416,900.67	192,815,062.85	218,858,460.43
預收款項	263,320,951.95	184,125,663.87	244,970,982.46	324,176,505.52
應付職工薪酬	15,476,469.34	18,614,752.58	24,427,845.35	36,321,108.07
應交稅費	1,375,602.22	12,087,745.64	29,441,157.11	8,973,090.16
其他應付款	7,885,956.00	25,249,230.85	41,456,636.21	47,325,071.78
流動負債合計	382,868,365.35	521,678,493.61	651,916,883.98	771,201,235.96
負債合計	382,868,365.35	521,678,493.61	651,916,883.98	771,201,235.96
實收資本（或股本）	188,600,000.00	282,900,000.00	282,900,000.00	282,900,000.00
資本公積	647,218,778.03	558,497,666.22	558,497,666.22	558,497,666.22
盈餘公積	37,831,657.56	43,864,179.14	46,643,445.54	93,532,661.64
未分配利潤	164,299,828.91	311,264,609.00	484,099,369.13	663,787,070.48
少數股東權益	34,598,791.05	47,678,829.71	60,022,094.08	65,964,792.32
歸屬母公司所有者權益（或股東權益）	1,037,950,264.50	1,196,526,454.36	1,372,140,480.89	1,598,717,398.34
所有者權益（或股東權益）合計	1,072,549,055.55	1,244,205,284.07	1,432,162,574.97	1,664,682,190.66
負債和所有者（或股東權益）合計	1,455,417,420.90	1,765,883,777.68	2,084,079,458.95	2,435,883,426.62

2. 利潤表（如表 4 - 7 所示）

表 4 - 7　　　　　　　　　　七匹狼利潤表　　　　　　　　　單位：元

會計年度	2007 年	2008 年	2009 年	2010 年
一、營業收入	876,477,345.13	1,652,686,635.13	1,987,218,586.11	2,197,756,556.14
減：營業成本	566,067,709.48	1,091,627,702.46	1,225,131,999.73	1,283,578,453.94
營業稅金及附加	3,250,741.43	9,358,038.19	17,542,322.31	21,534,811.91
銷售費用	126,799,355.87	242,302,295.05	302,579,749.51	322,921,784.80
管理費用	55,085,642.58	104,193,331.90	146,011,942.33	157,296,585.84
財務費用	-774,317.36	-15,069,275.95	-13,496,804.08	-4,695,743.20
資產減值損失	2,359,904.87	14,552,178.15	52,161,889.49	82,120,801.70
加：公允價值變動淨收益	—	—	—	82,120,801.70
投資收益	-1,314,984.73	130,149.36	793,891.91	12,339,421.21
其中：對聯營企業和合營企業的投資收益	-1,314,984.73	130,149.36	159,771.80	1,025,063.57
二、營業利潤	122,373,323.53	205,852,514.69	258,081,378.73	347,339,282.36
加：營業外收入	3,148,615.23	2,107,128.09	6,369,677.07	7,612,968.87
減：營業外支出	2,159,541.26	5,487,308.65	5,074,174.31	15,702,045.48
其中：非流動資產處置淨損失	338,090.95	135,693.81	2,553,323.17	153,090.43
三、利潤總額	123,362,397.50	202,472,334.13	259,376,881.49	339,250,205.75
減：所得稅費用	22,157,859.63	38,196,480.37	42,201,356.35	50,150,590.06
四、淨利潤	101,204,537.87	164,275,853.76	217,175,525.14	289,099,615.69
歸屬於母公司所有者的淨利潤	88,696,496.33	152,997,301.67	203,904,026.53	283,156,917.45
少數股東損益	12,508,041.54	11,278,552.09	13,271,498.61	5,942,698.24
五、每股收益	—			
（一）基本每股收益	0.52	0.54	0.72	1
（二）稀釋每股收益	0.51	0.54	0.72	1

3. 現金流量表（如表 4 - 8 所示）

表 4 - 8　　　　　　　　　　七匹狼現金流量表　　　　　　　　　單位：元

會計年度	2007 年	2008 年	2009 年	2010 年
銷售商品、提供勞務收到的現金	1,154,467,915.72	1,671,663,762.12	2,029,737,185.71	2,171,927,617.74
收到的稅費返還	800,964.98	856,681.25	987,322.06	1,150,918.41

表4-8(續)

會計年度	2007年	2008年	2009年	2010年
收到其他與經營活動有關的現金	5,155,698.25	22,286,987.89	75,753,330.47	34,928,709.65
經營活動現金流入小計	1,160,424,578.95	1,694,807,431.26	2,106,477,838.24	2,208,007,245.80
購買商品、接受勞務支付的現金	673,642,517.71	1,025,317,955.32	1,265,310,427.81	1,212,166,073.40
支付給職工以及為職工支付的現金	76,116,846.06	108,541,899.14	133,533,767.96	159,581,679.30
支付的各項稅費	76,325,495.47	151,195,202.93	201,909,141.39	288,542,229.67
支付其他與經營活動有關的現金	126,947,730.89	235,627,651.61	204,773,587.59	288,626,948.65
經營活動現金流出小計	953,032,590.13	1,520,682,709.00	1,805,526,924.75	1,948,916,931.02
經營活動產生的現金流量淨額	207,391,988.82	174,124,722.26	300,950,913.49	259,090,314.78
收回投資收到的現金				379,836,940.00
取得投資收益收到的現金				8,125,289.14
處置固定資產、無形資產和其他長期資產收回的現金淨額	1,331,332.48	1,728,254.20	512,155.08	85,422.00
處置子公司及其他營業單位收到的現金淨額	——	——	2,581,881.84	
投資活動現金流入小計	1,331,332.48	1,728,254.20	3,094,036.92	388,047,651.14
購建固定資產、無形資產和其他長期資產支付的現金	119,791,179.52	284,231,665.05	157,221,022.56	409,963,936.24
投資支付的現金	3,500,000.00	——	189,000,000.00	547,000,000.00
投資活動現金流出小計	123,291,179.52	284,231,665.05	346,221,022.56	956,963,936.24
投資活動產生的現金流量淨額	-121,959,847.04	-282,503,410.85	-343,126,985.64	-568,916,285.10
吸收投資收到的現金	594,850,127.70	1,803,716.42	——	
取得借款收到的現金	40,000,000.00			
收到其他與籌資活動有關的現金	1,477,777.00	7,670,000.00	67,724,118.52	15,970,520.00
籌資活動現金流入小計	636,327,904.70	9,473,716.42	67,724,118.52	15,970,520.00
償還債務支付的現金	86,000,000.00	——		
分配股利、利潤或償付利息支付的現金	13,649,386.24	——	28,510,390.99	56,580,000.00

表4-8(續)

會計年度	2007年	2008年	2009年	2010年
支付其他與籌資活動有關的現金	3,074,977.00	22,074,048.52	17,976,520.00	78,232,890.04
籌資活動現金流出小計	102,724,363.24	22,074,048.52	46,486,910.99	134,812,890.04
籌資活動產生的現金流量淨額	533,603,541.46	-12,600,332.10	21,237,207.53	-118,842,370.04
四、匯率變動對現金的影響	-78,833.75	-38,130.21	-45,666.04	-30,008.33
五、現金及現金等價物淨增加額	618,956,849.49	-121,017,150.90	-20,984,530.66	-428,698,348.69
期初現金及現金等價物餘額	89,907,602.89	701,194,452.38	580,177,301.48	559,192,770.82
期末現金及現金等價物餘額	708,864,452.38	580,177,301.48	559,192,770.82	130,494,422.13

三、分析要求

(1) 根據上述報表編製七匹狼2008—2010年現金流量結構分析表，進行現金流量的結構分析。

(2) 根據現金流量結構各年的變化情況，分析公司的經營策略和財務策略。

案例二　安凱客車獲現能力分析

一、案例資料

(1) 安凱客車資產負債表，如表1-27所示。
(2) 安凱客車利潤表，如表1-28所示。
(3) 安凱客車現金流量表，如表1-29所示。
(4) 汽車製造行業獲現能力指標平均值如表4-9所示。

表4-9　　　　　　上市公司汽車製造行業獲現能力指標平均值

財務指標		上市公司平均值	汽車製造行業平均值
盈利現金保障倍數	2009年	2.09	2.17
	2010年	1.24	1.1

二、實訓要求

(1) 編製現金流量趨勢分析表和結構分析表，對安凱客車的現金流量表作初步分析；

(2) 計算安凱客車2008—2010年的銷售現金回收率、營業收入現金比率、盈利現金保障倍數、全部資產現金回收率和總資產現金週轉率，從以上比率並結合行業平均值對公司的獲現能力進行分析與評價；

(3) 根據以上分析寫出分析評價報告。

案例三　長安汽車股份有限公司獲現能力分析

一、案例資料

長安汽車和安凱客車2008—2010年有關獲現能力指標如表4-10所示。

表4-10　　長安汽車和安凱客車2008—2010年有關獲現能力指標　　單位:%

指標	2008年		2009年		2010年	
	安凱客車	長安汽車	安凱客車	長安汽車	安凱客車	長安汽車
銷售現金回收率	104.20	68.17	98.46	63.60	77.78	74.37
營業收入現金比率	7.52	3.62	12.09	11.56	4.20	8.15
淨利潤現金比率	528.29	2,703.90	1,008.43	268.23	172.77	134.37
全部資產現金回收率	9.23	3.26	12.82	14.62	5.60	9.81
總資產現金週轉率	127.88	61.36	104.38	80.47	103.74	89.56

二、分析要求

（1）長安汽車2009年的營業收入現金比率比2008年大幅度上升，而銷售現金回收率卻略有下降，其可能的原因是什麼？

（2）請對長安汽車的獲現能力進行分析和評價。

模塊五
發展能力分析

【實訓目的】

通過本模塊實訓，學生掌握評價企業發展能力的指標體系，理解各指標的內涵和影響發展能力的因素，掌握發展能力分析的基本方法，能夠對企業的發展能力進行分析和評價。

【分析內涵】

一、指標內涵

1. 營業收入增長率

（1）計算公式

營業收入增長率＝（本年營業收入－上年營業收入）÷上年營業收入×100%

（2）內容解釋

①營業收入增長率是衡量企業經營成果和市場佔有能力，預測企業經營業務拓展趨勢的重要指標。該指標大於0，表示企業本期的營業收入有所增長，指標值越高，表明營業收入增長速度越快，銷售情況越好；若指標值小於0，則說明企業銷售規模減小，銷售情況較差，表明企業產品或服務不適銷對路，質次價高，或是售後服務等方面存在問題，市場份額萎縮。

②該指標在實際操作時，應將營業收入增長率與總資產增長率結合起來，並考慮企業歷年的營業收入水平、企業市場佔有情況、資產增長情況、行業平均值及其他影響企業發展的潛在因素，並結合企業前三年的營業增長率作出趨勢分析判斷。

2. 總資產增長率

（1）計算公式

總資產增長率＝（年末總資產－年初總資產）÷年初總資產×100%

（2）內容解釋

①總資產增長率是用來反應企業資產總規模增長幅度的比率。總資產增長率大於0，說明企業本期的資產規模有所增加，總資產增長率越大，說明資產規模擴張速度越快。總資產增長率小於0，則說明企業本期資產規模縮減，資產出現負增長。

②在實際分析時，應注意考慮資產規模增長的效益性與穩定性。企業資產增長率高並不一定意味著企業的資產規模增長就一定適當，評價一個企業資產增長是否有效益，必須和銷售收入增長結合起來分析，只有銷售收入的增長超過了資產的增長，資產增長才屬於效益型增長。另外，還應觀察資產增長的穩定性，因為，對於一個健康的處於成長期的企業，其資產規模應該是不斷增長的，如果時增時減，則反應企業的經營並不穩定。因此，為全面認識企業資產規模的增長趨勢和增長水平，應將企業不同時期的資產增長加以比較。

3. 淨利潤增長率

（1）計算公式

淨利潤增長率 =（本年淨利潤－上年淨利潤）÷ 上年淨利潤 × 100%

（2）內容解釋

①淨利潤增長率是反應企業稅后淨利潤在一年內增長幅度的比率。淨利潤增長率大於0，說明企業本年的淨利潤有所增加，淨利潤增長率越高，說明企業發展的前景越好；淨利潤增長率小於0，則說明企業本期淨利潤減少，收益降低，企業的發展受挫。

②在分析淨利潤增長時，應關注淨利潤增長的來源和增長的趨勢。因為，企業的淨利潤除了來自營業利潤外，還包括公允價值變動損益、營業外收入這些非正常性收益。因此，在分析淨利潤增長率時，應關注淨利潤增長的來源；同時，還應考察連續幾年的淨利潤增長率，以排除個別時期偶然性或特殊性因素的影響，確定淨利潤增長的穩定性。

4. 股東權益增長率

（1）計算公式

股東權益增長率 =（年末股東權益－年初股東權益）÷ 年初總資產 × 100%

（2）內容解釋

① 股東權益增長率反應的是企業在經過一年經營以後股東權益增長幅度的比率，也稱資本累積率。股東權益增長率為正數，說明企業年末所有者權益有所增加，股東權益增長率越高，表明企業股東權益增長的速度越快，企業自有資本累積的能力越強，對企業未來的發展越有利；股東權益增長率為負數，則表明企業資本受到侵蝕，所有者利益受到損害。

② 在對股東權益增長率進行分析時，應注意分析股東權益增長的來源和增長的趨勢。因為，股東權益包括股本、資本公積、盈餘公積、未分配利潤等項目，股本和資本公積是屬於融資活動形成的，盈餘公積和未分配利潤是屬於經營活動的淨利潤形成的，分析股東權益增長率，要看是由於淨利潤形成還是靠融資取得的；另外，還要分析連續幾年的股東權益增長率，因為一個持續增長型企業，其股東權益應該是不斷增長的，如果時增時減，則反應出企業發展不穩定，同時也說明企業不具備良好的發展能力。

【基礎訓練】

一、單項選擇

1. 下列因素中，能直接影響股東權益增長率變化的指標是（　　）。
    A. 淨資產收益率　　　　　　　　B. 總資產週轉率
    C. 總資產報酬率　　　　　　　　D. 總資產
2. 下列指標中，不屬於增長率指標的是（　　）。
    A. 利息保障倍數　　　　　　　　B. 銷售增長率
    C. 股東權益增長率　　　　　　　D. 資本累積率
3. 如果企業某一產品處於成熟期，其銷售增長率的特點是（　　）。
    A. 比值比較大　　　　　　　　　B. 與上期相比變動不大
    C. 比值比較小　　　　　　　　　D. 與上期相比變動非常小
4. 如果企業某一產品處於衰退期，其銷售增長率的特點是（　　）。
    A. 比值比較大　　　　　　　　　B. 增長速度與上期相比變動不大
    C. 比值比較小　　　　　　　　　D. 增長速度開始放慢甚至出現負增長
5. 某產品或勞務具有巨大的增長潛力，市場增長率保持較高水平時，標志著該產品或勞務正處於（　　）。
    A. 開發階段　　　　　　　　　　B. 成長階段
    C. 成熟階段　　　　　　　　　　D. 衰退期
6. 下列衡量企業發展能力的財務指標是（　　）。
    A. 淨資產收益率　　　　　　　　B. 總資產週轉率
    C. 營業收入增長率　　　　　　　D. 資產負債率
7. 計算總資產增長率的公式中，分母是（　　）。
    A. 總資產增長額　　　　　　　　B. 期末總資產
    C. 期初總資產　　　　　　　　　D. 期末總資產－期初總資產
8. 營業收入增長率及資本累積率是反應企業（　　）能力的指標。
    A. 償債能力　　　　　　　　　　B. 發展能力
    C. 營利能力　　　　　　　　　　D. 資產營運狀況

二、多項選擇題

1. 可以用於反應企業增長能力的財務指標有（　　）。
    A. 資產增長率　　　　　　　　　B. 銷售增長率
    C. 資本累積率　　　　　　　　　D. 淨利潤增長率
2. 在分析企業的淨利潤增長率時，應結合以下分析（　　）。
    A. 淨利潤增長來源分析　　　　　B. 淨利潤增長趨勢分析
    C. 資產結構分析　　　　　　　　D. 負債結構分析
3. 下列項目中，屬於資產規模增加的原因是（　　）。
    A. 企業對外舉債　　　　　　　　B. 企業實現盈利
    C. 企業發放股利　　　　　　　　D. 企業發行股票

E 企業購置固定資產

4. 在對資產增長率進行具體分析時，還應該注意（　　）。
   A. 資產增長的規模是否適當
   B. 資產增長的來源是否合理
   C. 資產增長的趨勢是否穩定
   D. 行業平均資產增長率

5. 股東權益增長率的大小直接取決於下列因素中的（　　）。
   A. 資產負債率　　　　　　　　B. 總資產報酬率
   C. 淨資產收益率　　　　　　　D. 總資產週轉率

三、判斷題

1. 企業資產增長率越高，意味著對企業越有利。（　　）
2. 企業能否持續增長對投資者、經營者至關重要，但對債權人而言相對不重要。（　　）
3. 在產品生命週期的成長期，產品銷售收入增長率一般趨於穩定，與上期相比變化不大。（　　）
4. 僅分析某一項增長能力指標，無法得出企業整體增長能力情況的結論。（　　）
5. 企業資產增長率越高，反應的資產規模增長勢頭越好。（　　）
6. 要正確分析和判斷一個銷售收入的增長趨勢和增長水平，必須將一企業不同時期的銷售增長率加以比較和分析。（　　）
7. 銷售增長率越高並不一定代表企業在銷售方面具有良好的成長性。（　　）
8. 增長能力的大小是一個相對概念。（　　）
9. 營業（銷售）收入增長率反應了企業銷售增長的長期變動趨勢。（　　）

四、計算題

已知中興通訊2007—2010年有關財務數據如表5-1所示。

表5-1　　　　　　　中興通訊2007—2010年有關財務數據　　　　　單位：千元

會計年度	2007年	2008年	2009年	2010年
資產總計	39,173,096	50,865,921	68,342,322	84,152,357
營業收入	34,777,181	44,293,427	60,272,563	70,263,874
營業利潤	1,000,754	1,245,393	2,064,163	2,589,558
淨利潤	1,451,451	1,911,935	2,695,661	3,476,482
實收資本（或股本）	959,522	1,343,330	1,831,336	2,866,732
所有者權益（或股東權益）合計	12,888,408	15,183,547	17,948,866	24,961,998
銷售商品、提供勞務收到的現金	34,078,133	45,008,874	58,137,378	67,783,927
經營活動產生的現金流量淨額	88,390	3,647,913	3,729,272	941,910
資產增長率	—			

表5-1(續)

會計年度	2007年	2008年	2009年	2010年
營業收入增長率	—			
營業利潤增長率	—			
淨利潤增長率	—			
股本增長率	—			
所有者權益增長率	—			
銷售商品、提供勞務收到的現金增長率	—			
經營活動產生的現金流量淨額增長率	—			

要求：

(1) 根據表5-1計算中興通訊2008—2010年各項目增長率，並將結果填在上表的空格裡。

(2) 根據計算結果，對該公司的發展能力作出分析與評價。

【實訓案例】

案例一　七匹狼發展能力分析

一、案例資料

七匹狼實業股份有限公司（以下簡稱「七匹狼」）系主要經營「七匹狼」休閒男裝品牌服飾的高新技術的上市公司（股票代碼002029）。公司產品定位為男士休閒服裝，在市場上享有很高的品牌知名度和美譽度，產品綜合市場佔有率均名列前茅，截止到2010年年末公司擁有終端網點3,525家，同比增加276家，其中直營及聯營終端388家，代理終端3,137家。2010年，七匹狼共銷售16,000,000件服飾類產品，平均每一分鐘銷售產品61件，全年營業收入達21.98億元，實現淨利2.89億元。表5-2系七匹狼2008—2010年部分財務數據增長率。

表5-2　　　七匹狼2008—2010年部分財務數據增長率　　　單位：%

會計年度	增長率		
	2008	2009	2010
資產總額	21.33	18.02	16.88
營業收入	88.56	126.73	10.59
營業利潤	68.22	25.37	34.59
利潤總額	64.13	28.1	30.79

表5-2(續)

會計年度	增長率		
	2008	2009	2010
淨利潤	62.32	32.2	33.12
所有者權益（或股東權益）合計	16	15.11	16.24
銷售商品、提供勞務收到的現金	44.8	21.42	7

二、分析要求

根據表5-2對七匹狼的發展能力進行初步分析和評價。

案例二　中國聯通發展能力分析

一、案例資料

中國聯通2007—2010年的資產負債表、利潤表和現金流量表主要數據如表5-3、表5-4和表5-5所示。

1. 資產負債表

表5-3　　　　　　　　　　　中國聯通資產負債表　　　　　　　　單位：元

會計年度	2007年	2008年	2009年	2010年
貨幣資金	7,331,506,985	9,487,508,368	8,828,101,716	22,790,656,271
應收票據	71,874,233	44,684,256	24,522,070	61,453,402
應收帳款	3,273,213,303	9,312,926,655	9,870,653,801	10,407,880,852
預付款項	992,737,573	1,487,760,834	1,853,329,628	3,066,549,854
其他應收款	2,120,423,804	14,650,923,856	6,667,416,291	1,616,611,493
應收利息	9,686,072	5,687,916	6,874,902	1,654,138
存貨	2,528,363,903	1,170,712,639	2,412,408,382	3,728,424,300
其他流動資產	508,339,754	—	1,059,443,471	619,616,472
流動資產合計	16,836,145,627	36,160,204,524	30,722,750,261	42,292,846,782
可供出售金融資產			7,976,911,996	6,213,538,603
長期股權投資	—	—	15,000,000	47,713,824
固定資產	99,443,151,419	241,181,795,860	285,035,422,340	304,422,521,027
在建工程	13,393,280,639	35,738,259,457	57,843,899,232	55,861,735,600
工程物資	1,558,652,406	5,012,947,233	6,291,784,814	3,366,788,885
無形資產	7,077,533,610	18,550,355,586	19,645,275,246	19,869,756,964
長期待攤費用	5,380,042,598	6,086,529,601	7,620,496,398	7,723,855,943
遞延所得稅資產	820,418,762	4,307,239,150	4,080,756,622	3,667,496,079
其他非流動資產	—	142,553	—	—
非流動資產合計	127,673,079,434	310,877,269,440	388,509,546,648	401,173,406,925

表5-3(續)

會計年度	2007年	2008年	2009年	2010年
資產總計	144,509,225,061	347,037,473,964	419,232,296,909	443,466,253,707
短期借款	—	10,780,000,000	63,908,500,000	36,726,520,000
交易性金融負債	—	10,000,000,000	—	23,000,000,000
應付票據	834,151,078	1,039,888,705	1,380,861,045	585,181,600
應付帳款	27,488,777,993	61,750,466,429	100,567,494,864	93,695,041,747
預收款項	11,582,188,827	15,560,111,756	21,135,828,170	29,971,070,505
應付職工薪酬	731,061,727	3,868,162,406	3,598,220,139	3,402,371,265
應交稅費	1,239,519,595	11,304,064,751	911,986,749	1,483,998,972
應付利息	26,958,237	266,907,826	216,387,694	743,909,825
應付股利	1,779,450	267,610,106	24,133,609	24,118,117
其他應付款	5,321,229,426	8,984,644,759	7,780,884,818	8,077,305,416
一年內到期的非流動負債	2,192,829,728	1,216,510,550	88,098,747	184,035,033
流動負債合計	49,418,496,061	125,038,367,288	199,612,395,835	197,893,552,480
長期借款	1,660,921,348	997,312,478	759,455,307	1,462,239,790
應付債券	—	7,000,000,000	7,000,000,000	33,557,754,642
長期應付款	3,882,035	1,606,756,068	190,913,424	161,603,695
預計負債	—	8,386,915	—	—
遞延所得稅負債	5,863,751	22,694,468	266,278,342	40,130,185
其他非流動負債	482,607,036	3,367,369,037	2,557,781,469	2,170,526,901
非流動負債合計	2,153,274,170	13,002,518,966	10,774,428,542	37,392,255,213
負債合計	51,571,770,231	138,040,886,254	210,386,824,377	235,285,807,693
實收資本（或股本）	21,196,596,395	21,196,596,395	21,196,596,395	21,196,596,395
資本公積	20,143,109,873	24,282,123,160	28,060,074,201	27,818,940,772
盈余公積	454,768,781	400,110,494	558,500,106	684,955,035
未分配利潤	12,629,615,987	24,458,208,285	21,188,259,723	21,153,277,236
少數股東權益	38,513,363,794	138,679,008,056	137,861,586,694	137,344,410,395
外幣報表折算價差	—	-19,458,680	-19,544,587	-17,733,819
歸屬母公司所有者權益（或股東權益）	54,424,091,036	70,317,579,654	70,983,885,838	70,836,035,619
所有者權益（或股東權益）合計	92,937,454,830	208,996,587,710	208,845,472,532	208,180,446,014
負債和所有者（或股東權益）合計	144,509,225,061	347,037,473,964	419,232,296,909	443,466,253,707

2. 利潤表

表 5-4　　　　　　　　　　　中國聯通利潤表　　　　　　　　　單位：元

會計年度	2007 年	2008 年	2009 年	2010 年
一、營業收入	100,467,608,937	152,764,263,901	158,368,819,533	176,168,361,570
減：營業成本	61,478,303,917	96,190,604,309	105,653,764,889	123,734,874,682
營業稅金及附加	2,368,541,746	4,163,756,705	4,487,042,060	4,870,685,998
銷售費用	18,241,052,266	17,078,772,839	20,956,737,441	23,732,607,298
管理費用	5,786,615,801	12,558,257,527	14,047,876,509	16,112,717,598
財務費用	-214,322,732	2,169,287,089	943,518,133	1,624,542,243
資產減值損失	1,890,276,497	15,190,801,217	2,375,636,936	2,663,931,281
加：公允價值變動淨收益	-568,859,767	—	1,239,125,224	—
投資收益	—	—	212,157,048	484,626,759
二、營業利潤	10,348,281,675	5,412,784,215	11,355,525,837	3,913,629,229
加：營業外收入	2,972,403,410	2,316,844,326	1,100,637,091	1,060,149,128
減：營業外支出	165,215,548	247,381,046	275,186,614	327,274,954
三、利潤總額	13,155,469,537	7,482,247,495	12,180,976,314	4,646,503,403
減：所得稅費用	3,836,064,590	1,701,844,884	2,807,082,528	975,227,096
加：影響淨利潤的其他科目	—	27,947,388,024	—	—
四、淨利潤	9,319,404,947	33,727,790,635	9,373,893,786	3,671,276,307
歸屬於母公司所有者的淨利潤	5,632,878,880	19,741,412,830	3,137,024,492	1,227,610,009
少數股東損益	3,686,526,067	13,986,377,805	6,236,869,294	2,443,666,298
五、每股收益	——	——	——	——
（一）基本每股收益	0.27	0.93	0.15	0.06
（二）稀釋每股收益	0.27	0.93	0.15	0.06

3. 現金流量表

表 5-5　　　　　　　　　　　中國聯通現金流量表　　　　　　　　　單位：元

報告年度	2007 年	2008 年	2009 年	2010 年
銷售商品、提供勞務收到的現金	93,600,667,121	137,647,699,300	146,940,734,972	170,173,835,063
收到的稅費返還	1,326,556,415	1,471,360,465	5,459,142	97,762,455
收到其他與經營活動有關的現金	95,788,143	982,435,579	419,096,390	1,882,406,374
經營活動現金流入小計	95,023,011,679	140,101,495,344	147,365,290,504	172,154,003,892
購買商品、接受勞務支付的現金	48,679,392,683	47,563,841,209	56,170,245,012	73,707,882,256

表5-5(續)

報告年度	2007年	2008年	2009年	2010年
支付給職工以及為職工支付的現金	6,837,132,133	20,140,073,188	22,111,777,965	23,478,996,907
支付的各項稅費	6,876,624,375	12,322,477,756	9,774,448,064	6,757,164,128
經營活動現金流出小計	62,393,149,191	80,026,392,153	88,056,471,041	103,944,043,291
經營活動產生的現金流量淨額	32,629,862,488	60,075,103,191	59,308,819,463	68,209,960,601
收回投資收到的現金	—	—	1,370,989	—
取得投資收益收到的現金	188,964,422	245,424,431	271,580,498	561,683,784
處置固定資產、無形資產和其他長期資產收回的現金淨額	82,028,296	252,070,747	611,015,242	374,591,782
收到其他與投資活動有關的現金	327,287,404	30,400,184,088	238,259,536	1,200,945,107
投資活動現金流入小計	598,280,122	30,897,679,266	1,122,226,265	
購建固定資產、無形資產和其他長期資產支付的現金	23,720,414,958	49,368,472,642	81,540,256,970	78,082,801,607
投資支付的現金	—	5,880,000,000	—	46,275,271
取得子公司及其他營業單位支付的現金淨額	880,000,000	—	—	
支付其他與投資活動有關的現金	775,797,010	403,922,582	9,831,934,694	477,672,520
投資活動現金流出小計	25,376,211,968	55,652,395,224	91,372,191,664	
投資活動產生的現金流量淨額	-24,777,931,846	-24,754,715,958	-90,249,965,399	-71,348,405,718
吸收投資收到的現金	313,261,738	15,449,986,242	—	
取得借款收到的現金	—	53,602,442,162	98,317,901,438	114,981,978,200
收到其他與籌資活動有關的現金	—	-37,598		12,144,186,734
籌資活動現金流入小計	313,261,738	69,052,390,806	98,317,901,438	165,007,964,934
償還債務支付的現金	10,960,945,183	97,838,084,165	54,485,351,743	141,451,449,465
分配股利、利潤或償付利息支付的現金	2,770,343,837	9,169,726,582	6,504,947,640.00	5,732,243,210
支付其他與籌資活動有關的現金	—	107,586,775	8,801,661,273	
籌資活動現金流出小計	13,731,289,020	107,115,397,522	69,791,960,656	147,183,692,675
籌資活動產生的現金流量淨額	-13,418,027,282	-38,063,006,716	28,525,940,782	17,824,272,259

表5-5(續)

報告年度	2007 年	2008 年	2009 年	2010 年
五、現金及現金等價物淨增加額	-5,566,096,640	-2,742,619,483	-2,415,205,154	14,685,827,142
期初現金及現金等價物餘額	12,253,274,647	11,991,649,450	10,247,253,348	7,832,048,194
期末現金及現金等價物餘額	6,687,178,007	9,249,029,967	7,832,048,194	22,517,875,336

二、分析要求

(1) 計算該公司 2008—2010 年各項目增長率。
(2) 分析 2009 年、2010 年年度銷售增長的效益和趨勢。
(3) 分析 2009 年、2010 年年度淨利潤增長的來源與趨勢。
(4) 分析 2009 年、2010 年年度所有者權益增長的原因與趨勢。
(5) 分析 2009 年、2010 年年度資產總額增長的規模是否適當，來源是否合理，趨勢是否穩當。
(6) 對中國聯通的增長能力作出評價。

案例三　安凱客車發展能力分析

一、案例資料

(1) 安凱客車資產負債表，如表 1-27 所示。
(2) 安凱客車利潤表，如表 1-28 所示。
(3) 安凱客車現金流量表，如表 1-29 所示。
(4) 汽車製造行業盈利能力指標平均值如表 5-6 所示。

表 5-6　　　　上市公司汽車製造行業財務指標平均值

財務指標		上市公司平均值	汽車製造行業平均值	財務指標		上市公司平均值	汽車製造行業平均值
資本擴張率(%)	2009 年	17.6	30.88	總資產增長率(%)	2009 年	22.53	34.39
	2010 年	22.63	54.08		2010 年	22.94	47.62
營業收入增長率(%)	2009 年	3.85	29.52	營業利潤增長率(%)	2009 年	51.83	337.1
	2010 年	37.3	68.74		2010 年	47	125.8
累計保留盈余率(%)	2009 年	35.83	35.02				
	2010 年	38.94	42.88				

二、分析要求

(1) 計算安凱客車 2008—2010 年總資產增長率、營業收入增長率、營業利潤增長率、利潤總額增長率、資本擴張率和累計保留盈余率。
(2) 從以上比率並結合行業平均值對公司的盈利能力進行分析與評價，寫出分析評價報告。

模塊六 財務綜合分析

【實訓目的】

通過本模塊的實訓，實訓者能夠進一步理解企業財務狀況的內容，掌握企業財務狀況分析與評價的基本思路與框架，以及財務狀況質量的系統分析方法。

【基礎訓練】

一、單項選擇題

1. 權益乘數的計算公式是（　　）。

    A. $\dfrac{總資產}{淨資產}$　　　　B. $\dfrac{淨資產}{總資產}$

    C. $\dfrac{1}{資產負債率}$　　　　D. 1－資產負債率

2. 杜邦財務分析體系的核心指標是（　　）。

    A. 總資產週轉率　　　　B. 銷售淨利率
    C. 費用利潤率　　　　D. 淨資產收益率

3. 總資產報酬率的計算公式是（　　）。

    A. $\dfrac{利潤總額＋利息支出}{期末總資產}$　　　　B. $\dfrac{利潤總額＋利息支出}{總資產平均數}$

    C. $\dfrac{利潤總額＋利息支出}{總資產平均數}$　　　　D. $\dfrac{利潤總額＋利息支出}{期末總資產}$

4. 某企業 2009 年、2010 年總資產分別爲 8,000 萬元、9,000 萬元，總負債分別爲 4,000 萬元、6,000 萬元，則該企業 2010 年杜邦財務分析體系中權益乘數是（　　）。

    A. 1.5　　　　B. 0.667
    C. 2.43　　　　D. 2

5. 下列指標中，既能反應投資與報酬的關係，又是評價企業資本經營效益的核心指標是（　　）。
　　A. 總資產報酬率　　　　　　　　B. 淨資產收益率
　　C. 銷售毛利率　　　　　　　　　D. 股本收益率
6. 杜邦財務分析體系不涉及（　　）。
　　A. 盈利能力　　　　　　　　　　B. 償債能力
　　C. 營運能力　　　　　　　　　　D. 發展能力
7. 淨資產收益率＝銷售淨利率×總資產週轉率×（　　）。
　　A. 資產負債率　　　　　　　　　B. 總資產淨利率
　　C. 權益乘數　　　　　　　　　　D. 流動比率

二、多項選擇題
1. 根據杜邦財務分析體系，影響淨資產收益率的因素有（　　）。
　　A. 資產負債率　　　　　　　　　B. 銷售淨利率
　　C. 總資產週轉率　　　　　　　　D. 股本收益率
2. 財務報表綜合分析的方法有（　　）。
　　A. 杜邦分析法　　　　　　　　　B. 比較分析法
　　C. 結構分析法　　　　　　　　　D. 沃爾分析法
3. 從杜邦財務分析體系可知，提高總資產淨利率的途徑有（　　）。
　　A. 加強負債管理，提高負債比率　B. 加強資產管理，提高資產週轉率
　　C. 加強資產流動性，提高流動比率　D. 加強銷售管理，提高銷售淨利率
4. 下列（　　）的表述是正確的。
　　A. 淨資產報酬率是杜邦財務分析體系的龍頭指標，綜合性最強
　　B. 銷售淨利率的高低反應企業經營承包管理水平的高低
　　C. 權益乘數的大小取決於企業的籌資政策
　　D. 總資產週轉率的快慢反應企業資產的使用效率
5. 下列（　　）表述是正確的。
　　A. 總資產淨利率越大，則淨資產收益率越高，盈利能力越強
　　B. 總資產週轉率越高，則總資產淨利率越大，盈利能力越強
　　C. 資產負債率越高，則償債能力越弱，淨資產收益率越高，盈利能力越強
　　D. 資產負債率越低，則償債能力越強，淨資產收益率越高，盈利能力越強
6. 必須同時利用資產負債表和利潤表才能計算的指標有（　　）。
　　A. 營業毛利率　　　　　　　　　B. 總資產週轉率
　　C. 淨資產收益率　　　　　　　　D. 營業收入現金回收率

三、判斷題
1. 總資產淨利率為銷售淨利率和權益乘數的乘積。　　　　　　　　　　　（　　）
2. 杜邦分析法是一種對財務比率進行分解的方法，不是另外建立新的財務指標。
　　　　　　　　　　　　　　　　　　　　　　　　　　　　　　　　　（　　）
3. 權益乘數越高，企業的淨資產收益率就越高，債權人的權益就能得到更多的保障。　　　　　　　　　　　　　　　　　　　　　　　　　　　　　　（　　）
4. 企業某一年的淨資產收益下降，可能是資產負債率下降。　　　　　　　（　　）

5. 資本保值增值率是反應企業財務效益的基本指標。　　　　（　　）
6. 在其他因素不變的情況下，總資產淨利率與總資產週轉率成正比。（　　）
7. 權益乘數越高，財務風險越大。　　　　　　　　　　　　（　　）

【實訓案例】

案例一　宇通客車財務狀況質量綜合分析

一、案例資料

【資料一】宇通客車 2010 年年度報告部分內容

以下列示的是宇通客車股股份有限公司（以下簡稱「宇通客車」）2010 年年報摘要的部分內容

（一）公司簡介

1. 公司法定中文名稱：鄭州宇通客車股份有限公司
2. 股票簡稱：宇通客車　　股票代碼：600066
3. 公司的法定英文名稱：ZHENGZHOU YUTONG BUS CO., LTD
4. 公司的法定英文名稱縮寫：YTCO
5. 公司法定代表人：湯玉祥

（二）會計數據和業務數據摘要

1. 主要會計數據（如表 6-1 所示）

表 6-1　　　　　　　　　　主要會計數據　　　　　　　　　　單位：元

項目	金額
營業利潤	1,004,562,060.32
利潤總額	973,788,479.69
歸屬於上市公司股東的淨利潤	859,664,423.93
歸屬於上市公司股東的扣除非經常性損益后的淨利潤	888,422,500.05
經營活動產生的現金流量淨額	1,317,701,489.89

2. 非經常性損益項目和金額（如表 6-2 所示）

表 6-2　　　　　　　　　非經濟性損益項目和金額　　　　　　　單位：元

序號	非經常性損益項目	金額
1	非流動資產處置損益	-1,979,109.56
2	計入當期損益的政府補助（與企業業務密切相關，按照國家統一標準定額或定量享受的政府補助除外）	2,25,126,244.00
3	計入當期損益的對非金融企業收取的資金占用費	1,192,247.06

表6-2(續)

序號	非經常性損益項目	金額
4	除同公司正常經營業務相關的有效套期保值業務外，持有交易性金融資產、交易性金融負債產生的公允價值變動損益，以及處置交易性金融資產、交易性金融負債和可供出售金融資產取得的投資收益	11,566,035.27
5	除上述各項之外的其他營業外收入和支出	-54,020,715.07
6	其他符合非經常性損益定義的損益項目	-15,689,921.80
7	所得稅影響額	3,646,442.12
8	少數股東權益影響額（稅後）	1,400,701.86
合計		-28,758,076.12

註：非經常性損益項目第2項的詳細情況請參見審計報告中的「財務報表主要項目註釋42」營業外收入中的政府補貼項目明細；第4項的主要項目為：公允價值變動損益-511.69萬元、交易性金融資產產生的收益1,040.29萬元、可供出售金融資產的分紅628萬元；第5項的主要項目為捐贈支出。

3. 報告期末公司前三年主要會計數據和財務指標（如表6-3所示）

表6-3　　　　報告期末公司前三年主要會計數據和財務指標　　　　單位：元

指標項目年度	2010年	2009年	本年比上年增減（％）	2008年
營業總收入	13,478,500,120.48	8,781,731,234.42	53.48	8,335,671,865.12
利潤總額	973,788,479.69	653,775,532.40	48.95	629,824,594.45
歸屬於上市公司股東的淨利潤	859,664,423.93	563,485,143.78	52.56	531,042,868.23
歸屬於上市公司股東的扣除非經常性損益的淨利潤	888,422,500.05	522,428,574.53	70.06	378,885,924.26
經營活動產生的現金流量淨額	1,317,701,489.89	72,946,056.64	1,706.41	964,232,710.99
總資產	6,797,037,971.97	5,507,371,160.96	23.42	4,684,674,816.00
歸屬於上市公司股東的股東權益	2,482,243,713.43	2,167,689,662.50	14.51	1,679,131,763.57
基本每股收益（元/股）	1.65	1.08	52.78	1.02
稀釋每股收益（元/股）	1.65	1.08	52.78	1.02
扣除非經常性損益後的基本每股收益（元/股）	1.71	1.00	71.00	0.73
加權平均淨資產收益率（％）	37.68	29.27	8.41	27.72
扣除非經常性損益後的加權平均淨資產收益率（％）	38.94	27.13	11.81	22.56
每股經營活動產生的現金流量淨額（元/股）	2.53	0.14	1,707.14	1.85
歸屬於上市公司股東的每股淨資產（元/股）	4.77	4.17	14.39	3.23

(三) 股本變動及股東情況

1. 股份變動情況表 (如表 6-4 所示)

表 6-4　　　　　　　　　　　股份變動情況表

	本報告期變動前		報告期變動增減 (+, -)				本報告期變動後	
	數量（股）	比例（%）	送股	公積金轉股（股）	其他	小計（股）	數量（股）	比例（%）
一、有限售條件股份	117,741,891	22.65		-25,994,586		-25,994,586	91,747,305	17.65
1. 國家持股								
2. 國有法人持股								
3. 其他內資持股	117,741,891	22.65		-25,994,586		-25,994,586	91,747,305	17.65
其中：境內非國有法人持股	117,741,891	22.65		-25,994,586		-25,994,586	91,747,305	17.65
境內自然人持股								
4. 外資持股								
其中：境外法人持股								
境外自然人持股								
5. 高管持股								
二、無限售條件股份	402,149,832	77.35		25,994,586		25,994,586	428,144,418	82.35
1. 人民幣普通股	402,149,832	77.35		25,994,586		25,994,586	428,144,418	82.35
2. 境內上市的外資股								
3. 境外上市的外資股								
4. 其他								
三、股份總數	519,891,723	100.00					519,891,723	100.00

2. 證券發行與上市情況

（1）前三年歷次證券發行情況

截至本報告期期末至前三年，公司未有證券發行與上市情況。

（2）公司股份總數及結構的變動情況

報告期內沒有因送股、配股等原因引起公司股份總數及結構的變動。

（3）現存的內部職工股情況

本報告期期末公司無內部職工股。

3. 前十名股東持股情況 (如表 6-5 所示)

表 6-5　　　　　　　　　　　前十名股東持股情況

股東總數	39,429 戶				
前 10 名股東情況					
股東名稱	股東性質	持股比例（%）	持股總數	持有有限售條件股份數	質押或凍結的股份數量
鄭州宇通集團有限公司	非國有法人	32.90	171,022,027	91,747,305	140,000,000
交通銀行——博時新興成長股票型證券投資基金	其他	3.37	17,500,000	-1,500,000	未知
中國公路車輛機械有限公司	國有法人	2.43	12,645,354		未知

表6-5(續)

股東總數	39,429 戶				
前 10 名股東情況					
股東名稱	股東性質	持股比例（%）	持股總數	持有有限售條件股份數	質押或凍結的股份數量
中國民生銀行股份有限公司——東方精選混合型開放式證券投資基金	其他	1.94	10,076,944	3,003,036	未知
中國建設銀行——信達澳銀領先增長股票型證券投資基金	其他	1.83	9,513,870	9,513,870	未知
摩根士丹利投資管理公司——摩根士丹利中國 A 股基金	境外法人	1.25	6,521,430	-2,386,544	未知
興業銀行股份有限公司——興業全球視野股票型證券投資基金	其他	1.09	5,648,916	-935,217	未知
UBS AG	境外法人	1.08	5,609,053	-4,197,384	未知
上海浦東發展銀行——長信金利趨勢股票型證券投資基金	其他	1.04	5,389,622	5,389,622	未知
中國工商銀行——國聯安德盛小盤精選證券投資基金	其他	1.03	5,335,656	5,335,656	未知

（四）董事、監事和高級管理人員

略。

（五）公司治理結構

略。

（六）股東大會情況簡介

略。

（七）董事會報告

1. 公司 2010 年年度生產及銷售情況（如表 6-6 所示）

表6-6　　　　　　　　　　公司 2010 年度生產及銷售情況

項目	2010 年	2009 年
產量	41,894	28,625
銷量	41,169	28,186
其中：中高檔車	31,615	19,856
普檔車	9,554	8,330
其中：大型客車	17,568	11,197
中型客車	19,812	13,508
輕型客車	3,789	3,481

2. 資產負債表項目變動原因分析
(1) 交易性金融資產：變動的主要原因是本期理財投資全部收回。
(2) 預付帳款：變動的主要原因是本報告期期末預付購置土地款所致。
(3) 其他應收款淨值：變動的主要原因是向海南省道路運輸局繳納保證金所致。
(4) 在建工程：變動的主要原因是購買大型設備增加所致。
(5) 存貨：變動的主要原因是春節假期提前，為滿足客戶及時提車需求備貨所致。
(6) 商譽：變動原因是本報告期對子公司的商譽計提了減值準備所致。
(7) 長期待攤費用：變動原因是租賃費攤銷所致。
(8) 應付票據：變動的主要原因是產能提升導致採購量增加，且大部分採購均通過票據結算所致。
(9) 預收帳款：變動的主要原因是本報告期期末預收訂金增加所致。
(10) 應付職工薪酬：變動的主要原因是本報告期期末計提的績效工資和績效考核獎金尚未發放所致。
(11) 一年內到期的非流動負債：變動的主要原因是一年內到期的長期借款增加所致。
(12) 長期借款：變動的主要原因是本期銀行借款增加所致。
(13) 預計負債：變動的主要原因是國內銷售收入增加預計的售後服務費也相應增加所致。
(14) 少數股東權益：變動的主要原因是子公司虧損所致。
3. 利潤表項目變動原因分析
(1) 營業收入、營業成本：主要是本報告期產品銷售量大幅增長所致。
(2) 銷售費用：主要是本報告期營業收入大幅增加導致相關的銷售費用增加所致。
(3) 管理費用：主要是本報告期繼續加大研發投入及業績增長相應績效工資和獎金增加所致。
(4) 財務費用：主要是本報告期出口的匯率損失影響所致。
(5) 公允價值變動收益：主要是本報告期出售股票結轉年初的公允價值變動成本所致。
(6) 投資收益：主要是本報告期申購股票取得的收益減少所致。
(7) 營業外收入：主要是本報告期內收到的財政獎勵增加所致。
(8) 營業外支出：主要是本報告期捐贈支出增加所致。
(9) 所得稅費用：主要是本報告期的利潤總額增加所致。
(10) 歸屬於母公司所有者的淨利潤：主要是本報告期的利潤總額增加所致。
(11) 少數股東損益：主要是本報告期子公司的利潤總額減少所致。
4. 現金流量表項目變動原因分析
(1) 銷售商品、提供勞務收到的現金：主要是本報告期的營業收入增加所致。
(2) 收到的稅費返還：主要是本報告期出口退稅增加所致。
(3) 購買商品、接受勞務支付的現金：主要是隨著營業收入的增加採購支出也隨之增加所致。
(4) 支付的各項稅費：主要是本報告期上繳的增值稅比去年同期增加所致。

（5）支付的其他與經營活動有關的現金：主要是本報告期內的費用支出比去年同期增加所致。

（6）取得投資收益收到的現金：主要是本報告期收到的股票分紅比去年同期增加所致。

（7）處置固定資產、無形資產和其他長期資產所收回的現金淨額：主要是本報告期處置固定資產減少所致。

（8）收到其他與投資活動有關的現金：主要是去年同期收到了固定資產進項稅退回款所致。

（9）購建固定資產、無形資產和其他長期資產支付的現金：主要是本報告內在建工程預付款比去年同期增加所致。

（10）支付其他與投資活動有關的現金：主要是去年同期子公司蘭州宇通期末現金轉出所致。

（12）償還債務支付的現金：主要是去年歸還銀行貸款所致。

（13）分配股利、利潤或償付利息支付的現金：主要是本報告期的股票分紅支出比去年同期增加所致。

5. 公司主營業務及其經營狀況

（1）主營業務分行業、產品情況（如表6-7所示）

表6-7　　　　　　　　主營業務分行業、產品情況

分行業	營業收入（元）	營業成本（元）	毛利率（%）	營業收入比上年增減（%）	營業成本比上年增減（%）	毛利率比上年增減百分點
客車	12,916,644,875.13	10,647,727,843.87	17.57	53.75	53.90	減少0.07個百分點
其他	21,750,401.76	14,720,334.96	32.32	103.96	261.99	減少29.55個百分點

（2）主營業務分地區情況（如表6-8所示）

表6-8　　　　　　　　主營業務分地區情況

地區	營業收入（元）	營業收入比上年增減（%）
國內銷售	12,003,729,939.07	47.93
海外銷售	934,665,337.82	214.61

（七）監事會報告

略。

（八）重要事項

略。

(九) 財務報告

1. 審計報告

審計報告

天健正信審〔2011〕GF 字第 220003 號

鄭州宇通客車股份有限公司全體股東：

我們審計了后附的鄭州宇通客車股份有限公司（以下簡稱「宇通客車公司」）財務報表，包括 2010 年 12 月 31 日的資產負債表、合併資產負債表，2010 年年度的利潤表、合併利潤表和現金流量表、合併現金流量表、股東權益變動表、合併股東權益變動表以及財務報表附註。

一、管理層對財務報表的責任

按照企業會計準則的規定編製財務報表是宇通客車公司管理層的責任。這種責任包括：①設計、實施和維護與財務報表編製相關的內部控制，以使財務報表不存在由於舞弊或錯誤而導致的重大錯報；②選擇和運用恰當的會計政策；③做出合理的會計估計。

二、註冊會計師的責任

我們的責任是在實施審計工作的基礎上對財務報表發表審計意見。我們按照中國註冊會計師審計準則的規定執行了審計工作。中國註冊會計師審計準則要求我們遵守職業道德規範，計劃和實施審計工作以對財務報表是否不存在重大錯報獲取合理保證。審計工作涉及實施審計程序，以獲取有關財務報表金額和披露的審計證據。選擇的審計程序取決於註冊會計師的判斷，包括對由於舞弊或錯誤導致的財務報表重大錯報風險的評估。在進行風險評估時，我們考慮與財務報表編製相關的內部控制，以設計恰當的審計程序，但目的並非對內部控制的有效性發表意見。審計工作還包括評價管理層選用會計政策的恰當性和做出會計估計的合理性，以及評價財務報表的總體列報。

我們相信，我們獲取的審計證據是充分、適當的，爲發表審計意見提供了基礎。

三、審計意見

我們認爲，宇通客車公司財務報表已經按照企業會計準則的規定編製，在所有重大方面公允反應了宇通客車公司 2010 年 12 月 31 日的財務狀況以及 2010 年年度的經營成果和現金流量。

中國註冊會計師　　天健正信會計師事務所有限公司　　　　　　　董超
　　　　中國·北京　中國註冊會計師　　　　　　　　　　　　　　胡麗娟

報告日期：2011 年 2 月 22 日

2. 財務報表

略。

(十) 會計報表附註

1. 公司的基本情況

鄭州宇通客車股份有限公司（以下簡稱「本公司」或「公司」）是 1993 年經河南省體改委豫體改字〔1993〕第 29 號文批准設立的股份有限公司，經中國證監會批准以募集方式向社會公開發行 A 股股票，並於 1997 年 5 月在上海證券交易所上市交易。河南省工商行政管理局核發的 410000100025322 號企業法人營業執照，註冊資本爲 519,891,723.00 元，公司住所在鄭州管城區宇通路，法定代表人爲湯玉祥。

本公司屬製造業，主要產品爲客車。經營範圍主要包括：經營本企業自產產品及相關技術的出口業務；經營本企業生產、科研所需的原輔料、機械設備、儀器儀表、零配件及相關技術的進口業務；客車及其配件、附件製造，客車底盤的設計、生產與銷售；機械加工，客車產品設計與技術服務；摩托車、汽車及配件、附件、機電產品、五金交電、百貨、化工產品（不含易燃易爆化學危險品）的銷售；舊車及其配件、附件交易；汽車維修（限分支機構經營）；住宿、飲食服務（限其分支機構憑證經營）；企業信息化技術服務、諮詢服務；計算機軟件開發與銷售，市縣際定線旅遊客運（限分支機構憑許可證經營）等。

本公司的母公司爲鄭州宇通集團有限公司（以下簡稱「宇通集團」）。

2. 公司主要會計政策、會計估計和前期差錯

略。

3. 稅項

（1）流轉稅及附加稅費（如表6-9所示）

表6-9　　　　　　　　　　　流轉稅及附加稅費　　　　　　　　　　單位：%

稅目	納稅（費）基礎	稅（費）率	備註
增值稅	銷售貨物和提供加工、修理修配勞務	17	
消費稅	7米以內10~23座（含23座）客車收入	5	
營業稅	租賃、餐飲、住宿等收入	5	
城市維護建設稅	應交流轉稅額	7	
教育費附加	應交流轉稅額	3	

（2）企業所得稅（如表6-10所示）

表6-10　　　　　　　　　　　企業所得稅　　　　　　　　　　單位：%

公司名稱	稅率	備註
鄭州宇通客車股份有限公司（含分公司）	15	分公司爲就地預繳匯總清算
海南耀興運輸集團有限公司	22	

（3）房產稅

房產稅按照房產原值的70%爲納稅基準，稅率爲1.2%，以租金收入爲納稅基準，稅率爲12%。

4. 企業合併及合併財務報表

略。

5. 財務報表主要項目註釋

（1）貨幣資金

貨幣資金年末數比年初數增長28.05%，主要是主營業務收入增加和處置交易性金融資產所致。

(2) 應收帳款

按帳齡分析法計提壞帳準備的應收帳款如表 6-11 所示。

表 6-11　　　　　按帳齡分析法計提壞帳準備的應收帳款

帳齡結構	金額（元）	比例（%）	壞帳準備（元）	淨額（元）
年末帳面余額				
1 年以內	1,207,859,392.92	94.40	60,392,969.65	1,147,466,423.27
1～2 年（含）	65,211,099.79	5.10	6,521,109.98	58,689,989.81
2～3 年（含）	5,830,769.60	0.46	1,166,153.92	4,664,615.68
3 年以上	544,140.78	0.04	544,140.78	0.00
合計	1,279,445,403.09	100.00	68,624,374.33	1,210,821,028.76
年初帳面余額				
1 年以內	968,562,453.56	96.74	48,428,122.68	920,134,330.88
1～2 年（含）	31,304,996.53	3.13	3,130,499.65	28,174,496.88
2～3 年（含）	335,400.00	0.03	67,080.00	268,320.00
3 年以上	1,022,430.03	0.10	570,830.03	451,600.00
合計	1,001,225,280.12	100.00	52,196,532.36	949,028,747.76

註：應收帳款帳面金額年末較年初增長 27.79%，主要系主營業務大幅增加所致。

(3) 預付款項

預付款項按帳齡分析列示如表 6-12 所示。

表 6-12　　　　　按帳齡分析預付款項

帳齡結構	年末帳面余額 金額（元）	年末帳面余額 比例（%）	年初帳面余額 金額（元）	年初帳面余額 比例（%）
1 年以內	716,694,902.50	99.99	84,433,903.96	98.59
1～2 年（含）	51,066.00	0.01	2,000.00	0.00
2～3 年（含）			1,205,027.81	1.41
3 年以上	3,671.31	0.00	2,900.00	0.00
合計	716,749,639.81	100.00	85,643,831.77	100.00

說明：預付款項年末比年初增加 631,105,808.04 元，增長 736.90%，主要是預付購置土地款所致。

(4) 其他應收款

其他應收款帳面金額年末比年初增長 170.06%，主要是向海南省道路運輸局繳納保證金 63,600,000.00 元所致。

(5) 存貨（如表6-13所示）

表6-13　　　　　　　　　　　　　　　存貨　　　　　　　　　　　　　　　單位：元

項目	年末數 帳面余額	年末數 跌價準備	年末數 帳面價值	年初數 帳面余額	年初數 跌價準備	年初數 帳面價值
原材料	296,367,108.14	11,884,680.89	284,482,427.25	277,387,475.72	23,035,468.11	254,352,007.61
庫存商品	573,088,254.60	9,360,915.72	563,727,338.88	266,565,414.81	13,679,526.29	252,885,888.52
在產品	352,278,979.51		352,278,979.51	230,765,703.93		230,765,703.93
自製半成品	24,857,186.75		24,857,186.75	20,353,842.87		20,353,842.87
合計	1,246,591,529.00	21,245,596.61	1,225,345,932.39	795,072,437.33	36,714,994.40	758,357,442.93

說明：存貨帳面余額年末較年初增加451,519,091.67元，增長56.79％，主要是庫存商品增加，原因系春節假期提前，爲滿足客戶及時提車需求備貨所致。

(6) 可供出售金融資產

是由可供出售金融資產年末比年初減少29,669,000.00元，減少了5.21％，主要系年末公允價值變動所致。

(7) 固定資產

①固定資產原價（如表6-14所示）

表6-14　　　　　　　　　　　　　　固定資產原價　　　　　　　　　　　　　單位：元

項目	年初帳面余額	本年增加額	本年減少額	年末帳面余額
1. 房屋建築物	956,453,193.23	75,536,408.88	6,337,625.22	1,025,651,976.89
2. 機器設備	503,940,876.32	45,876,347.77	890,437.00	548,926,787.09
3. 運輸工具	75,478,007.49	97,929,205.64	4,095,194.94	169,312,018.19
4. 其他	188,364,475.05	21,267,042.89	3,274,530.52	206,356,987.42
合計	1,724,236,552.09	240,609,005.18	14,597,787.68	1,950,247,769.59

②累計折舊（如表6-15所示）

表6-15　　　　　　　　　　　　　　　累計折舊　　　　　　　　　　　　　　單位：元

項目	年初帳面余額	本年增加額	本年減少額	年末帳面余額
1. 房屋建築物	350,727,773.00	64,714,337.90	3,872,423.41	411,569,687.49
2. 機器設備	139,311,416.17	82,216,492.68	675,173.14	220,852,735.71
3. 運輸工具	47,438,378.39	13,945,270.38	2,936,700.49	58,446,948.28
4. 其他	127,412,867.60	24,871,615.62	3,068,106.53	149,216,376.69
合計	664,890,435.16	185,747,716.58	10,552,403.57	840,085,748.17

③固定資產淨值（如表 6-16 所示）

表 6-16　　　　　　　　　　　固定資產淨值　　　　　　　　單位：元

項目	年初	年末
1. 房屋建築物	605,725,420.23	614,082,289.40
2. 機器設備	364,629,460.15	328,074,051.38
3. 運輸工具	28,039,629.10	110,865,069.91
4. 其他	60,951,607.45	57,140,610.73
合計	1,059,346,116.93	1,110,162,021.42

（8）應付票據

年末余額比年初增加 456,321,384.90 元，增長 34.13%，主要是由產能提升，導致採購量增加，且大部分採購均通過票據結算所致。下一會計期間將到期的金額 1,793,214,578.49 元。截至 2010 年 12 月 31 日，應付票據余額中無應付持有本公司 5%（含 5%）以上表決權的股東單位欠款。

（9）營業收入、營業成本

①營業收入、營業成本明細如表 6-17 所示。

表 6-17　　　　　　　　　營業收入、營業成本明細　　　　　　　　單位：元

項目	本年發生額	上年發生額
營業收入	13,478,500,120.48	8,781,731,234.42
其中：主營業務收入	12,938,395,276.89	8,411,562,533.75
其他業務收入	540,104,843.59	370,168,700.67
營業成本	11,142,433,611.04	7,259,352,892.67
其中：主營業務成本	10,662,448,178.83	6,922,656,041.47
其他業務成本	479,985,432.21	336,696,851.20

註：營業收入本年發生額較上年同期增加 4,696,768,886.06 元，增幅 53.48%，主要是由銷售量增加導致營業收入大幅增加所致。

②按產品或業務類別（如表 6-18 所示）

表 6-18　　　　　　　　　　按產品或業務類別　　　　　　　　　　單位：元

產品或業務類別	本年發生額 營業收入	本年發生額 營業成本	上年發生額 營業收入	上年發生額 營業成本
主營業務				
客車銷售	12,916,644,875.13	10,647,727,843.87	8,400,898,599.47	6,918,589,546.79
客運	21,750,401.76	14,720,334.96	10,663,934.28	4,066,494.68
小計	12,938,395,276.89	10,662,448,178.83	8,411,562,533.75	6,922,656,041.47

表6-18(續)

產品或業務類別	本年發生額		上年發生額	
	營業收入	營業成本	營業收入	營業成本
其他業務				
銷售材料及配件	427,930,729.26	379,870,069.27	304,925,450.35	282,786,430.75
修理修配勞務	38,696,989.54	33,410,986.38	28,045,743.01	25,489,614.94
提供勞務服務	29,999,847.02	27,788,089.73	18,043,049.49	16,385,410.08
其他	43,477,277.77	38,916,286.83	19,154,457.82	12,035,395.43
小計	540,104,843.59	479,985,432.21	370,168,700.67	336,696,851.20
合計	13,478,500,120.48	11,142,433,611.04	8,781,731,234.42	7,259,352,892.67

(10) 營業稅金及附加（如表6-19所示）

表6-19　　　　　　　　　　　營業稅金及附加　　　　　　　　　單位：元

稅種	本年發生額	上年發生額
消費稅	239,893.16	277,542.74
營業稅	2,213,060.65	1,403,656.69
城市維護建設稅	27,831,023.57	26,031,662.88
教育費附加	11,975,260.99	11,174,196.27
堤圍防洪費	23,900.20	19,569.74
河道維護管理費	6,003.82	4,994.92
水利建設基金	4,745.24	
合計	42,289,142.39	38,916,368.48

(11) 銷售費用

本年發生額較上年增加 250,360,277.94 元，增長 53.22%，主要是本年主營業務收入增加，導致相關的銷售費用增加所致。

(12) 管理費用

本年發生額較上年增長 165,275,955.91 元，增長 46.15%，主要是繼續加大技術開發的投入及業績增長相應績效工資和獎金增加所致。

(13) 營業外收入（如表6-20所示）

表6-20　　　　　　　　　　　營業外收入　　　　　　　　　　單位：元

項目	本年發生額	計入當期非經常性損益的金額	上年發生額
非流動資產處置利得合計	152,379.76	1,996,797.79	152,379.76
其中：固定資產清理收入	152,379.76	1,996,797.79	152,379.76

表6-20(續)

項目	本年發生額	計入當期非經常性損益的金額	上年發生額
政府補助利得	25,126,244.00	12,865,933.53	25,126,244.00
質量罰款	1,000.00	18,442.06	1,000.00
罰沒收入	92,339.86	293,100.50	92,339.86
違約金	292,092.40	1,438,917.00	292,092.40
其他	203,141.04	70,326.97	203,141.04
合計	25,867,197.06	16,683,517.85	25,867,197.06

（十一）備查文件目錄

略。

【資料二】宇通客車2007—2010年財務報表

1. 資產負債表（如表6-21所示）

表6-21　　　　　　　　宇通客車資產負債表　　　　　　　　單位：元

會計年度	2007年	2008年	2009年	2010年
貨幣資金	1,263,427,951.10	1,360,474,147.86	716,744,445.38	917,788,361.10
交易性金融資產	85,827,244.06	50,020,583.50	308,639,871.41	—
應收票據	171,083,363.19	190,569,728.44	544,880,275.64	446,104,377.64
應收帳款	1,034,432,864.07	542,889,738.53	949,028,747.76	1,210,821,028.76
預付款項	206,343,250.11	68,079,405.26	85,643,831.77	716,749,639.81
其他應收款	96,367,323.18	47,465,999.76	31,821,206.75	110,973,156.40
存貨	1,504,114,983.89	635,986,090.30	758,357,442.93	1,225,345,932.39
流動資產合計	4,361,596,979.60	2,895,485,693.65	3,395,115,821.64	4,627,782,496.10
可供出售金融資產	2,546,490,710.00	305,052,689.00	568,991,000.00	539,322,000.00
長期股權投資	68,628,986.68	132,823,313.10	83,194,500.00	83,094,500.00
固定資產	507,128,068.42	751,492,270.57	1,053,247,011.39	1,104,114,516.98
在建工程	226,723,970.94	267,409,277.63	20,216,673.68	41,610,514.24
無形資產	86,788,247.44	234,717,847.37	221,061,656.47	220,691,549.89
商譽	492,016.01	5,138,272.19	5,138,272.19	492,016.01
長期待攤費用	8,339,869.54	4,429,562.63	198,538.93	137,450.05
遞延所得稅資產	89,698,838.73	88,125,889.86	102,989,758.17	133,618,665.83
其他非流動資產	—	—	57,217,928.49	46,174,262.87
非流動資產合計	3,534,290,707.76	1,789,189,122.35	2,112,255,339.32	2,169,255,475.87
資產總計	7,895,887,687.36	4,684,674,816.00	5,507,371,160.96	6,797,037,971.97
短期借款	726,012,000.00	—	—	—

表6-21(續)

會計年度	2007年	2008年	2009年	2010年
應付票據	1,236,679,910.13	1,189,371,190.28	1,336,893,193.59	1,793,214,578.49
應付帳款	1,471,997,335.82	1,241,272,601.56	1,106,198,390.25	1,233,926,830.11
預收款項	456,249,251.45	69,660,125.40	132,278,707.41	298,992,567.80
應付職工薪酬	120,460,554.53	110,106,179.42	154,942,098.98	306,846,031.05
應交稅費	141,895,819.30	33,968,435.42	144,107,921.39	152,425,689.28
其他應付款	282,557,080.40	209,641,273.05	193,824,886.88	228,135,454.36
一年內到期的非流動負債	—	—	—	4,737,732.28
流動負債合計	4,435,851,951.63	2,854,019,805.13	3,068,245,198.50	4,018,278,883.37
長期借款	160,000,000.00	5,131,493.02	5,785,681.86	14,673,888.55
預計負債	—	—	77,172,781.41	100,480,646.84
遞延所得稅負債	390,910,252.42	3,087.53	33,319,597.97	28,101,714.54
其他非流動負債	80,551,928.59	124,491,664.09	148,980,957.56	149,629,882.56
非流動負債合計	631,462,181.01	129,626,244.64	265,259,018.80	292,886,132.49
負債合計	5,067,314,132.64	2,983,646,049.77	3,333,504,217.30	4,311,165,015.86
實收資本(或股本)	399,916,710.00	519,891,723.00	519,891,723.00	519,891,723.00
資本公積	1,571,361,977.30	221,496,821.93	458,504,610.88	433,285,960.88
盈餘公積	203,384,337.31	260,974,589.40	317,962,760.53	404,789,768.02
未分配利潤	483,535,172.94	676,768,629.24	871,330,568.09	1,124,276,261.53
少數股東權益	170,375,357.17	21,897,002.66	6,177,281.16	3,629,242.68
歸屬母公司所有者權益(或股東權益)	2,658,198,197.55	1,679,131,763.57	2,167,689,662.50	2,482,243,713.43
所有者權益(或股東權益)合計	2,828,573,554.72	1,701,028,766.23	2,173,866,943.66	2,485,872,956.11
負債和所有者(或股東權益)合計	7,895,887,687.36	4,684,674,816.00	5,507,371,160.96	6,797,037,971.97

2. 利潤表(如表6-22所示)

表6-22　　　　　宇通客車利潤表　　　　單位:元

會計年度	2007年	2008年	2009年	2010年
一、營業收入	7,880,772,643.74	8,335,671,865.12	8,781,731,234.42	13,478,500,120.48
減:營業成本	6,422,600,909.86	7,024,011,472.35	7,259,352,892.67	11,142,433,611.04

表6-22(續)

會計年度	2007年	2008年	2009年	2010年
營業稅金及附加	79,172,020.24	29,973,907.10	38,916,368.48	42,289,142.39
銷售費用	410,999,664.69	405,353,055.03	470,415,363.70	720,775,641.64
管理費用	369,681,844.36	410,060,735.71	358,150,786.63	523,426,742.54
勘探費用	—	—	—	—
財務費用	18,018,634.04	20,699,988.66	8,520,977.60	16,698,918.77
資產減值損失	54,864,256.97	151,545,293.86	39,616,708.62	40,379,439.05
加：公允價值變動淨收益	15,378,029.99	-16,843,696.16	5,096,306.03	-5,116,889.53
投資收益	49,295,649.89	353,001,055.27	31,518,724.79	17,182,324.80
其中：對聯營企業和合營企業的投資收益	-1,330,461.36	-3,638,378.98	-1,328,374.43	—
二、營業利潤	590,108,993.46	630,184,771.52	643,373,167.54	1,004,562,060.32
加：補貼收入	—	—	—	—
營業外收入	15,457,000.98	9,674,116.54	16,683,517.85	25,867,197.06
減：營業外支出	7,738,190.35	10,034,293.61	6,281,152.99	56,640,777.69
其中：非流動資產處置淨損失	4,333,888.81	6,013,378.83	4,477,039.95	1,895,912.10
三、利潤總額	597,827,804.09	629,824,594.45	653,775,532.40	973,788,479.69
減：所得稅費用	161,977,130.12	105,726,693.14	86,305,628.01	116,672,094.24
四、淨利潤	435,850,673.97	524,097,901.31	567,469,904.39	857,116,385.45
歸屬於母公司所有者的淨利潤	376,964,116.48	531,042,868.23	563,485,143.78	859,664,423.93
少數股東損益	58,886,557.49	-6,944,966.92	3,984,760.61	-2,548,038.48
五、每股收益	—	—	—	—
（一）基本每股收益	0.94	1.02	1.08	1.65
（二）稀釋每股收益	0.94	1.02	1.08	1.65

3. 現金流量表（如表6-23所示）

表6-23　　　　　　　　　宇通客車現金流量表　　　　　　　　單位：元

報告年度	2007年	2008年	2009年	2010年
銷售商品、提供勞務收到的現金	8,589,409,046.00	10,183,090,687.26	9,492,444,180.54	14,211,916,938.90
收到的稅費返還	—	20,974,349.61	14,994,984.95	22,417,313.29
收到其他與經營活動有關的現金	64,138,377.34	77,659,497.13	74,918,445.89	66,606,859.12

表6-23(續)

報告年度	2007年	2008年	2009年	2010年
經營活動現金流入小計	8,653,547,423.34	10,281,724,534.00	9,582,357,611.38	14,300,941,111.31
購買商品、接受勞務支付的現金	6,837,848,966.73	7,985,865,765.57	8,044,282,244.77	10,909,832,737.54
支付給職工以及為職工支付的現金	359,719,149.84	380,088,388.23	557,886,421.37	688,630,939.09
支付的各項稅費	414,065,607.80	459,898,106.44	380,767,340.80	533,727,485.78
支付其他與經營活動有關的現金	452,409,739.03	491,639,562.77	526,475,547.80	851,048,459.01
經營活動現金流出小計	8,064,043,463.40	9,317,491,823.01	9,509,411,554.74	12,983,239,621.42
經營活動產生的現金流量淨額	589,503,959.94	964,232,710.99	72,946,056.64	1,317,701,489.89
收回投資收到的現金	85,603,723.36	2,167,360,955.00	3,314,744,861.81	3,547,023,740.31
取得投資收益收到的現金	2,339,020.74	75,274,138.67	4,065,273.94	6,879,400.00
處置固定資產、無形資產和其他長期資產收回的現金淨額	20,298,548.61	6,187,715.72	5,639,441.75	2,196,404.69
處置子公司及其他營業單位收到的現金淨額	2,621,875.85	153,753,039.96	—	—
收到其他與投資活動有關的現金	—	14,451,832.03	28,436,727.77	—
投資活動現金流入小計	110,863,168.56	2,417,027,681.38	3,352,886,305.27	3,556,099,545.00
購建固定資產、無形資產和其他長期資產支付的現金	253,773,913.50	564,568,480.58	250,186,140.29	926,303,642.42
投資支付的現金	628,933,980.00	1,682,351,673.19	3,475,699,670.64	3,232,917,315.00
取得子公司及其他營業單位支付的現金淨額	14,278,495.54	-66,663,051.22	—	—
支付其他與投資活動有關的現金	5,621,504.46	122,064,040.82	10,185,766.09	—
投資活動現金流出小計	902,607,893.50	2,302,321,143.37	3,736,071,577.02	4,159,220,957.42
投資活動產生的現金流量淨額	-791,744,724.94	114,706,538.01	-383,185,271.75	-603,121,412.42

表6-23(續)

報告年度	2007年	2008年	2009年	2010年
取得借款收到的現金	1,433,393,600.00	520,142,000.00	523,026,000.00	19,980,000.00
籌資活動現金流入小計	1,433,393,600.00	520,142,000.00	523,026,000.00	19,980,000.00
償還債務支付的現金	642,413,600.00	1,281,022,506.98	522,371,811.16	6,550,344.41
分配股利、利潤或償付利息支付的現金	228,824,766.46	332,273,863.98	333,852,599.18	530,026,267.13
支付其他與籌資活動有關的現金	—	—	155,438,889.79	127,920,382.11
籌資活動現金流出小計	871,238,366.46	1,613,296,370.96	1,011,663,300.13	664,496,993.65
籌資活動產生的現金流量淨額	562,155,233.54	-1,093,154,370.96	-488,637,300.13	-644,516,993.65
四、匯率變動對現金的影響	-134,838.78	-685,072.87	-292,077.03	3,060,449.79
五、現金及現金等價物淨增加額	359,779,629.76	-14,900,194.83	-799,168,592.27	73,123,533.61
期初現金及現金等價物餘額	903,648,321.34	1,375,374,342.69	1,360,474,147.86	561,305,555.59
期末現金及現金等價物餘額	1,263,427,951.10	1,360,474,147.86	561,305,555.59	634,429,089.20

【資料三】2008—2010年上市公司汽車製造行業有關財務指標（如表6-24所示）

表6-24　　　　上市公司汽車製造行業財務指標平均值

財務指標		上市公司平均值	汽車製造行業平均值	財務指標		上市公司平均值	汽車製造行業平均值
淨資產收益率（%）	2009年	9.45	16.55	資產負債率（%）	2009年	57.52	61.49
	2010年	12.54	25.26		2010年	57.6	59.49
總資產報酬率（%）	2009年	6.8	8.11	已獲利息倍數	2009年	7.21	17.09
	2010年	8.09	12.72		2010年	9.32	25.65
營業利潤率（%）	2009年	7.07	6.01	速動比率（%）	2009年	69.84	86.82
	2010年	7.7	8.11		2010年	73.82	95.65
盈利現金保障倍數	2009年	2.09	2.17	現金流動負債比率（%）	2009年	21.75	23.48
	2010年	1.24	1.1		2010年	15.97	18.55
股本收益率（%）	2009年	36.9		營業收入增長率（%）	2009年	3.85	29.52
	2010年	51.08			2010年	37.3	68.74

表6-24(續)

財務指標		上市公司平均值	汽車製造行業平均值	財務指標		上市公司平均值	汽車製造行業平均值
總資產週轉率	2009年	0.78	1.24	資本擴張率(%)	2009年	17.6	30.88
	2010年	8.8	1.48		2010年	22.63	54.08
流動資產週轉率(%)	2009年	1.82	2.17	累計保留盈余率(%)	2009年	35.83	35.02
	2010年	1.93	2.42		2010年	38.94	42.88
應收帳款週轉率	2009年	14.1	19.41	總資產增長率(%)	2009年	22.53	34.39
	2010年	14.78	23.28		2010年	22.94	47.62
存貨週轉率	2009年	4.13	8.32	營業利潤增長率(%)	2009年	51.83	337.1
	2010年	4.36	10.27		2010年	47	125.8

二、分析要求

(1) 根據【資料二】分別編製比較資產負債表、比較利潤表和比較現金流量表，並對宇通客車的資產負債表、利潤表和現金流量表作初步分析。

(2) 根據【資料二】計算宇通客車2008—2010年有關盈利能力、營運能力、償債能力、獲現能力和發展能力的比率，結合【資料三】對該公司2010年財務狀況的質量進行評價，並指出存在的財務問題。

(3) 根據以上分析，撰寫宇通客車2010年財務狀況質量評價報告。

案例二 深長城財務狀況質量綜合分析

一、案例資料

【資料一】深長城2010年年度報告部分内容

以下列示的是深圳市長城投資控股股份有限公司2010年年報中與財務報表有關的内容。

(一) 公司基本情況與經營範圍

深圳市長城投資控股股份有限公司（以下簡稱「深長城」）系經深圳市人民政府以深府函〔1994〕18號文批准，由深圳市長城房地產發展公司於1994年9月改組爲深圳市長城地產股份有限公司（現名「深圳市長城投資控股股份有限公司」）。1994年，經深圳市證券管理辦公室以深證辦復〔1994〕128號文批准，本公司發行人民幣普通股56,300,000股，每股面值爲1.00元，合計56,300,000.00元。其中：發起人深圳市建設（集團）公司（后更名爲「深圳市建設投資控股公司」）以存量淨資產折股40,000,000股，占股份總額的71.05%；向境内社會公衆發行13,000,000股，占股份總額的23.09%；向公司内部職工發行3,300,000股，占股份總額的5.86%，同年9月21日，「深長城A」在深圳證券交易所上市交易。基本情況如下：

公司的法定中文名稱：深圳市長城投資控股股份有限公司。

公司的法定英文名稱：SHENZHEN CHANGCHENG INVESTMENT HOLDING CO., LTD。

公司註冊地址：深圳市福田區白沙嶺百花村百花五路長源樓。

公司辦公地址：深圳市福田區白沙嶺百花村百花五路長源樓。

公司股票上市地：深圳證券交易所。

公司股票簡稱和代碼：深長城（000042）。

註冊資本：23,946.304 萬元。

法定代表人：朱新宏。

經營範圍：公司主營房地產綜合開發，兼營物業經營、股權投資、建材、化工、輕紡、倉儲、電子、商貿。

（二）股本變動及股東情況（如表 6-25 所示）

公司高級管理人員年初所持有限售股股數 167,546 股，年末限售股股數 94,507 股，較年初減少 73,039 股，係公司原高級管理人員辛傑所持有的公司股份限售期已滿解除限售所致。

表 6-25　　　　　　　　　　　　　股份變動情況

	本報告期變動前		報告期變動增減（+，-）				本報告報告期變動後	
	數量（股）	比例（%）	送股	公積金轉股	其他（股）	小計（股）	數量（股）	比例（%）
一、有限售條件股份	167,546	0.07	—	—	-73,039	-73,039	94,507	0.04
1. 國家持股	—	—	—	—	—	—	—	—
2. 國有法人持股	—	—	—	—	—	—	—	—
3. 其他內資持股	……	……	……	……	……	……	……	……
其中：境內非國有法人持股	……	……	……	……	……	……	……	……
境內自然人持股	……	……	……	……	……	……	……	……
4. 外資持股	—	—	—	—	—	—	—	—
其中：境外法人持股	……	……	……	……	……	……	……	……
境外自然人持股	……	……	……	……	……	……	……	……
5. 高管持股	167,546	0.07	—	—	-73,039	-73,039	94,507	0.04
二、無限售條件股份	239,295,494	99.93	—	—	73,039	73,039	239,368,533	99.96
1. 人民幣普通股	239,295,494	99.93	—	—	73,039	73,039	239,368,533	99.96
2. 境內上市的外資股	—	—	—	—	—	—	—	—
3. 境外上市的外資股	—	—	—	—	—	—	—	—
4. 其他	……	……	……	……	……	……	……	……
三、股份總數	239,463,040	100.00	—	—	—	—	239,463,040	100.00

（三）公司主營業務及其經營狀況

1. 主營業務分行業、產品情況（如表 6-26 所示）

表 6-26　　　　　　　　　　主營業務分行業、產品情況

分行業	營業收入（萬元）	營業成本（萬元）	毛利率（%）	營業收入比上年增減（%）	營業成本比上年增減（%）	毛利率比上年增減百分點（%）
房產銷售收入	115,675.00	51,522.43	55.46	-34.53	-53.10	17.63
租賃及服務收入	10,879.57	3,163.43	70.92	3.33	-4.18	2.28
酒店餐飲收入	18,120.76	12,488.29	31.08	6.90	4.63	1.50

2. 主營業務分地區情況（如表 6-27 所示）

表 6-27　　　　　　　　　　主營業務分地區情況

地區	營業收入（萬元）	占營業收入比例（％）
廣東地區（地區）	36,122.85	24.96
四川地區（地區）	52,985.23	36.61
遼寧地區（地區）	16,799.10	11.61
上海地區（地區）	44,424.66	30.69
抵消（地區）	-5,900.54	-4.08
合計（地區）	144,431.30	99.79

（四）公司財務狀況和資產結構分析（如表 6-28 所示）

表 6-28　　　　　　　　　　公司財務狀況和資產結構分析

財務指標	2010 年	2009 年	變動率（％）	變動幅度重大的原因
資產總額（萬元）	678,991.25	648,071.98	4.77	
貨幣資金（萬元）	131,055.32	146,483.60	-10.53	本期投資增加及歸還銀行借款
預付帳款（萬元）	69,737.72	532.23	13,002.93	預付深圳市規劃和國土資源委員會土地出讓金所致
存貨（萬元）	358,295.80	320,543.65	11.78	支付在建項目投資款
可供出售金融資產（萬元）	17,571.46	19,042.05	-7.72	所持有的深振業股票期末市值較年初減少
長期股權投資（萬元）	9,058.80	66,311.72	-86.34	主要系收回寶安舊城改造項目投資款所致
投資性房地產（萬元）	52,020.66	54,875.88	-5.20	
固定資產（萬元）	11,444.46	14,197.98	-19.39	本期計提折舊及固定資產處理
短期借款（萬元）	5,000.00	0	—	新增短期借款
長期借款（萬元）	150,850.00	187,000.00	-19.33	歸還銀行借款
歸屬於母公司所有者權益（萬元）	238,390.87	206,883.27	15.23	
營業收入（萬元）	144,734.26	204,072.67	-29.08	本期房地產結算收入較上年減少
歸屬於母公司所有者的淨利潤（萬元）	36,193.32	26,663.58	35.74	確認投資收益、財務費用減少等
現金及現金等價物增加額（萬元）	-5,354.04	99,995.42	-105.35	本期房地產銷售回款及貸款減少，投資增加

【資料二】深長城 2007—2010 年財務報表
1. 資產負債表（如表 6－29 所示）

表 6－29　　　　　　　　　　　深長城資產負債表　　　　　　　　單位：萬元

會計年度	2007 年	2008 年	2009 年	2010 年
貨幣資金	752,805,389.19	364,139,298.24	1,464,836,026.48	1,310,553,173.65
應收帳款	53,197,624.89	93,174,135.44	33,633,246.07	18,948,967.49
預付款項	268,062,223.84	18,674,042.82	5,322,328.39	697,377,213.74
其他應收款	67,798,869.03	48,103,173.77	19,936,815.52	27,422,300.31
應收股利	4,509,258.50	4,811,783.20	5,322,696.95	10,944,257.34
存貨	2,454,121,478.21	3,379,573,527.92	3,205,436,505.31	3,582,957,973.26
其他流動資產	—	—	—	13,551,481.19
流動資產合計	3,600,494,843.66	3,908,475,961.39	4,734,487,618.72	5,661,755,366.98
可供出售金融資產	219,748,334.70	82,857,307.08	190,420,545.48	175,714,633.98
長期應收款	45,113,670.73	44,035,334.74	12,744,086.45	9,874,885.88
長期股權投資	648,729,554.22	650,314,629.66	663,117,187.90	90,587,971.87
投資性房地產	586,200,778.89	557,071,623.49	548,758,812.29	520,206,557.15
固定資產	170,344,244.73	173,623,668.11	141,979,776.70	114,444,592.15
無形資產	3,695,600.05	2,508,382.17	8,004,411.00	6,775,568.13
長期待攤費用	1,802,909.78	4,401,075.64	15,947,461.13	11,193,415.61
遞延所得稅資產	98,715,499.99	125,517,905.21	164,459,912.30	198,089,180.57
非流動資產合計	1,774,350,593.09	1,640,329,926.10	1,746,232,193.25	1,128,157,145.62
資產總計	5,374,845,436.75	5,548,805,887.49	6,480,719,811.97	6,789,912,512.60
短期借款	137,500,000.00	337,500,000.00	—	50,000,000.00
應付帳款	213,556,079.16	365,550,902.93	473,844,728.20	434,867,849.17
預收款項	668,596,341.29	797,346,140.46	1,183,830,719.41	1,015,829,480.29
應付職工薪酬	26,190,791.42	23,715,457.07	38,410,686.32	41,278,381.02
應交稅費	84,378,341.71	13,423,997.72	129,213,417.39	205,645,047.59
應付利息	7,926,222.28	346,500.00	4,750,000.00	82,652.78
其他應付款	268,871,390.76	249,890,695.65	397,490,785.77	548,709,239.36
一年內到期的非流動負債	928,500,000.00	549,000,000.00	270,000,000.00	566,000,000.00
流動負債合計	2,335,519,166.62	2,336,773,693.83	2,497,540,337.09	2,862,412,650.21
長期借款	1,095,300,000.00	1,456,300,000.00	1,870,000,000.00	1,508,500,000.00
預計負債	—	—	4,330,000.00	1,297,500.00
遞延所得稅負債	31,714,378.02	7,859,992.28	33,304,596.06	31,717,749.19

表6-29(續)

會計年度	2007年	2008年	2009年	2010年
其他非流動負債	4,736,551.64	6,646,896.44	3,806,021.63	1,000,000.00
非流動負債合計	1,131,750,929.66	1,470,806,888.72	1,911,440,617.69	1,542,515,249.19
負債合計	3,467,270,096.28	3,807,580,582.55	4,408,980,954.78	4,404,927,899.40
實收資本（或股本）	239,463,040.00	239,463,040.00	239,463,040.00	239,463,040.00
資本公積	727,362,266.85	602,116,688.76	686,280,320.60	675,342,636.29
盈余公積	424,088,484.61	424,088,484.61	424,088,484.61	424,088,484.61
未分配利潤	498,260,235.24	457,154,257.08	719,000,828.26	1,045,014,532.30
少數股東權益	18,401,313.77	18,402,834.49	2,906,183.72	1,075,920.00
歸屬母公司所有者權益（或股東權益）	1,889,174,026.70	1,722,822,470.45	2,068,832,673.47	2,383,908,693.20
所有者權益（或股東權益）合計	1,907,575,340.47	1,741,225,304.94	2,071,738,857.19	2,384,984,613.20
負債和所有者（或股東權益）合計	5,374,845,436.75	5,548,805,887.49	6,480,719,811.97	6,789,912,512.60

2. 利潤表（如表6-30所示）

表6-30　　　　　　　　　深長城利潤表　　　　　　　　單位：萬元

會計年度	2007年	2008年	2009年	2010年
一、營業收入	1,082,826,665.78	1,139,237,962.28	2,040,726,693.78	1,447,342,604.24
減：營業成本	688,321,594.22	679,039,846.77	1,249,362,999.59	670,790,086.61
營業稅金及附加	75,214,033.18	124,914,966.62	275,481,686.08	271,522,014.09
銷售費用	41,520,489.74	50,013,988.98	51,706,356.87	40,304,354.87
管理費用	147,198,014.76	121,876,324.87	114,226,712.97	129,161,960.78
財務費用	86,526,453.69	76,270,172.28	85,138,883.53	40,984,460.16
資產減值損失	19,260,349.77	71,754,817.18	-73,891,594.59	-12,090,990.98
投資收益	215,934,153.00	9,727,937.94	19,343,496.62	153,138,925.51
其中：對聯營企業和合營企業的投資收益	6,131,157.94	6,415,075.44	14,348,158.24	18,927,983.97
二、營業利潤	240,719,883.42	25,095,783.52	358,045,145.95	459,809,644.22
加：營業外收入	7,919,491.23	7,700,388.21	13,182,409.87	4,263,570.54
減：營業外支出	2,221,981.88	18,878,541.24	19,641,099.59	1,938,020.31
其中：非流動資產處置淨損失	800,324.99	75,157.88	465,474.54	111,636.18
三、利潤總額	246,417,392.77	13,917,630.49	351,586,456.23	462,135,194.45
減：所得稅費用	42,879,133.71	7,129,479.93	84,233,474.73	100,111,683.39

表6-30(續)

會計年度	2007年	2008年	2009年	2010年
四、淨利潤	203,538,259.06	6,788,150.56	267,352,981.50	362,023,511.06
歸屬於母公司所有者的淨利潤	201,805,358.97	6,786,629.84	266,635,831.98	361,933,160.04
少數股東損益	1,732,900.09	1,520.72	717,149.52	90,351.02
五、每股收益	—	—	—	—
(一) 基本每股收益	0.84	0.03	1.11	1.51
(二) 稀釋每股收益	0.84	0.03	1.11	1.51

3. 現金流量表（如表6-31所示）

表6-31　　　　　　　深長城現金流量表　　　　　　　單位：萬元

報告年度	2007年	2008年	2009年	2010年
銷售商品、提供勞務收到的現金	1,380,887,092.19	1,223,484,296.01	1,978,846,959.29	1,753,715,268.18
收到其他與經營活動有關的現金	94,945,783.06	88,826,944.79	70,953,281.28	43,988,900.28
經營活動現金流入小計	1,475,832,875.25	1,312,311,240.80	2,049,800,240.57	1,797,704,168.46
購買商品、接受勞務支付的現金	1,280,894,590.07	1,150,301,652.59	760,298,862.87	1,599,771,712.24
支付給職工以及為職工支付的現金	104,853,368.54	107,523,154.52	94,279,734.78	109,156,142.16
支付的各項稅費	124,083,685.61	166,815,425.46	149,067,097.32	196,918,875.83
支付其他與經營活動有關的現金	191,708,793.38	206,417,714.01	98,988,290.91	76,210,054.34
經營活動現金流出小計	1,701,540,437.60	1,631,057,946.58	1,102,633,985.88	1,982,056,784.57
經營活動產生的現金流量淨額	-225,707,562.35	-318,746,705.78	947,166,254.69	-184,352,616.11
收回投資收到的現金	308,820,246.26	20,092,308.00	528,689,055.00	312,400,000.00
取得投資收益收到的現金	7,420,098.84	8,240,337.80	6,947,054.62	13,449,106.87
處置固定資產、無形資產和其他長期資產收回的現金淨額	98,025.00	22,100.04	272,426.71	328,609.73
處置子公司及其他營業單位收到的現金淨額	-80,507,365.63	—	—	—
投資活動現金流入小計	235,831,004.47	28,354,745.84	535,908,536.33	326,177,716.60
購建固定資產、無形資產和其他長期資產支付的現金	48,807,653.71	35,625,898.41	13,279,435.96	9,884,496.64
投資支付的現金	7,000,000.00	16,169,806.50	109,742,500.00	320,000.00

表6-31(續)

報告年度	2007年	2008年	2009年	2010年
取得子公司及其他營業單位支付的現金淨額	1,861,103.85	—	—	—
投資活動現金流出小計	57,668,757.56	51,795,704.91	123,021,935.96	10,204,496.64
投資活動產生的現金流量淨額	178,162,246.91	-23,440,959.07	412,886,600.37	315,973,219.96
取得借款收到的現金	1,492,500,000.00	1,387,500,000.00	1,810,000,000.00	254,500,000.00
收到其他與籌資活動有關的現金	—	—	7,050,000.00	—
籌資活動現金流入小計	1,492,500,000.00	1,387,500,000.00	1,817,050,000.00	254,500,000.00
償還債務支付的現金	829,200,000.00	1,206,000,000.00	2,012,800,000.00	280,000,000.00
分配股利、利潤或償付利息支付的現金	176,034,370.94	227,508,144.97	164,371,787.63	159,470,400.44
籌資活動現金流出小計	1,005,234,370.94	1,433,508,144.97	2,177,171,787.63	439,470,400.44
籌資活動產生的現金流量淨額	487,265,629.06	-46,008,144.97	-360,121,787.63	-184,970,400.44
四、匯率變動對現金的影響	-427,658.92	-470,281.13	23,160.81	-190,556.24
五、現金及現金等價物增加額	439,292,654.70	-388,666,090.95	999,954,228.24	-53,540,352.83
期初現金及現金等價物餘額	313,512,734.49	752,805,389.19	364,139,298.24	1,364,093,526.48
期末現金及現金等價物餘額	752,805,389.19	364,139,298.24	1,364,093,526.48	1,310,553,173.65

【資料三】2008—2010年上市公司房地產行業有關財務指標（如表6-32所示）

表6-32　　　　　　　上市公司房地產行業財務指標平均值

財務指標		上市公司平均值	房地產行業平均值	財務指標		上市公司平均值	房地產行業平均值
淨資產收益率(%)	2008年	8.66	9.71	資產負債率(%)	2008年	54.59	63.1
	2009年	9.45	11.33		2009年	57.52	65.24
總資產報酬率(%)	2008年	6.6	6.27	已獲利息倍數	2008年	5.18	10.48
	2009年	6.8	6.66		2009年	7.21	13.32
營業利潤率(%)	2008年	4.83	18.12	速動比率(%)	2008年	64.46	50.65
	2009年	7.07	20.2		2009年	69.84	64.81
盈利現金保障倍數	2008年	1.82	-1.59	現金流動負債比率(%)	2008年	18.99	-13.11
	2009年	2.09	1.12		2009年	21.75	10.19

表6－32（續）

財務指標		上市公司平均值	房地產行業平均值	財務指標		上市公司平均值	房地產行業平均值
股本收益率（％）	2008年	31.83	39.04	營業收入增長率（％）	2008年	18.75	17.05
	2009年	36.9	41.97		2009年	3.85	30.58
總資產週轉率	2008年	0.9	0.3	資本擴張率（％）	2008年	14.74	29
	2009年	0.78	0.3		2009年	17.6	30.32
流動資產週轉率	2008年	2.18	0.35	累計保留盈余率（％）	2008年	35.03	29.55
	2009年	1.82	0.36		2009年	35.83	32.77
應收帳款週轉率	2008年	17.05	29.88	總資產增長率（％）	2008年	17.97	31.07
	2009年	14.1	22.96		2009年	22.53	37.93
存貨週轉率	2008年	5.08	0.31	營業利潤增長率（％）	2008年	-43.43	6.48
	2009年	4.13	0.34		2009年	51.83	54.39

二、分析要求

（1）根據以上資產負債表、利潤表和現金流量表編製比較資產負債表、比較利潤表和現金流量表結構分析表，對深長城的財務報表進行初步分析；

（2）分別計算深長城2008—2010年有關盈利能力、償債能力、營運能力、獲現能力和發展能力的財務指標；

（3）結合資料三，對深長城2010年的財務狀況與經濟效益進行綜合分析和評價，形成財務分析報告。

案例三　天威保變與特變電工財務狀況質量的對比分析

一、案例資料

【資料一】下面是保定天威保變電氣股份有限公司（以下簡稱「天威保變」）2010年年報摘要的部分內容和該公司2007—2010年的財務報表。

（一）天威保變2010年年度報告部分內容

1. 公司的基本情況和經營範圍

保定天威保變電氣股份有限公司（以下簡稱「天威保變」）系根據中華人民共和國法律在中國境內註冊成立的股份公司。公司由保定天威集團有限公司為主發起人，聯合保定惠源諮詢服務有限公司、樂凱膠片股份有限公司、河北寶碩集團有限公司、保定大鵝股份有限公司共同發起設立，於1999年9月28日在河北省工商行政管理局登記註冊。

公司是國內變壓器的龍頭企業之一，是國內最大的電力設備變壓器生產基地之一，唯一獨立掌握全部變壓器製造核心技術的企業，此外，也是國內唯一具備完整產業鏈結構的光伏企業。

公司的經營範圍：變壓器、互感器、電抗器等輸變電設備及輔助設備、零部件的製造與銷售；輸變電專用製造設備的生產與銷售；相關技術、產品及計算機應用技術的開發與銷售；經營本企業自產產品的出口業務和本企業所需的機械設備、零配件、

原輔材料的進口業務（國家限制公司經營或禁止進出口的商品及技術除外）。

2. 股東情況介紹

（1）報告期期末股東總數為169,017戶。

（2）前十名股東持股情況（如表6-33所示）

表6-33　　　　　　　　　前十名股東持股情況

股東名稱	股東性質	持股比例（%）	持股總數	報告期內增減
保定天威集團有限公司	國家	51.10	596,848,000	0
保定惠源諮詢服務有限公司	其他	5.54	64,661,504	0
大成價值增長證券投資基金	未知	0.51	5,936,244	0
中國太平洋人壽保險股份有限公司——分紅——個人分紅	未知	0.41	4,800,000	—
中國銀行——銀華優質增長股票型證券投資基金	未知	0.34	4,000,000	1,000,000
中國銀行——嘉實滬深300指數證券	未知	0.29	3,347,734	-452,732
中國工商銀行——國投瑞銀瑞福分級股票型證券投資基金	未知	0.28	3,241,908	—
BILL & MELINDA GATES FOUNDATION TRUST	未知	0.21	2,500,448	—
中國工商銀行股份有限公司——華夏滬深300指數證券投資基金	未知	0.20	2,390,400	0
中國銀行——金鷹成分股優選證券投資基金	未知	0.19	2,200,000	—

3. 報告期內整體經營情況的討論與分析

2010年，面對複雜多變的經濟形勢、日趨激烈的市場競爭，公司堅持「雙主業、雙支撐」的發展戰略，外拓市場，內抓管理，不斷推進技術創新和管理創新，有效地提升了公司的綜合實力。報告期內公司實現營業收入76.3億元，同比增長27%。其中，變壓器產量8,451萬千伏安、風電整機產量114臺、風電葉片產量521片、薄膜電池產量30兆瓦、多晶硅實現年產1,268噸，2010年公司實現利潤總額7.22億元，同比增長6.5%。公司扣除非經常性損益後的淨利潤下降幅度較大，主要是由於公司新能源企業均處於建設收尾或投產調試階段，前期市場開發支出較大以及未滿產所導致的高額成本因素影響；同時國內輸變電設備市場需求較前一年度明顯下降，輸變電行業產能擴大，供需矛盾日益突出，價格競爭激烈，輸變電設備主材價格呈上漲趨勢，這些因素對輸變電的毛利潤造成一定影響。但從公司總體發展來看，在報告期內公司通過產品結構優化、加大成本運行的管控力度，全力開拓國外市場、不斷提高自主創新能力，還是切實保障了公司的平穩持續發展。

4. 公司主營業務及其經營情況

（1）主營業務分行業分產品情況（如表6-34所示）

表 6-34　　　　　　　　　主營業務分行業分產品情況

分行業或分產品	營業收入（元）	營業成本（元）	毛利率（%）	營業收入比上年增減（%）	營業成本比上年增減（%）	毛利率比上年增減（%）
變壓器	4,860,184,699.87	3,857,121,637.85	20.64	22.48	28.67	減少3.82個百分點
新能源	1,467,214,791.20	1,374,583,790.22	6.31	138.73	133.81	增加1.97個百分點

（2）主營業務分地區情況（如表6-35所示）

表 6-35　　　　　　　　　主營業務分地區情況

地區	營業收入（萬元）	營業收入比上年增減（%）
華北	1,983,266,806.98	12.89
華東	1,022,301,423.35	12.88
華南	780,911,196.75	16.11
華中	705,441,006.80	479.46
東北	422,456,461.76	32.75
西北	1,022,238,502.26	78.63
西南	521,769,888.03	-2.71
出口	188,654,775.55	97.74
合計	6,647,040,061.48	33.50

5. 公司主要稅種與稅率（如表6-36所示）

表 6-36　　　　　　　　　公司主要稅種與稅率　　　　　　　　　單位：%

稅種	計稅依據	稅率	備註
增值稅	應稅收入	17	
營業稅	應稅收入	5	
城市維護建設稅	應納流轉稅額	7或5	
企業所得稅	應納稅所得額	25	

（二）天威保變2007—2010年財務報表

1. 資產負債表（如表6-37所示）

表 6-37　　　　　　　　　資產負債表　　　　　　　　　單位：元

會計年度	2007年	2008年	2009年	2010年
貨幣資金	1,363,874,309.66	3,031,882,276.61	2,668,709,506.64	1,878,764,291.88
交易性金融資產	—	1,604,640.00	3,543,045.12	331,755,050.88
應收票據	47,454,460.92	20,575,640.00	74,048,614.00	82,634,653.36

表6-37(續)

會計年度	2007 年	2008 年	2009 年	2010 年
應收帳款	832,471,867.51	1,073,358,819.64	1,733,477,870.21	2,723,665,362.90
預付款項	989,053,681.83	1,848,322,301.46	874,658,855.44	1,027,535,502.96
其他應收款	415,657,945.66	75,614,318.75	76,279,754.15	50,543,912.59
應收股利	10,956,000.00	13,544,000.00	10,956,000.00	—
存貨	1,263,203,898.90	1,867,373,984.36	2,701,556,046.99	1,927,808,192.62
流動資產合計	4,922,672,164.48	7,932,275,980.82	8,143,229,692.55	8,022,706,967.19
長期股權投資	1,499,845,368.75	2,469,668,691.08	2,581,363,218.55	2,739,261,631.87
投資性房地產	32,613,989.60	41,128,924.45	66,516,963.98	70,873,565.25
固定資產	778,665,838.75	953,063,818.53	2,025,771,653.75	4,392,938,916.70
在建工程	197,518,823.75	447,610,311.28	2,386,763,694.84	507,365,856.03
工程物資	828,166.34	—	—	—
固定資產清理	15,511,775.35	—	—	—
無形資產	179,716,942.19	304,764,293.69	356,225,747.65	476,273,343.69
開發支出	—	—	—	3,091,112.32
商譽	50,414,026.19	13,052,774.93	13,052,774.93	13,052,774.93
長期待攤費用	1,606,093.19	466,832.67	289,840.51	160,084.60
遞延所得稅資產	13,229,715.36	22,224,062.50	28,584,027.14	34,408,928.79
非流動資產合計	2,769,950,739.47	4,251,979,709.13	7,458,567,921.35	8,237,426,214.18
資產總計	7,692,622,903.95	12,184,255,689.95	15,601,797,613.90	16,260,133,181.37
短期借款	1,788,500,000.00	2,659,500,000.00	3,101,561,076.56	2,965,789,915.18
應付票據	265,080,721.26	360,656,434.99	1,233,735,618.16	709,264,200.48
應付帳款	373,535,726.36	286,615,302.59	635,828,096.94	1,551,225,027.40
預收款項	1,305,439,707.78	1,264,691,998.21	1,355,975,593.99	491,734,333.54
應付職工薪酬	8,212,274.32	14,861,561.70	20,173,114.62	40,547,696.83
應交稅費	51,146,869.61	12,570,843.54	−287,209,715.77	−190,124,848.06
應付利息	—	1,983,473.13	3,727,325.00	3,786,515.28
應付股利	51,466,675.24	13,055,709.12	15,605,709.12	13,055,709.12
其他應付款	72,296,341.06	58,582,360.36	84,170,975.39	264,170,586.35
其他流動負債	767,143,505.69	134,659,405.68	115,730,396.70	134,961,505.68
流動負債合計	4,682,821,821.32	4,807,177,089.32	6,279,298,190.71	5,984,410,641.80
長期借款	350,000,000.00	2,960,000,000.00	4,600,000,000.00	4,906,500,000.00
專項應付款	10,862,000.00	10,862,000.00	—	—

表6-37(續)

會計年度	2007年	2008年	2009年	2010年
遞延所得稅負債	1,775.11	—	—	38,999,931.84
非流動負債合計	360,863,775.11	2,970,862,000.00	4,600,000,000.00	4,945,499,931.84
負債合計	5,043,685,596.43	7,778,039,089.32	10,879,298,190.71	10,929,910,573.64
實收資本（或股本）	730,000,000.00	1,168,000,000.00	1,168,000,000.00	1,168,000,000.00
資本公積	1,206,585,361.11	1,126,461,769.31	1,093,315,869.99	1,070,714,269.99
盈餘公積	108,118,215.27	201,370,420.70	254,849,854.57	325,620,954.54
未分配利潤	439,562,828.97	1,289,423,754.82	1,588,203,637.19	2,136,223,464.29
少數股東權益	164,670,902.17	620,960,655.80	618,130,061.44	630,171,130.32
外幣報表折算價差	—	—	—	-507,211.41
歸屬母公司所有者權益（或股東權益）	2,484,266,405.35	3,785,255,944.83	4,104,369,361.75	4,700,051,477.41
所有者權益（或股東權益）合計	2,648,937,307.52	4,406,216,600.63	4,722,499,423.19	5,330,222,607.73
負債和所有者（或股東權益）合計	7,692,622,903.95	12,184,255,689.95	15,601,797,613.90	16,260,133,181.37

2. 利潤表（如表6-38所示）

表6-38　　　　　　　　　　　　利潤表　　　　　　　　　　　　單位：元

會計年度	2007年	2008年	2009年	2010年
一、營業收入	3,156,269,138.39	4,368,624,822.73	6,009,692,706.89	7,629,799,750.86
減：營業成本	2,524,497,403.67	3,387,189,217.59	4,856,338,715.49	6,381,884,468.07
營業稅金及附加	10,008,570.70	14,379,805.56	22,225,675.93	53,160,934.84
銷售費用	110,667,801.06	85,654,870.30	92,999,702.63	174,197,880.48
管理費用	135,771,939.07	222,984,108.30	259,714,396.49	435,741,758.69
財務費用	110,513,327.04	234,552,938.97	338,572,868.57	431,721,660.72
資產減值損失	28,832,874.55	26,161,264.15	30,967,818.59	56,846,847.92
加：公允價值變動淨收益	—	-2,650,865.28	1,938,405.12	260,712,005.76
投資收益	253,467,706.77	597,820,462.84	194,415,863.95	241,798,413.32
其中：對聯營企業和合營企業的投資收益	254,980,733.00	592,605,305.86	193,236,165.08	226,048,413.32
二、營業利潤	489,444,929.07	992,872,215.42	605,227,798.26	598,756,619.22
加：營業外收入	24,091,457.51	122,827,454.37	80,956,957.77	124,762,436.67
減：營業外支出	2,624,212.72	94,831,681.93	8,960,368.93	2,010,969.18
其中：非流動資產處置淨損失	—	91,051,947.92	5,167,018.59	1,483,950.81
三、利潤總額	510,912,173.86	1,020,867,987.86	677,224,387.10	721,508,086.71

表6-38(續)

會計年度	2007年	2008年	2009年	2010年
減：所得稅費用	49,281,749.09	59,716,045.73	68,914,333.14	88,463,656.43
四、淨利潤	461,630,424.77	961,151,942.13	608,310,053.96	633,044,430.28
歸屬於母公司所有者的淨利潤	449,794,019.54	943,213,948.64	586,155,356.00	618,808,051.06
少數股東損益	11,836,405.23	17,937,993.49	22,154,697.96	14,236,379.22
五、每股收益	——	——	——	——
（一）基本每股收益	0.62	0.81	0.5	0.53
（二）稀釋每股收益	0.62	0.81	0.5	0.53

3. 現金流量表（如表6-39所示）

表6-39　　　　　　　　　現金流量表　　　　　　　　單位：元

報告年度	2007年	2008年	2009年	2010年
銷售商品、提供勞務收到的現金	3,596,920,306.06	4,723,203,225.47	6,189,147,593.90	6,969,012,703.48
收到的稅費返還	6,432,010.89	13,121,077.74	25,058,674.33	10,935,545.46
收到其他與經營活動有關的現金	58,068,455.13	65,476,140.32	73,185,742.06	243,695,221.39
經營活動現金流入小計	3,661,420,772.08	4,801,800,443.53	6,287,392,010.29	7,223,643,470.33
購買商品、接受勞務支付的現金	2,937,284,913.30	3,837,610,564.61	5,150,124,525.18	5,533,140,509.09
支付給職工以及為職工支付的現金	144,415,659.23	202,322,451.61	239,802,841.40	361,232,839.65
支付的各項稅費	127,735,778.77	246,073,626.03	359,357,815.11	488,289,367.40
支付其他與經營活動有關的現金	253,781,132.37	240,867,589.89	230,073,372.88	240,649,506.01
經營活動現金流出小計	3,463,217,483.67	4,526,874,232.14	5,979,358,554.57	6,623,312,222.15
經營活動產生的現金流量淨額	198,203,288.41	274,926,211.39	308,033,455.72	600,331,248.18
收回投資收到的現金	4,750,000.00	300,000.00	——	——
取得投資收益收到的現金	5,442,905.20	45,595,310.00	84,714,357.26	26,768,467.70
處置固定資產、無形資產和其他長期資產收回的現金淨額	692,432.68	239,733,440.82	5,114,137.38	1,319,112.50
處置子公司及其他營業單位收到的現金淨額	-10,649,356.33	107,820,037.87	131,106.77	——
收到其他與投資活動有關的現金	4,456,143.99	23,023,851.44	67,197,787.74	123,979,371.00

表6-39(續)

報告年度	2007年	2008年	2009年	2010年
投資活動現金流入小計	4,692,125.54	416,472,640.13	157,157,389.15	152,066,951.20
購建固定資產、無形資產和其他長期資產支付的現金	294,881,432.95	1,720,201,864.69	1,965,309,447.40	925,182,250.25
投資支付的現金	339,075,000.00	443,400,000.00	56,342,012.00	23,000,000.00
支付其他與投資活動有關的現金	4,421,347.50	5,582,421.65	3,030,893.00	—
投資活動現金流出小計	638,377,780.45	2,169,184,286.34	2,024,682,352.40	948,182,250.25
投資活動產生的現金流量淨額	-633,685,654.91	-1,752,711,646.21	-1,867,524,963.25	-796,115,299.05
吸收投資收到的現金	5,065,762.96	726,106,824.24	—	739,785.00
取得借款收到的現金	2,939,094,010.00	6,434,500,000.00	5,275,218,423.69	4,429,000,000.00
籌資活動現金流入小計	2,944,159,772.96	7,160,606,824.24	5,275,218,423.69	4,429,739,785.00
償還債務支付的現金	1,612,831,345.44	3,771,495,865.00	3,474,500,000.00	4,536,294,265.71
分配股利、利潤或償付利息支付的現金	123,411,648.82	234,834,243.14	585,286,059.39	459,527,618.12
支付其他與籌資活動有關的現金	5,511,074.25	6,460,136.43	19,209,125.12	25,251,935.04
籌資活動現金流出小計	1,741,754,068.51	4,012,790,244.57	4,078,995,184.51	5,021,073,818.87
籌資活動產生的現金流量淨額	1,202,405,704.45	3,147,816,579.67	1,196,223,239.18	-591,334,033.87
四、匯率變動對現金的影響	-1,343,045.34	-2,023,177.90	95,498.38	-2,827,130.02
五、現金及現金等價物淨增加額	765,580,292.61	1,668,007,966.95	-363,172,769.97	-789,945,214.76
期初現金及現金等價物余額	598,294,017.05	1,363,874,309.66	3,031,882,276.61	2,668,709,506.64
期末現金及現金等價物余額	1,363,874,309.66	3,031,882,276.61	2,668,709,506.64	1,878,764,291.88

【資料二】下面是特變電工股份有限公司（以下簡稱「特變電工」）2010年年報摘要的部分內容和該公司2007—2010年的財務報表。

(1) 特變電工2010年年度報告部分內容

1. 公司的基本情況和經營範圍

公司1993年2月26日經新疆維吾爾自治區股份制試點聯審小組批准（新體改〔1993〕095號），以定向募集方式設立。1997年5月經中國證券監督管理委員會批准（證監發〔1997〕286號），向社會公開發行人民幣普通股3,000萬股。1997年6月股票發行上市。1997年6月12日公司在昌吉州工商行政管理局登記註冊，股本8,168萬

元。經過歷次的增發和送股，截至 2010 年 12 月 31 日召總股本爲 202,735,372.3 萬元。

2010 年，面對國內電力主市場投資下滑、市場競爭更加激烈、大宗原材料價格波動、匯率走勢日趨複雜等嚴峻挑戰，公司積極轉變增長方式，著力加強自主創新能力建設，大力實施人才興企戰略，不斷提升品牌的國際影響力，在國內市場開拓、國際化戰略、風險管控、科技創新、質量提升、成本管控、人力資源體系建設等方面取得較好的成績，促進了公司健康、持續發展。2010 年年度，公司實現營業收入 177.70 億元，營業利潤 17.62 億元，利潤總額 18.48 億元，淨利潤 16.62 億元，歸屬於上市公司股東的淨利潤 16.11 億元；與 2009 年年度相比分別增長 20.44%、1.27%。

公司經營範圍：變壓器、電抗器、互感器、電線電纜等電氣機械及器材製造、銷售、檢修、安裝、回收、運輸服務及相關技術諮詢服務；硅及相關產品的製造、技術研發及諮詢服務；礦產品開發、加工；新能源、建築環境環保及水資源利用技術、設備工程項目的研究、實施及諮詢服務；太陽能硅片、電池片、電池組件、控制器、逆變器、蓄電池等太陽能系統相關組配件和環境設備的製造、安裝及技術諮詢服務；太陽能光伏離網和並網及風光互補系統、柴油機光互補系統等新能源系列工程的設計、建設、安裝維護；太陽能集中供熱工程設計、製造安裝，太陽能光熱產品的設計、製造；承包境外機電行業輸變電、水電、火電站工程和國內、國際招標工程；上述境外工程所屬的設備、材料出口；對外派遣實施上述境外工程所需的勞務人員；進口鋼材經營，電力工程施工總承包三級（具體內容以建設部門核發的資質證書爲準）；貨物或技術進出口業務；一般貨物和技術的進出口代理（國家禁止或限定公司經營的商品和技術除外）；房屋出租、純淨水生產（限下屬分支機構）、飲食服務、水暖電安裝。

2. 公司主營業務及其經營狀況

（1）主營業務分產品情況（如表 6－40 所示）

表 6－40　　　　　　　　　主營業務分產品情況

分行業或分產品	營業收入（元）	營業成本（元）	毛利率（%）	營業收入比上年增減（%）	營業成本比上年增減（%）	毛利率比上年增減（%）
變壓器產品	10,015,531,839.98	7,246,278,670.11	27.65	11.72	12.96	-0.79
電線電纜產品	3,520,561,918.52	3,132,255,150.18	11.03	37.60	48.91	-6.75
太陽能硅片、太陽能系統工程等	2,672,833,325.67	2,496,957,757.11	6.58	81.18	75.84	2.84
建造合同收入	901,764,742.44	597,644,589.86	33.72	-27.45	-38.25	11.59
其他	93,645,844.87	66,998,285.67	28.46	1.34	-24.75	24.81

報告期，因市場競爭加劇，公司輸變電產品價格下降，原材料價格上漲等因素導致公司輸變電產品毛利率較上年同期相比有所下降。

（2）主營業務分地區情況（如表 6－41 所示）

表 6－41　　　　　　　　　主營業務分產品情況

地區	營業收入（元）	營業收入比上年增減（%）	備註
境內	14,182,714,126.17	18.59	
境外	3,587,574,284.50	28.38	

（3）主要供應商、客戶情況（單位：人民幣）
前五名供應商採購金額合計　　2,108,014,246.04　　占採購總額比重 16.49%
前五名客戶銷售金額合計　　　5,393,835,662.74　　占銷售總額比重 30.35%

3. 報告期末公司資產構成同比發生重大變化的說明

（1）報告期期末，貨幣資金較年初增長 66.95%，主要系公司 2010 年增發募集資金到位及經營性淨現金流增長所致。

（2）報告期期末，應收帳款較年初增長 37.61%，主要系公司營業收入增加所致。

（3）報告期期末，可供出售金融資產較年初下降 100.00%，主要系公司出售持有的新疆國際實業股份有限公司股票所致。

（4）報告期期末，工程物資較年初增長 710.88%，主要系公司實施技改項目購買工程物資增加所致。

（5）報告期期末，遞延所得稅資產較年初增長 146.16%，主要系公司子公司特變電工新疆硅業有限公司計提的未彌補虧損所致。

（6）報告期期末，應付帳款較年初增長 45.02%，主要系公司生產規模擴大、原材料採購增加所致。

（7）報告期期末，預收款項較年初下降 32.09%，主要系公司按合同約定收到的預付款減少所致。

（8）報告期期末，應交稅費較年初下降 39.30%，主要系公司增值稅進項稅額增加所致。

（9）報告期期末，應付利息較年初增長 642.92%，主要系計提的無擔保短期融資券利息所致。

（10）報告期期末，其他應付款較年初增長 91.19%，主要系收到的投標保證金及代收款項增加所致。

（11）報告期期末，一年內到期的非流動負債較年初下降 57.72%，主要系公司歸還一年內到期的銀行借款所致。

（12）報告期期末，其他流動負債較年初增長 115.36%，主要系公司發行第二期短期融資券 8 億元所致。

（13）報告期期末，長期借款較年初下降 32.03%，主要系公司歸還銀行長期借款所致。

（14）報告期期末，遞延所得稅負債較年初下降 80.17%，主要系公司套期工具、可供出售的金融資產產生的帳面價值與計稅基礎之間的差異減少所致。

（15）報告期期末，資本公積較年初增長 153.52%，主要系公司 2010 年度增發募集資金到位所致。

（16）報告期期末，盈余公積較年初增長 42.06%，主要系公司實現的歸屬於母公司淨利潤增加所致。

（17）報告期期末，未分配利潤較年初增長 46.42%，主要系實現的歸屬於母公司淨利潤增加所致。

（18）報告期期末，歸屬於母公司所有者權益較年初增長 69.22%，主要系公司 2010 年增發募集資金到位及實現的歸屬於母公司淨利潤所致。

4. 報告期公司主要財務數據同比發生重大變化的說明

（1）報告期，資產減值損失較上年同期增長146.08%，主要系本報告期公司按比例計提的壞帳準備增加所致。

（2）報告期，投資收益較上年同期增長120.98%，主要系本報告期公司按權益法享有新疆眾和股份有限公司收益增加及公司出售新疆國際實業股份有限公司股票獲得收益所致。

（3）報告期，營業外收入較上年同期增長503.63%，主要系本報告期公司子公司特變電工瀋陽變壓器集團有限公司搬遷，根據《企業會計準則解釋第3號》規定將政府搬遷補償款從「其他非流動負債——搬遷補償款」轉入「營業外收入」所致。

（4）報告期，營業外支出較上年同期增長2,166.67%，主要系本報告期公司子公司特變電工瀋陽變壓器集團有限公司因搬遷處置部分資產所致。

（5）報告期，其他綜合收益變動較大，主要系公司套期工具平倉、出售持有的新疆國際實業股份有限公司股票轉出相應的資本公積所致。

5. 報告期公司現金流量構成情況說明

（1）報告期，公司投資活動現金流入小計較上年同期增長239.29%，主要系公司子公司收到搬遷補償款較去年同期增加所致。投資活動現金流出小計較上年同期增長37.29%，主要系公司受讓中國對外經濟貿易信託有限公司持有的公司子公司特變電工新疆硅業有限公司股權所致。

（2）報告期，公司籌資活動現金流入小計較上年同期增長162.80%，主要系公司2010年增發募集資金到位及公司發行8億元短期融資券收到款項所致。

（3）公司籌資活動現金流出小計較上年同期增長85.59%，主要系公司償還銀行債務增加所致。

6. 報告期

報告期，公司大部分生產設備處於滿負荷運轉狀態，開工率較高；截至2010年12月31日，公司未履約訂單204億元，公司的產品採取以銷定產的方式生產，不存在積壓情況，報告期公司主要技術人員沒有發生變動。

7. 報表附註中關於壞帳準備計提的比例（採用帳齡分析法計提壞帳準備）

帳齡	應收帳款計提比例（%）	其他應收款計提比例（%）
一年以內	2	2
一至二年	5	5
二至三年	20	20
三至四年	30	30
四至五年	50	50
五年以上	100	100

8. 稅項

（1）增值稅：產品銷售收入執行《中華人民共和國增值稅暫行條例》，適用稅率爲13%、17%。

（2）營業稅：勞務收入執行《中華人民共和國營業稅暫行條例》，適用稅率3%、5%。

(3) 城市維護建設稅：按應繳增值稅及營業稅稅額之7%、1%計繳。

(4) 教育費附加：按應繳增值稅及營業稅稅額之3%計繳。

(5) 所得稅：執行《中華人民共和國企業所得稅法實施條例》，公司按15%的所得稅稅率計繳企業所得稅。

9. 按帳齡計提壞帳準備的應收款項（如表6-42所示）

表6-42　　　　　　　　按帳齡計提壞帳準備的應收款項

帳齡	2010年12月31日 金額（元）	比例（%）	壞帳準備（元）	2009年12月31日 金額（元）	比例（%）	壞帳準備（元）
一年以內	2,393,936,995.58	88.18	47,878,739.91	1,739,142,969.32	88.14	34,782,859.39
一年至二年	262,397,137.33	9.67	13,119,856.87	193,577,381.37	9.80	9,678,869.07
二年至三年	46,056,137.12	1.70	9,211,227.42	33,862,249.76	1.72	6,772,449.95
三年至四年	11,614,031.53	0.43	3,484,209.46	1,698,617.00	0.09	509,585.10
四年至五年	9,228.40	0.00	4,614.20	4,197,873.95	0.21	2,098,936.98
五年以上	572,621.15	0.02	572,621.15	728,926.89	0.04	728,926.89
合計	2,714,586,151.11	100.00	74,271,269.01	1,973,208,018.29	100.00	54,571,627.38

註：應收帳款年末餘額較年初增長741,378,132.82元，增長比例為37.57%，主要系營業收入增長所致。

10. 按帳齡計提壞帳準備的其他應收款項（如表6-43所示）

表6-43　　　　　　　　按帳齡計提壞帳準備的其他應收款項

帳齡	2010年12月31日 金額（元）	比例（%）	壞帳準備（元）	2009年12月31日 金額（元）	比例（%）	壞帳準備（元）
一年以內	215,771,557.24	85.77	4,315,431.14	180,008,906.38	85.67	3,600,178.13
一年至二年	21,467,812.70	8.53	1,073,390.64	19,604,397.50	9.33	980,219.88
二年至三年	8,108,877.31	3.22	1,621,775.46	1,822,800.17	0.87	364,560.03
三年至四年	908,396.95	0.36	272,519.09	1,241,372.72	0.59	372,411.82
四年至五年	807,334.38	0.32	403,667.19	2,774,958.57	1.32	1,387,479.29
五年以上	4,535,035.59	1.80	4,535,035.59	4,675,763.66	2.22	4,675,763.66
合計	251,599,014.17	100.00	12,221,819.11	210,128,199.00	100.00	11,380,612.81

11. 存貨（如表6-44所示）

表6-44　　　　　　　　　　　　　存貨　　　　　　　　　　　　單位：元

項目	2010年12月31日 帳面余額	跌價準備	帳面價值	2009年12月31日 帳面余額	跌價準備	帳面價值
原材料	920,681,393.47	1,986,737.95	918,694,655.52	886,506,072.44	2,383,020.16	884,123,052.28
包裝物及低值易耗品	29,140,840.96	0.00	29,140,840.96	20,656,922.08	0.00	20,656,922.08
庫存商品	867,672,866.44	1,699,050.87	865,973,815.57	792,373,714.97	9,153,860.39	783,219,854.58

表6－44(續)

項目	2010年12月31日 帳面余額	跌價準備	帳面價值	2009年12月31日 帳面余額	跌價準備	帳面價值
在產品、自製半成品	607,155,616.81	0.00	607,155,616.81	442,328,307.62	0.00	442,328,307.62
委託加工材料	39,409,426.99	0.00	39,409,426.99	14,800,565.25	0.00	14,800,565.25
材料成本差異	－45,145,452.47	0.00	－45,145,452.47	－69,715,275.38	0.00	－69,715,275.38
工程施工	68,312,207.54	0.00	68,312,207.54	79,225,303.05	0.00	79,225,303.05
發出商品	80,119,824.67	0.00	80,119,824.67	230,673,542.11	0.00	230,673,542.11
套期工具	63,510,805.00	0.00	63,510,805.00	380,770,925.00	0.00	380,770,925.00
合計	2,630,857,529.41	3,685,788.82	2,627,171,740.59	2,777,620,077.14	11,536,880.55	2,766,083,196.59

(二) 特變電工2007—2010年財務報表

1. 特變電工資產負債表（如表6－45所示）

表6－45　　　　　　　　　　　特變電工資產負債表　　　　　　　　　　單位：元

會計年度	2007年	2008年	2009年	2010年
貨幣資金	2,033,242,261.51	3,470,106,847.41	4,364,553,125.25	7,286,759,050.51
應收票據	237,766,547.48	242,634,330.40	404,777,477.52	315,000,502.69
應收帳款	1,434,607,950.29	1,708,343,482.97	1,918,636,390.91	2,640,314,882.10
預付款項	908,053,672.61	1,822,778,960.49	1,378,587,219.55	1,377,217,836.82
其他應收款	163,486,130.57	149,100,070.63	198,747,586.19	239,377,195.06
應收股利	—	60,000.00	—	—
存貨	2,022,348,781.47	2,588,548,032.36	2,766,083,196.59	2,627,171,740.59
流動資產合計	6,799,505,343.93	9,981,571,724.26	11,031,384,996.01	14,485,841,207.77
可供出售金融資產	51,590,000.00	41,000,000.00	90,846,800.00	—
持有至到期投資	39,000,000.00	39,000,000.00	39,000,000.00	39,000,000.00
長期股權投資	271,510,010.68	611,425,812.16	647,969,641.04	731,137,984.61
固定資產	2,162,993,353.21	2,412,891,506.71	4,728,553,441.11	5,734,723,231.14
在建工程	218,519,858.04	1,289,109,308.28	1,359,912,991.18	1,377,503,107.55
工程物資	—	55,943,957.07	1,678,588.87	13,611,278.54
固定資產清理	—	—	—	18,610,659.85
無形資產	464,131,735.60	683,926,401.63	945,961,324.24	1,167,832,348.28
長期待攤費用	4,845,239.75	4,381,831.17	6,330,256.06	7,354,736.32
遞延所得稅資產	18,479,460.88	33,394,957.89	16,309,442.17	40,147,060.17
非流動資產合計	3,231,069,658.16	5,171,073,774.91	7,836,562,484.67	9,129,920,406.46
資產總計	10,030,575,002.09	15,152,645,499.17	18,867,947,480.68	23,615,761,614.23
短期借款	571,289,100.00	512,889,398.00	616,365,966.82	504,185,530.44

表6-45(續)

會計年度	2007年	2008年	2009年	2010年
交易性金融負債	—	469,933.43	—	—
應付票據	398,603,917.50	236,807,623.70	1,155,634,087.22	1,417,263,863.21
應付帳款	755,652,743.87	1,564,163,153.78	2,316,164,320.41	3,358,962,383.76
預收款項	2,519,479,655.05	3,803,222,145.47	2,964,056,937.21	2,012,848,053.76
應付職工薪酬	14,554,400.54	16,431,427.54	24,436,360.71	29,678,371.93
應交稅費	11,144,153.64	97,667,821.65	155,037,327.74	94,101,873.43
應付利息	16,494,102.07	—	2,658,082.19	19,747,413.60
應付股利	2,668,605.43	4,215,622.74	4,436,745.16	4,186,065.00
其他應付款	212,026,973.79	232,140,473.10	222,399,538.32	425,207,814.03
一年內到期的非流動負債	439,000,000.00	105,000,000.00	447,010,000.00	189,000,000.00
其他流動負債	600,000,000.00	—	400,000,000.00	861,436,436.79
流動負債合計	5,540,913,651.89	6,573,007,599.41	8,308,199,365.78	8,916,617,805.95
長期借款	967,280,000.00	1,988,993,700.00	1,606,030,000.00	1,091,600,000.00
長期應付款	10,342,377.15	8,084,037.50	7,989,114.00	8,114,988.00
專項應付款	—	—	—	10,908,012.09
遞延所得稅負債	20,993,989.27	9,741,602.69	73,379,703.25	14,550,189.15
其他非流動負債	155,970,520.00	647,306,592.50	906,165,791.55	918,015,225.22
非流動負債合計	1,154,586,886.42	2,654,125,932.69	2,593,564,608.80	2,043,188,414.46
負債合計	6,695,500,538.31	9,227,133,532.10	10,901,763,974.58	10,959,806,220.41
實收資本(或股本)	854,038,832.00	1,198,250,482.00	1,797,375,723.00	2,027,353,723.00
資本公積	439,166,837.32	2,072,205,780.47	2,061,059,613.95	5,225,187,644.79
盈余公積	157,556,703.58	204,219,156.02	310,557,727.80	441,185,419.28
未分配利潤	1,015,898,968.16	1,739,703,228.32	2,802,555,310.72	4,103,494,751.40
少數股東權益	868,413,122.72	711,133,320.26	994,644,530.63	858,739,600.01
外幣報表折算價差	—	—	-9,400.00	-5,744.66
歸屬母公司所有者權益(或股東權益)	2,466,661,341.06	5,214,378,646.81	6,971,538,975.47	11,797,215,793.81
所有者權益(或股東權益)合計	3,335,074,463.78	5,925,511,967.07	7,966,183,506.10	12,655,955,393.82
負債和所有者(或股東權益)合計	10,030,575,002.09	15,152,645,499.17	18,867,947,480.68	23,615,761,614.23

2. 特變電工利潤表（如表 6-46 所示）

表 6-46　　　　　　　　　　　　特變電工利潤表　　　　　　　　　　單位：元

會計年度	2007 年	2008 年	2009 年	2010 年
一、營業收入	8,931,223,112.00	12,518,932,193.68	14,754,293,043.02	17,770,288,410.67
減：營業成本	7,202,335,523.11	9,955,614,369.38	11,335,131,282.96	14,022,036,966.49
營業稅金及附加	25,459,708.19	56,221,932.01	67,534,148.55	85,211,786.82
銷售費用	594,301,377.63	740,460,811.96	876,781,123.06	1,017,797,968.08
管理費用	383,585,550.18	488,514,463.24	633,461,765.46	792,363,969.78
財務費用	194,975,611.57	145,702,014.95	132,990,174.57	151,947,528.24
資產減值損失	32,708,776.54	60,430,113.25	36,524,995.97	89,881,493.50
加：公允價值變動淨收益	—	-469,933.43	—	—
投資收益	99,912,224.53	116,008,581.82	68,522,256.81	151,417,672.37
其中：對聯營企業和合營企業的投資收益	45,430,378.86	32,271,868.06	54,748,944.87	92,937,376.06
二、營業利潤	597,768,789.31	1,187,527,137.28	1,740,391,809.26	1,762,466,370.13
加：補貼收入	—	—	—	—
營業外收入	116,737,392.87	55,756,533.79	112,550,559.59	679,388,030.49
減：營業外支出	17,202,008.95	28,289,669.38	26,189,568.05	593,629,887.24
其中：非流動資產處置淨損失	7,347,815.54	12,196,654.29	5,028,896.19	553,017,620.88
三、利潤總額	697,304,173.23	1,214,994,001.69	1,826,752,800.80	1,848,224,513.38
減：所得稅費用	86,768,355.04	136,134,008.26	247,446,181.59	186,590,206.67
加：影響淨利潤的其他科目	—	—	—	—
四、淨利潤	610,535,818.19	1,078,859,993.43	1,579,306,619.21	1,661,634,306.71
歸屬於母公司所有者的淨利潤	538,563,762.34	962,625,450.40	1,528,665,798.18	1,611,304,704.46
少數股東損益	71,972,055.85	116,234,543.03	50,640,821.03	50,329,602.25
五、每股收益	—	—	—	—
（一）基本每股收益	0.63	0.84	0.85	0.86
（二）稀釋每股收益	0.63	0.84	0.85	0.86

3. 特變電工現金流量表（如表 6-47 所示）

表 6-47　　　　　　　　　　特變電工現金流量表　　　　　　　　單位：元

報告年度	2007 年	2008 年	2009 年	2010 年
銷售商品、提供勞務收到的現金	10,389,803,990.14	14,535,907,989.07	14,324,709,620.24	16,657,429,214.25
收到的稅費返還	56,458,504.95	108,072,276.63	134,743,379.22	110,037,331.12
收到其他與經營活動有關的現金	65,692,808.72	201,407,851.73	176,846,012.33	560,087,298.67
經營活動現金流入小計	10,511,955,303.81	14,845,388,117.43	14,636,299,011.79	17,327,553,844.04
購買商品、接受勞務支付的現金	8,492,843,290.26	10,531,878,192.25	10,429,710,283.77	12,779,936,929.86
支付給職工以及爲職工支付的現金	324,828,415.61	487,243,731.01	586,135,247.64	771,867,800.42
支付的各項稅費	342,082,631.52	787,188,050.94	835,281,184.18	976,197,657.34
支付其他與經營活動有關的現金	663,439,909.05	669,241,557.66	785,157,665.46	856,973,986.27
經營活動現金流出小計	9,823,194,246.44	12,475,551,531.86	12,636,284,381.05	15,384,976,373.89
經營活動產生的現金流量淨額	688,761,057.37	2,369,836,585.57	2,000,014,630.74	1,942,577,470.15
收回投資收到的現金	95,899,137.88	68,350,613.44	10,643,816.75	113,818,552.69
取得投資收益收到的現金	6,807,912.38	5,690,520.60	18,683,052.94	7,490,558.54
處置固定資產、無形資產和其他長期資產收回的現金淨額	60,505,608.97	6,012,588.85	5,110,118.41	13,025,441.09
處置子公司及其他營業單位收到的現金淨額	—	138,140,126.25	—	—
收到其他與投資活動有關的現金	120,000,000.00	523,764,523.08	157,844,500.00	518,064,120.00
投資活動現金流入小計	283,212,659.23	741,958,372.22	192,281,488.10	652,398,672.32
購建固定資產、無形資產和其他長期資產支付的現金	456,501,447.20	2,524,065,949.73	1,642,754,297.43	2,166,512,023.41
投資支付的現金	161,492,093.23	681,406,173.84	124,166,710.11	259,263,013.70
投資活動現金流出小計	617,993,540.43	3,205,472,123.57	1,766,921,007.54	2,425,775,037.11
投資活動產生的現金流量淨額	-334,780,881.20	-2,463,513,751.35	-1,574,639,519.44	-1,773,376,364.79

表6-47(續)

報告年度	2007年	2008年	2009年	2010年
吸收投資收到的現金	237,484,400.00	1,719,186,443.06	671,852,300.00	3,640,316,441.44
取得借款收到的現金	1,964,376,845.00	2,882,142,146.70	1,792,011,048.62	2,037,880,413.35
收到其他與籌資活動有關的現金	845,957,501.24	—	—	—
籌資活動現金流入小計	3,047,818,746.24	4,601,328,589.76	2,463,863,348.62	6,474,996,854.79
償還債務支付的現金	2,318,270,445.00	2,244,974,103.44	1,722,605,558.50	3,384,370,451.05
分配股利、利潤或償付利息支付的現金	208,014,762.34	224,212,734.64	271,143,186.08	316,987,792.90
支付其他與籌資活動有關的現金	1,700,000.00	601,600,000.00	1,034,037.50	720,000.00
籌資活動現金流出小計	2,527,985,207.34	3,070,786,838.08	1,994,782,782.08	3,702,078,243.95
籌資活動產生的現金流量淨額	519,833,538.90	1,530,541,751.68	469,080,566.54	2,772,918,610.84
四、匯率變動對現金的影響	—	—	-9,400.00	-19,913,790.94
五、現金及現金等價物淨增加額	873,813,715.07	1,436,864,585.90	894,446,277.84	2,922,205,925.26
期初現金及現金等價物餘額	1,159,428,546.44	2,033,242,261.51	3,470,106,847.41	4,364,553,125.25
期末現金及現金等價物餘額	2,033,242,261.51	3,470,106,847.41	4,364,553,125.25	7,286,759,050.51

【資料三】2008—2010年上市公司機械行業有關財務指標（如表6-48所示）

表6-48　　　　　　上市公司機械行業財務指標平均值

財務指標		上市公司平均值	房地產行業平均值	財務指標		上市公司平均值	房地產行業平均值
淨資產收益率（%）	2009年	9.45	10.59	資產負債率（%）	2009年	57.52	60.9
	2010年	12.54	12.16		2010年	57.6	55.12
總資產報酬率（%）	2009年	6.8	6.63	已獲利息倍數	2009年	7.21	9.31
	2010年	8.09	7.28		2010年	9.32	15.82
營業利潤率（%）	2009年	7.07	7.59	速動比率（%）	2009年	69.84	90.8
	2010年	7.7	8.44		2010年	73.82	108.6
盈利現金保障倍數	2009年	2.09	1.22	現金流動負債比率（%）	2009年	21.75	11.05
	2010年	1.24	0.74		2010年	15.97	7.89

表 6-48（續）

財務指標		上市公司平均值	房地產行業平均值	財務指標		上市公司平均值	房地產行業平均值
股本收益率（%）	2009 年	36.9	42.27	營業收入增長率（%）	2009 年	3.85	5.07
	2010 年	51.08	46.17		2010 年	37.7	29.38
總資產週轉率	2009 年	0.78	0.7	資本擴張率（%）	2009 年	17.6	24.38
	2010 年	0.88	0.73		2010 年	22.63	53.19
流動資產週轉率	2009 年	1.82	1.01	累計保留盈餘率（%）	2009 年	35.83	37.8
	2010 年	1.93	1.03		2010 年	38.94	31.5
應收帳款週轉率	2009 年	14.1	4.56	總資產增長率（%）	2009 年	22.53	19.97
	2010 年	14.78	4.75		2010 年	22.95	32.36
存貨週轉率	2009 年	4.13		營業利潤增長率（%）	2009 年	51.83	17.54
	2010 年				2010 年	47	41.68

二、分析要求

（1）根據資料一和資料二，計算天威保變和特變電工反應償債能力、營運能力、盈利能力、獲現能力與發展能力的指標。

（2）根據相關的財務指標，結合資料三對比分析兩個公司的財務狀況。

（3）通過對比分析，從企業財務角度預測兩個公司的發展前景。

（4）根據以上分析，撰寫兩個公司財務狀況對比分析報告。

案例四　四川長虹、海信電器、康佳A、ST廈華財務狀況綜合分析

一、案例資料

四川長虹、海信電器、康佳A、ST廈華是中國四大從事彩電生產與銷售的上市公司。以下列示的是其2007—2010年財務報表和基本情況。

（一）四川長虹

1. 基本情況

公司前身是國營長虹機器廠，創建於1958年。自1989年起各項經濟指標連續多年在全國同行業中名列榜首。公司被授予「中國最大彩電基地」「中國彩電大王」的殊榮。1992年，公司首家並獨家突破彩電生產百萬臺大關，躋身於當今世界為數不多的彩電規模生產企業之列，被世界銀行組織譽為「遠東明星」，其主要龍頭產品「長虹」牌電視囊括了國家權威機構對電視機頒發的所有榮譽，連續三年獲全國暢銷國產商品「金橋獎」、全國用戶滿意產品等稱號，榮列中國名牌。

公司經營範圍：家用電器、電子產品及零配件、通信設備、計算機及其他電子設備、衛星電視廣播地面接收設備、電子電工機械專用設備、電器機械及器材、電池系列產品、電子醫療產品、電力設備、數字監控產品、金屬製品、儀器儀表、文化及辦公用機械、文教體育用品、家具、櫥櫃及燃氣具的製造、銷售與維修；房屋及設備租賃；包裝產品及技術服務；公路運輸，倉儲及裝卸搬運；電子商務；軟件開發、銷售

與服務；企業管理諮詢與服務；高科技項目投資及國家允許的其他投資業務；房地產開發經營。

2. 2007—2010 年財務報表

（1）資產負債表（如表 6-49 所示）

表 6-49　　　　　　　　　　　　四川長虹資產負債表　　　　　　　　　　　　單位：元

會計年度	2007 年	2008 年	2009 年	2010 年
貨幣資金	1,987,492,669.44	5,229,826,055.50	7,051,766,914.39	10,235,467,890.03
交易性金融資產	99,674,475.47	96,648,015.22	65,257,007.40	49,835,229.31
應收票據	3,920,131,212.32	2,060,814,504.11	4,757,551,173.88	6,368,754,828.43
應收帳款	2,258,778,564.53	2,533,366,271.49	2,999,176,015.38	4,624,368,990.36
預付款項	414,023,944.87	625,904,495.30	565,828,513.54	605,013,411.82
其他應收款	397,215,767.89	489,386,448.92	347,090,380.44	538,216,763.51
應收利息	516,471.80	7,181,608.48	—	—
存貨	6,586,718,373.05	6,007,823,173.18	8,296,346,723.72	8,851,903,512.02
一年內到期的非流動資產	37,990,272.00	33,430,358.93	187,795,872.56	—
其他流動資產	—	—	—	6,425,239.59
流動資產合計	15,702,541,751.37	17,084,380,931.13	24,270,812,601.31	31,279,985,865.07
可供出售金融資產	—	166,422,608.00	134,542,066.00	462,672.00
長期應收款	171,671,189.38	192,905,056.23	—	—
長期股權投資	1,351,454,942.84	490,333,114.49	575,802,054.66	581,751,988.78
投資性房地產	55,204,685.68	96,879,662.76	87,945,398.37	73,172,251.96
固定資產	2,672,273,534.52	3,502,249,927.53	7,401,483,492.14	8,396,522,513.76
在建工程	121,801,400.62	3,628,294,096.56	465,259,374.61	447,098,628.23
固定資產清理	288,302,478.67	358,013,123.80	8,877,249.68	—
無形資產	2,363,639,476.45	2,747,099,607.71	3,042,300,261.45	3,123,425,042.98
開發支出	65,522,518.46	90,190,471.63	178,684,388.00	277,157,940.72
商譽	28,738,012.26	140,742,981.03	148,323,326.64	169,401,822.02
長期待攤費用	24,351,244.63	6,724,659.17	625,647.70	12,201,365.21
遞延所得稅資產	211,064,156.89	220,904,557.34	221,437,196.15	194,763,670.53
非流動資產合計	7,354,023,640.40	11,640,759,866.25	12,265,280,455.40	13,275,957,896.19
資產總計	23,056,565,391.77	28,725,140,797.38	36,536,093,056.71	44,555,943,761.26
短期借款	2,822,452,634.48	5,224,731,360.68	6,136,307,180.96	8,925,047,328.76
交易性金融負債	—	—	—	22,591,192.11
應付票據	3,361,725,871.19	3,726,044,353.02	3,281,253,525.10	4,399,977,043.60

表6-49(續)

會計年度	2007年	2008年	2009年	2010年
應付帳款	3,697,299,013.18	4,386,594,334.78	5,638,753,404.38	6,521,001,259.04
預收款項	677,925,719.03	709,284,975.18	1,660,395,417.52	2,113,317,472.13
應付職工薪酬	261,088,434.98	297,678,151.34	390,479,674.83	404,843,726.40
應交稅費	-499,746,735.12	-218,229,144.55	-270,277,709.03	-404,295,310.87
應付利息	30,158,333.33	6,585,802.73	22,877,285.92	42,637,635.89
應付股利	—	—	4,516,008.93	4,736,241.97
其他應付款	425,928,820.23	553,114,362.35	950,419,888.91	1,213,344,403.72
一年內到期的非流動負債	20,000,000.00	170,000,000.00	140,140,000.00	416,956,277.23
其他流動負債	1,004,410,235.98	36,558,494.09	20,172,100.00	
流動負債合計	11,801,242,327.28	14,892,362,689.62	17,975,036,777.52	23,660,157,269.98
長期借款	186,849,100.00	784,198,200.00	2,090,575,500.00	2,928,891,210.00
應付債券	—	—	2,224,484,545.32	2,344,464,004.13
專項應付款	—	—	35,323,417.47	33,214,132.26
預計負債	269,620,817.32	238,827,440.77	360,440,416.57	453,238,341.46
遞延所得稅負債	18,406,290.99	57,103,714.87	232,163,533.31	175,915,693.46
其他非流動負債	24,512,800.00	131,210,008.98	184,688,260.84	351,347,423.28
非流動負債合計	499,389,008.31	1,211,339,364.62	5,127,675,673.51	6,287,070,804.59
負債合計	12,300,631,335.59	16,103,702,054.24	23,102,712,451.03	29,947,228,074.57
實收資本（或股本）	1,898,211,418.00	1,898,211,418.00	1,898,211,418.00	2,847,317,127.00
資本公積	3,263,999,627.57	3,025,667,811.15	3,576,473,445.74	2,633,327,702.51
盈余公積	3,522,356,858.03	3,522,356,858.03	3,522,356,858.03	3,356,791,268.08
未分配利潤	616,415,537.47	566,222,761.85	587,118,201.54	1,048,061,839.32
少數股東權益	1,458,295,099.41	3,634,868,577.15	3,861,416,331.39	4,734,588,334.09
外幣報表折算價差	-3,344,484.30	-25,888,683.04	-12,195,649.02	-11,370,584.31
歸屬母公司所有者權益（股東權益）	9,297,638,956.77	8,986,570,165.99	9,571,964,274.29	9,874,127,352.60
所有者權益（或股東權益）合計	10,755,934,056.18	12,621,438,743.14	13,433,380,605.68	14,608,715,686.69
負債和所有者（或股東權益）合計	23,056,565,391.77	28,725,140,797.38	36,536,093,056.71	44,555,943,761.26

（2）利潤表（如表 6-50 所示）

表 6-50　　　　　　　　　　　　四川長虹利潤表　　　　　　　　　　單位：元

會計年度	2007 年	2008 年	2009 年	2010 年
一、營業收入	23,046,832,431.87	27,930,220,901.41	31,457,999,219.13	41,711,808,864.18
減：營業成本	19,454,950,788.83	23,046,526,292.29	25,643,428,363.41	34,906,106,541.75
營業稅金及附加	34,739,400.01	96,448,361.89	140,401,124.27	196,776,058.16
銷售費用	2,276,149,777.78	2,985,539,050.96	3,617,567,717.58	4,324,269,632.44
管理費用	853,347,144.06	1,148,006,178.49	1,295,108,214.07	1,618,953,461.58
財務費用	195,834,324.94	174,033,725.68	91,264,933.13	131,618,043.81
資產減值損失	169,615,947.10	241,779,377.49	250,005,133.51	656,689,340.35
加：公允價值變動淨收益	123,805,926.62	-65,085,822.93	28,738,556.95	-22,081,979.33
投資收益	240,533,295.74	117,150,413.23	237,421,468.37	432,726,742.38
其中：對聯營企業和合營企業的投資收益	-2,516,288.05	24,048,025.45	1,326,638.78	4,015,873.00
二、營業利潤	426,534,271.51	289,952,504.91	686,383,758.48	288,040,549.14
加：營業外收入	99,592,413.47	193,402,680.55	154,673,214.15	488,121,532.06
減：營業外支出	20,251,989.57	192,748,376.93	153,282,588.69	104,866,814.44
其中：非流動資產處置淨損失	15,478,468.32	30,555,239.45	30,555,238.45	83,455,252.07
三、利潤總額	505,874,695.41	290,606,808.53	687,774,383.94	671,295,266.76
減：所得稅費用	63,770,406.07	27,957,113.73	148,462,427.02	193,983,280.44
四、淨利潤	442,104,289.34	262,649,694.80	539,311,956.92	477,311,986.32
歸屬於母公司所有者的淨利潤	336,979,387.28	31,116,517.48	115,806,010.59	292,253,972.55
少數股東損益	105,124,902.06	231,533,177.32	423,505,946.33	185,058,013.77
五、每股收益	——			
（一）基本每股收益	0.18	0.02	0.06	0.1
（二）稀釋每股收益	0.18	0.02	0.06	0.1

（3）現金流量表（如表 6-51 所示）

表 6-51　　　　　　　　　　　　四川長虹現金流量表　　　　　　　　　　單位：元

報告年度	2007 年	2008 年	2009 年	2010 年
銷售商品、提供勞務收到的現金	22,896,735,571.29	28,912,241,630.97	30,193,631,586.98	38,527,150,246.27
收到的稅費返還	131,379,148.94	210,738,457.64	128,402,542.48	295,274,354.15

表6-51(續)

報告年度	2007年	2008年	2009年	2010年
收到其他與經營活動有關的現金	156,701,552.67	164,476,120.73	213,194,149.97	463,391,260.48
經營活動現金流入小計	23,184,816,272.90	29,287,456,209.34	30,535,228,279.43	39,285,815,860.90
購買商品、接受勞務支付的現金	20,319,577,548.48	21,162,688,986.07	28,281,158,047.87	33,889,560,301.91
支付給職工以及為職工支付的現金	1,055,698,093.24	1,738,067,118.92	1,901,448,646.92	2,566,388,782.34
支付的各項稅費	543,996,524.39	797,384,693.22	1,039,952,686.56	966,396,378.35
支付其他與經營活動有關的現金	1,680,825,274.16	2,023,819,902.60	1,723,897,572.13	2,602,007,357.20
經營活動現金流出小計	23,600,097,440.27	25,721,960,700.81	32,946,456,953.48	40,024,352,819.80
經營活動產生的現金流量淨額	-415,281,167.37	3,565,495,508.53	-2,411,228,674.05	-738,536,958.90
收回投資收到的現金	200,236,208.91	82,895,275.33	123,621,354.85	507,211,365.29
取得投資收益收到的現金	274,623,934.62	65,760,016.81	219,526,632.96	163,160,782.44
處置固定資產、無形資產和其他長期資產收回的現金淨額	24,299,845.76	476,219,900.24	481,531,128.97	92,771,544.38
處置子公司及其他營業單位收到的現金淨額	1,232,307.97	7,989,095.51	—	-29,886,482.04
收到其他與投資活動有關的現金	146,166,768.62	1,690,498,114.50	575,941,686.71	292,246,924.44
投資活動現金流入小計	646,559,065.88	2,323,362,402.39	1,400,620,803.49	1,025,504,134.51
購建固定資產、無形資產和其他長期資產支付的現金	393,257,301.43	2,673,063,122.54	1,973,713,257.65	1,486,172,689.49
投資支付的現金	1,243,481,250.31	156,086,747.40	149,931,868.28	279,288,701.00
取得子公司及其他營業單位支付的現金淨額	—	227,665,427.73	—	66,371,280.28
支付其他與投資活動有關的現金	—	877,535,479.66	499,978.10	—
投資活動現金流出小計	1,636,738,551.74	3,934,350,777.33	2,124,145,104.03	1,831,832,670.77
投資活動產生的現金流量淨額	-990,179,485.86	-1,610,988,374.94	-723,524,300.54	-806,328,536.26
吸收投資收到的現金	207,700,000.00	891,680,000.00	60,000.00	814,575,669.65
取得借款收到的現金	5,645,907,890.40	9,639,217,115.33	14,163,291,835.70	17,311,594,260.49

表6-51(續)

報告年度	2007年	2008年	2009年	2010年
收到其他與籌資活動有關的現金	—	—	464,300,000.00	43,998,502.73
籌資活動現金流入小計	5,853,607,890.40	10,530,897,115.33	17,600,051,835.70	18,170,168,432.87
償還債務支付的現金	4,574,157,970.78	8,922,423,957.00	11,919,683,400.10	13,101,809,672.05
分配股利、利潤或償付利息支付的現金	264,828,833.60	487,533,240.66	327,716,106.42	270,731,363.75
支付其他與籌資活動有關的現金	—	923,878,262.31	599,795,617.68	863,887,065.04
籌資活動現金流出小計	4,838,986,804.38	10,333,835,459.97	12,847,195,124.20	14,236,428,100.84
籌資活動產生的現金流量淨額	1,014,621,086.02	197,061,655.36	4,752,856,711.50	3,933,740,332.03
四、匯率變動對現金的影響	-16,531,293.81	-22,608,942.28	-5,488,980.53	-11,155,576.55
五、現金及現金等價物淨增加額	-110,555,267.66	2,128,959,846.67	1,612,614,756.38	2,377,719,260.32
期初現金及現金等價物餘額	2,098,047,937.10	2,043,582,809.80	4,172,542,656.47	5,785,157,412.85
期末現金及現金等價物餘額	1,987,492,669.44	4,172,542,656.47	5,785,157,412.85	8,162,876,673.17

3. 2008—2010年主營業務（如表6-52所示）

表6-52　　　　　　　　　　2008—2010年主營業務

2008年				
項目名稱	主營業務收入（元）	主營業務成本（元）	主營業務毛利（元）	毛利率（%）
彩電	11,236,282,829.45	9,126,731,714.63	2,109,551,114.82	18.77
空調冰箱	5,297,894,202.72	4,004,438,036.40	1,293,456,166.32	24.41
IT產品	3,143,840,293.32	2,965,261,869.95	178,578,423.37	5.68
通信產品	2,928,098,210.88	2,421,228,959.40	506,869,251.48	17.31
IT產品	3,143,840,293.00	2,965,261,870.00	178,578,423.00	5.68
合計	25,749,955,829.37	21,482,922,450.38	4,267,033,378.99	16.57
2009年				
項目名稱	主營業務收入（元）	主營業務成本（元）	主營業務毛利（元）	毛利率（%）
IT產品	4,574,294,436.82	4,281,473,828.77	292,820,608.05	6.40
電視	12,531,278,262.82	10,312,046,055.95	2,219,232,206.87	17.70
空調冰箱	5,979,790,142.81	4,140,224,013.06	1,839,566,129.75	30.76
通信產品	1,888,749,747.52	1,601,593,584.40	287,156,163.12	15.20
合計	24,974,112,589.97	20,335,337,482.18	4,638,775,107.79	18.57

表6-52(續)

2010年				
項目名稱	主營業務收入（元）	主營業務成本（元）	主營業務毛利（元）	毛利率（%）
電視	14,831,955,707.72	12,162,813,638.05	2,669,142,069.67	17.80
空調冰箱	7,691,257,575.47	5,680,505,189.31	2,010,752,386.16	26.14
IT產品	6,947,654,223.35	6,575,981,450.47	371,672,772.88	5.35
合計	29,470,867,506.54	24,419,300,277.83	5,051,567,228.71	17.14

（二）康佳A

1. 基本情況

公司是1979年成立的全國首家中外合資電子企業，由深圳特區華僑城經濟發展總公司與香港港華集團有限公司合資經營。1991年8月公司改組爲中外公衆股份制集團公司，1992年3月27日，康佳A、B股股票同時在深圳證券交易所上市。

集團主要生產「彩霸」電視、「勁力」音響、「好運通」通信系列等共14大類450多種型號的電子產品，年生產能力達200萬臺，公司成爲全國彩電定點生產骨幹企業和電子產品出口大戶，每年僅彩電出口占全國的1/5。公司成爲全國十大出口創匯最高、十大銷售額最高「雙優」企業。集團產品獲國際標準認證並在全國彩電行業首家獲得ISO9001國際質量保證體系合格證書，現已擁有海內外用戶1,100萬戶。

公司經營範圍：研究開發、生產經營電視機、冰箱、洗衣機、日用小家電等家用電器產品，家庭視聽設備，IPTV機頂盒，數字電視接收器（含衛星電視廣播地面接收設備），數碼產品，移動通信設備及終端產品，日用電子產品，汽車電子產品，衛星導航系統，智能交通系統，防火防盜報警系統，辦公設備，電子計算機，顯示器，大屏幕顯示設備的製造和應用服務，LED（OLED）背光源、照明、發光器件製造及封裝，生產經營電子元件、器件、模具、塑膠製品，各類包裝材料，並從事相關產品的技術諮詢和服務（上述經營範圍中的生產項目，除移動電話外，其餘均在異地生產）。公司從事以上所述產品（含零配件）的批發、零售、進出口及相關配套業務（不涉及國有貿易管理商品、涉及配額、許可證管理及其他專項規定管理的商品，按國家有關規定辦理申請），銷售自行開發的技術成果，提供電子產品的維修、培訓、諮詢等售后配套服務，普通貨物運輸，國內貨運代理，倉儲服務，企業管理諮詢服務，自有物業租賃和物業管理業務，廢舊電器電子產品回收（不含拆解）（由分支機構經營），以承接服務外包方式從事系統應用管理和維護、信息技術支持管理、銀行后臺服務、財務結算、人力資源服務、軟件開發、呼叫中心、數據處理等信息技術和業務流程外包服務。

2. 2007—2010年財務報表

（1）資產負債表（如表6-53所示）

表6-53　　　　　　　　康佳A資產負債表　　　　　　　　單位：元

會計年度	2007年	2008年	2009年	2010年
貨幣資金	752,558,414.47	2,066,252,494.08	3,624,480,380.25	3,764,409,203.04
交易性金融資產	—	—	3,673,164.00	—

表6－53(續)

會計年度	2007 年	2008 年	2009 年	2010 年
應收票據	2,652,439,759.85	2,602,862,135.40	2,807,539,700.27	4,149,313,159.56
應收帳款	1,040,182,919.53	1,326,261,316.54	1,302,066,597.13	1,971,135,371.91
預付款項	151,396,359.00	258,992,334.73	275,850,813.27	446,971,672.32
其他應收款	132,318,283.67	81,299,762.88	19,572,445.66	92,135,651.57
應收利息	—	19,905,867.09	32,529,920.96	25,298,029.66
存貨	2,934,629,182.87	2,573,776,867.13	3,580,780,457.01	3,723,636,130.09
其他流動資產	9,516,194.24	—	—	—
流動資產合計	7,673,041,113.63	8,929,350,777.85	11,646,493,478.55	14,172,899,218.15
可供出售金融資產	60,721,570.37	9,756,649.50	10,268,121.10	1,830,598.36
長期股權投資	51,645,230.53	21,610,338.75	57,800,445.23	113,754,190.13
固定資產	1,291,655,083.85	1,344,177,898.16	1,433,674,626.29	1,488,368,667.79
在建工程	61,936,696.44	27,331,613.11	61,087,946.18	231,508,246.34
固定資產清理	—	—	20,851,110.89	—
無形資產	47,773,502.60	69,223,899.60	167,502,525.56	191,483,451.66
商譽	3,943,671.53	3,943,671.53	3,943,671.53	3,943,671.53
長期待攤費用	23,849,638.87	19,897,124.12	15,774,783.95	11,480,636.02
遞延所得稅資產	63,408,491.10	91,993,543.01	150,686,419.10	251,626,885.02
非流動資產合計	1,604,933,885.29	1,587,934,737.78	1,921,589,649.83	2,293,996,346.85
資產總計	9,277,974,998.92	10,517,285,515.63	13,568,083,128.38	16,466,895,565.00
短期借款	22,000,000.00	1,346,375,610.78	2,770,014,060.00	5,917,298,397.16
交易性金融負債	—	12,481,880.16	—	64,957,121.86
應付票據	3,415,401,298.67	2,637,681,947.36	2,884,697,072.42	2,031,883,915.56
應付帳款	995,897,141.52	1,571,761,341.98	2,599,242,285.04	2,390,131,711.56
預收款項	223,289,431.96	179,376,510.50	279,331,464.38	316,613,909.66
應付職工薪酬	162,790,579.83	168,838,494.96	193,217,075.52	218,113,645.42
應交稅費	9,047,560.13	14,263,975.12	-132,897,711.14	-170,794,740.44
應付利息	—	8,247,223.62	23,633,016.78	26,751,070.30
應付股利	3,402,196.99	7,108,659.46	804,527.20	7,976,122.23
其他應付款	626,548,059.95	527,535,236.31	763,923,600.66	798,367,146.17
流動負債合計	5,458,376,269.05	6,473,670,880.25	9,381,965,390.86	11,601,298,299.48
長期借款	—	—	—	510,000,000.00
長期應付款	—	—	—	30,000,000.00

表6-53(續)

會計年度	2007年	2008年	2009年	2010年
遞延所得稅負債	3,783,805.52	563,067.21	1,308,715.59	563,067.21
其他非流動負債	29,826,225.37	43,578,369.62	78,541,048.48	100,896,753.51
非流動負債合計	33,610,030.89	44,141,436.83	79,849,764.07	641,459,820.72
負債合計	5,491,986,299.94	6,517,812,317.08	9,461,815,154.93	12,242,758,120.20
實收資本（或股本）	601,986,352.00	1,203,972,704.00	1,203,972,704.00	1,203,972,704.00
資本公積	1,884,899,450.09	1,256,138,295.21	1,257,449,727.58	1,272,239,687.12
盈餘公積	781,670,420.36	804,896,533.82	809,307,995.80	809,307,995.80
未分配利潤	271,471,632.93	500,638,125.11	613,778,898.84	696,746,297.76
少數股東權益	238,161,627.35	224,430,267.07	230,900,111.89	225,490,212.07
外幣報表折算價差	7,799,216.25	9,397,273.34	-9,141,464.66	16,380,548.05
歸屬母公司所有者權益（或股東權益）	3,547,827,071.63	3,775,042,931.48	3,875,367,861.56	3,998,647,232.73
所有者權益（或股東權益）合計	3,785,988,698.98	3,999,473,198.55	4,106,267,973.45	4,224,137,444.80
負債和所有者（或股東權益）合計	9,277,974,998.92	10,517,285,515.63	13,568,083,128.38	16,466,895,565.00

（2）利潤表（如表6-54所示）

表6-54　　　　　　　　康佳A利潤表　　　　　　　單位：元

會計年度	2007年	2008年	2009年	2010年
一、營業收入	12,169,078,369.50	12,205,292,227.57	13,259,033,591.95	17,111,454,066.34
減：營業成本	9,804,186,357.31	9,883,102,555.52	10,769,730,028.66	14,442,666,069.29
營業稅金及附加	3,166,505.49	4,170,880.39	4,847,731.84	7,400,354.34
銷售費用	1,592,452,280.71	1,520,386,793.94	1,670,999,719.23	2,013,458,045.98
管理費用	418,146,607.17	432,537,982.69	455,895,588.89	540,003,130.29
財務費用	40,852,160.70	1,318,507.81	54,509,219.18	-33,944,892.42
資產減值損失	71,963,652.97	81,711,174.46	197,754,509.19	198,465,388.91
加：公允價值變動淨收益	—	-12,481,880.16	16,155,044.16	-68,630,285.86
投資收益	8,642,402.90	-3,708,539.71	3,220,262.14	97,155,678.44
其中：對聯營企業和合營企業的投資收益	—	-690,035.55	-886,679.52	10,905,294.92
二、營業利潤	246,953,208.05	265,873,912.89	124,672,101.26	-28,068,637.47
加：營業外收入	12,004,715.77	27,884,850.52	27,314,858.06	127,596,472.69

表6-54(續)

會計年度	2007年	2008年	2009年	2010年
減：營業外支出	11,059,138.99	12,912,868.89	6,088,845.81	11,820,845.34
其中：非流動資產處置淨損失	—	6,652,412.36	3,814,873.37	7,340,335.65
三、利潤總額	247,898,784.83	280,845,894.52	145,898,113.51	87,706,989.88
減：所得稅費用	33,867,884.76	22,521,423.18	-1,488,458.74	-13,482,505.07
四、淨利潤	214,030,900.07	258,324,471.34	147,386,572.25	101,189,494.95
歸屬於母公司所有者的淨利潤	209,198,469.00	250,817,154.35	151,077,290.18	83,947,861.32
少數股東損益	4,832,431.07	7,507,316.99	-3,690,717.93	17,241,633.63
五、每股收益	—	—	—	—
（一）基本每股收益	0.35	0.21	0.13	0.07
（二）稀釋每股收益	0.35	0.21	0.13	0.07

（3）現金流量表（如表6-55所示）

表6-55　　　　　　　康佳A現金流量表　　　　　　　單位：元

報告年度	2007年	2008年	2009年	2010年
銷售商品、提供勞務收到的現金	13,386,374,956.57	13,416,342,914.29	15,133,741,038.91	17,807,481,097.12
收到的稅費返還	78,634,125.53	77,849,353.60	87,084,976.74	263,800,363.50
收到其他與經營活動有關的現金	406,290,264.67	103,203,885.47	146,134,323.76	301,933,158.96
經營活動現金流入小計	13,871,299,346.77	13,597,396,153.36	15,366,960,339.41	18,373,214,619.58
購買商品、接受勞務支付的現金	10,775,320,718.69	10,236,431,232.19	12,072,565,468.07	14,884,670,227.35
支付給職工以及爲職工支付的現金	756,984,289.09	850,940,738.59	914,638,306.02	1,131,125,096.33
支付的各項稅費	875,665,140.84	1,025,589,614.95	1,345,298,981.26	1,560,026,786.47
支付其他與經營活動有關的現金	1,162,113,699.30	1,121,792,489.34	740,354,025.83	1,230,191,856.45
經營活動現金流出小計	13,570,083,847.92	13,234,754,075.07	15,072,856,781.18	18,806,013,966.60
經營活動產生的現金流量淨額	301,215,498.85	362,642,078.29	294,103,558.23	-432,799,347.02
收回投資收到的現金	30,977,811.00	47,065,893.48	197,820.00	83,676,969.35
取得投資收益收到的現金	8,773,933.59	5,460,641.00	54,354.16	534,616.64

表6－55(續)

報告年度	2007年	2008年	2009年	2010年
處置固定資產、無形資產和其他長期資產收回的現金淨額	4,327,896.35	40,466,824.25	14,575,955.08	39,188,058.97
處置子公司及其他營業單位收到的現金淨額	—	24,150.00	—	—
收到其他與投資活動有關的現金	2,056,103,685.21	29,198,806.33	43,622,774.50	15,000,000.00
投資活動現金流入小計	2,100,183,326.15	122,216,315.06	58,450,903.74	138,399,644.96
購建固定資產、無形資產和其他長期資產支付的現金	167,387,122.20	160,001,413.50	348,264,933.03	448,582,431.91
投資支付的現金	37,714,728.60	84,360.00	37,370,546.00	45,048,449.98
支付其他與投資活動有關的現金	2,056,005,544.03	20,269,150.00	11,462,345.89	—
投資活動現金流出小計	2,261,107,394.83	180,354,923.50	397,097,824.92	493,630,881.89
投資活動產生的現金流量淨額	－160,924,068.68	－58,138,608.44	－338,646,921.18	－355,231,236.93
吸收投資收到的現金	—	—	6,093,075.82	—
取得借款收到的現金	22,000,000.00	2,449,996,862.25	2,777,811,335.00	4,255,378,615.46
收到其他與籌資活動有關的現金	—	1,036,141,024.71	1,557,658,931.78	2,881,363,489.83
籌資活動現金流入小計	22,000,000.00	3,486,137,886.96	4,341,563,342.60	7,136,742,105.29
償還債務支付的現金	15,000,000.00	2,375,918,008.59	1,354,172,885.78	3,220,756,533.57
分配股利、利潤或償付利息支付的現金	69,482,554.53	108,561,447.16	97,290,061.35	99,736,898.25
支付其他與籌資活動有關的現金	—	1,204,946,154.12	2,930,409,561.75	3,194,884,209.03
籌資活動現金流出小計	84,482,554.53	3,689,425,609.87	4,381,872,508.88	6,515,377,640.85
籌資活動產生的現金流量淨額	－62,482,554.53	－203,287,722.91	－40,309,166.28	621,364,464.44
四、匯率變動對現金的影響	－3,490,286.99	－8,747,294.35	－10,222,921.54	－13,760,302.77
五、現金及現金等價物淨增加額	74,318,588.65	92,468,452.59	－95,075,450.77	－180,426,422.28

表6-55(續)

報告年度	2007年	2008年	2009年	2010年
期初現金及現金等價物余額	678,239,825.82	752,558,414.47	845,026,867.06	749,951,416.29
期末現金及現金等價物余額	752,558,414.47	845,026,867.06	749,951,416.29	569,524,994.01

3. 2008—2010年主營業務（如表6-56所示）

表6-56　　　　　　　　　2008—2010年主營業務

2008年			
項目名稱	主營業務收入（元）	主營業務成本（元）	主營業務毛利（元）	毛利率（%）
彩電內銷	8,365,128,000.00	6,689,522,000.00	1,675,606,000.00	20
白電及其他	1,705,252,000.00	1,310,618,000.00	394,634,000.00	23.14
手機	1,261,920,000.00	1,107,801,000.00	154,119,000.00	12.21
彩電外銷	721,478,000.00	676,916,000.00	44,562,000.00	6.17
合計	12,053,778,000.00	9,784,857,000.00	2,268,921,000.00	18.82
2009年				
項目名稱	主營業務收入（元）	主營業務成本（元）	主營業務毛利（元）	毛利率（%）
白電	965,317,700.00	751,868,700.00	213,449,000.00	22.11
彩電	10,130,582,400.00	8,228,535,000.00	1,902,047,400.00	18.78
其他	405,955,700.00	328,126,000.00	77,829,700.00	19.17
手機	1,629,288,400.00	1,367,354,800.00	261,933,600.00	16.08
合計	13,131,144,200.00	10,675,884,500.00	2,455,259,700.00	18.70
2010年				
項目名稱	主營業務收入（元）	主營業務成本（元）	主營業務毛利（元）	毛利率（%）
電子行業	16,963,006,700.00	14,331,521,600.00	2,631,485,100.00	15.51

（三）海信電器

1. 基本情況

公司的發起人是青島海信集團公司，曾用過「青島無線電二廠」「青島電視機廠」「青島海信電器公司」等名稱。1996年12月6日，公司更名爲「青島海信集團公司」，目前已發展成爲跨行業、跨地區、集科技、工業、商貿爲一體，實行資產經營一體化的集團公司。公司已連續八年名列中國500家經濟規模最大、經濟效益最佳企業排行榜，連續八年躋身中國電子百強企業。1995年，海信技術中心被認定爲「企業技術中心」，具有國內領先水平的開發設計能力，是山東省最大的CAD工作站，被確定爲「中華之最」——全國最先進大屏幕彩電生産企業，1996年被選定爲「重點扶持的300家大中企業中首批44家之一」。

公司擁有行業內投資規模最大、開發手段最先進的企業技術中心。該中心投資在3億元以上，擁有行業內獨一無二的技術開發設施（如全消聲實驗室、電磁兼容實驗室）和全國同行業最大的電子元器件及整機例行實驗室。該中心對世界最先進技術進行及時跟蹤，與日本的松下、東芝、三洋，美國的 NCR、AT&T、英特爾，歐洲的菲利浦等世界頂尖級電子公司保持著經常性的高層次接觸。

公司經營範圍：電視機，平板顯示器件，電冰箱，電冰櫃，洗衣機，熱水器，微波爐，洗碗機，電髮門、電吹風、電炊具等小家電產品，廣播電視設備，電子計算機，通信產品，信息技術產品，家用商用電器和電子產品的製造、銷售、服務和回收；非標準設備加工、安裝售後服務；自營進出口業務（按外經貿部核准項目經營）；生產衛星電視地面廣播接收設備；房屋租賃、機械與設備租賃、物業管理。

2. 2007—2010 年財務報表

（1）資產負債表（如表6-57所示）

表6-57　　　　　　　　　　海信電器資產負債表　　　　　　　　單位：元

會計年度	2007 年	2008 年	2009 年	2010 年
貨幣資金	621,948,643.17	675,799,349.09	2,198,314,507.27	2,436,906,457.92
應收票據	1,585,138,953.49	2,324,644,678.38	3,619,239,251.72	5,060,534,848.57
應收帳款	749,152,787.79	515,560,695.80	633,968,257.23	821,704,143.28
預付款項	71,117,257.13	35,881,341.06	28,803,529.81	26,073,856.89
其他應收款	27,678,629.54	17,678,092.11	9,290,068.95	14,416,723.40
存貨	2,048,492,507.31	1,193,316,307.77	2,395,518,811.04	2,544,301,697.26
流動資產合計	5,103,528,778.43	4,762,880,464.21	8,885,134,426.02	10,903,937,727.32
長期股權投資	1,876,212.89	6,159,180.91	120,001,624.87	134,735,071.15
投資性房地產	112,224,001.84	34,587,446.28	33,374,664.66	32,180,808.85
固定資產	840,916,396.29	909,764,332.33	1,007,563,158.18	1,091,885,296.90
在建工程	30,623,953.20	45,363,735.99	21,437,386.58	11,041,539.82
固定資產清理	195,668.02	129,541.95	914,500.07	1,573,625.08
無形資產	100,319,071.36	93,308,363.50	88,128,395.31	81,742,715.91
開發支出	—	4,395,438.02	1,914,196.17	—
商譽	7,863,659.48			
長期待攤費用	44,426,708.29	20,812,728.18	14,376,639.30	19,287,979.12
遞延所得稅資產	38,836,669.87	36,354,289.94	170,253,296.10	217,658,405.27
其他非流動資產	—	—	—	—
非流動資產合計	1,177,282,341.24	1,150,875,057.10	1,457,963,861.24	1,590,105,442.10
資產總計	6,280,811,119.67	5,913,755,521.31	10,343,098,287.26	12,494,043,169.42
應付票據	252,300,959.43	256,158,381.38	469,256,598.71	487,870,000.00
應付帳款	2,125,766,289.81	1,533,213,887.57	2,919,250,147.55	3,683,427,093.54

表6-57(續)

會計年度	2007年	2008年	2009年	2010年
預收款項	410,006,506.79	461,627,869.88	430,734,280.65	552,805,271.48
應付職工薪酬	18,381,737.73	45,165,708.60	121,484,394.58	143,925,100.74
應交稅費	4,482,443.36	-35,669,882.51	80,808,045.64	123,534,637.87
應付利息	962,975.00	962,975.00	962,975.00	962,975.00
其他應付款	471,498,642.37	479,243,843.10	1,224,371,322.42	1,673,184,235.80
流動負債合計	3,283,399,554.49	2,740,702,783.02	5,246,867,764.55	6,665,709,314.43
長期借款	6,500,000.00	6,500,000.00	6,500,000.00	6,500,000.00
專項應付款	11,987,558.69	—	—	—
其他非流動負債	34,880,000.00	90,114,436.50	58,607,429.79	19,421,924.82
非流動負債合計	53,367,558.69	96,614,436.50	65,107,429.79	25,921,924.82
負債合計	3,336,767,113.18	2,837,317,219.52	5,311,975,194.34	6,691,631,239.25
實收資本（或股本）	493,767,810.00	493,767,810.00	577,767,810.00	866,651,715.00
資本公積	1,553,070,398.62	1,502,891,829.35	2,927,353,889.35	2,652,610,784.35
盈余公積	260,285,910.34	288,018,465.68	383,396,884.76	547,266,255.32
未分配利潤	504,628,179.52	696,415,926.94	1,037,333,142.76	1,622,828,932.16
少數股東權益	132,291,708.01	117,251,741.37	124,040,982.12	129,240,118.85
外幣報表折算價差	—	-21,907,471.55	-18,769,616.07	-16,185,875.51
歸屬母公司所有者權益（或股東權益）	2,811,752,298.48	2,959,186,560.42	4,907,082,110.80	5,673,171,811.32
所有者權益（或股東權益）合計	2,944,044,006.49	3,076,438,301.79	5,031,123,092.92	5,802,411,930.17
負債和所有者（或股東權益）合計	6,280,811,119.67	5,913,755,521.31	10,343,098,287.26	12,494,043,169.42

（2）利潤表（如表6-58所示）

表6-58　　　　　　　　　　海信電器利潤表　　　　　　　　　　單位：元

會計年度	2007年	2008年	2009年	2010年
一、營業收入	14,838,636,157.26	13,407,101,432.47	18,406,554,795.80	21,263,700,581.01
減：營業成本	12,456,715,420.80	11,025,741,264.55	14,904,567,047.19	17,576,155,578.22
營業稅金及附加	43,616,260.50	53,750,815.36	51,485,157.42	65,641,834.35
銷售費用	1,732,986,706.75	1,710,720,672.61	2,511,134,258.57	2,260,127,769.59
管理費用	290,586,249.79	314,315,358.99	365,560,268.08	369,691,035.42
財務費用	52,320,721.20	68,059,774.77	34,124,057.65	51,772,483.87
資產減值損失	94,308,158.57	29,809,188.59	74,881,681.62	53,125,084.10

表6-58(續)

會計年度	2007年	2008年	2009年	2010年
投資收益	49,416,103.67	445,800.60	4,298,003.39	18,341,212.74
其中：對聯營企業和合營企業的投資收益	—	—	—	13,641,446.28
二、營業利潤	217,518,743.32	205,150,158.20	469,100,328.66	905,528,008.20
加：營業外收入	79,192,345.32	79,282,159.25	169,652,701.49	80,057,621.24
減：營業外支出	6,083,376.59	15,455,602.48	24,524,380.48	6,183,934.18
其中：非流動資產處置淨損失	850,307.81	—	19,538,281.18	4,801,185.83
三、利潤總額	290,627,712.05	268,976,714.97	614,228,649.67	979,401,695.26
減：所得稅費用	78,406,697.17	57,683,519.61	112,355,435.64	140,015,153.88
四、淨利潤	212,221,014.88	211,293,195.36	501,873,214.03	839,386,541.38
歸屬於母公司所有者的淨利潤	203,834,865.55	224,968,771.24	498,229,266.88	834,905,362.38
少數股東損益	8,386,149.33	-13,675,575.88	3,643,947.15	4,481,179.00
五、每股收益	—	—	—	—
（一）基本每股收益	0.41	0.46	1.01	0.96
（二）稀釋每股收益	0.41	0.46	1.01	0.96

（3）現金流量表（如表6-59所示）

表6-59　　　　　　　　　海信電器現金流量表　　　　　　　單位：元

報告年度	2007年	2008年	2009年	2010年
銷售商品、提供勞務收到的現金	8,638,558,262.45	9,864,141,440.02	16,118,709,964.52	19,429,772,905.36
收到的稅費返還	79,667,408.92	57,647,752.29	17,335,340.52	10,602,012.43
收到其他與經營活動有關的現金	287,174,371.82	235,774,652.86	184,684,109.34	274,682,065.01
經營活動現金流入小計	9,005,400,043.19	10,157,563,845.17	16,320,729,414.38	19,715,056,982.80
購買商品、接受勞務支付的現金	6,465,537,937.96	7,613,364,990.84	13,531,654,872.38	16,118,030,234.51
支付給職工以及為職工支付的現金	520,309,446.18	586,994,795.40	694,567,504.87	851,960,276.23
支付的各項稅費	632,058,390.99	655,897,241.90	625,782,948.99	868,776,698.06
支付其他與經營活動有關的現金	1,213,697,504.94	1,083,954,137.26	1,103,790,710.00	1,317,069,035.38

表6-59(續)

報告年度	2007年	2008年	2009年	2010年
經營活動現金流出小計	8,831,603,280.07	9,940,211,165.40	15,955,796,036.24	19,155,836,244.18
經營活動產生的現金流量淨額	173,796,763.12	217,352,679.77	364,933,378.14	559,220,738.62
收回投資收到的現金	71,712,151.83	1,584,268.56	1,458,000.00	—
取得投資收益收到的現金	66,316,927.35	45,000.00	—	2,508,000.00
處置固定資產、無形資產和其他長期資產收回的現金淨額	647,502.23	1,338,308.88	73,854,873.81	4,795,022.18
收到其他與投資活動有關的現金	2,500.00	—	—	—
投資活動現金流入小計	138,679,081.41	2,967,577.44	75,312,873.81	7,303,022.18
購建固定資產、無形資產和其他長期資產支付的現金	126,974,504.31	95,571,830.41	247,968,628.32	242,336,354.96
投資支付的現金	21,203,375.30	5,466,410.00	110,639,300.00	3,600,000.00
支付其他與投資活動有關的現金	21,122.00	—	349,851.58	8,205.20
投資活動現金流出小計	148,199,001.61	101,038,240.41	358,957,779.90	245,944,560.16
投資活動產生的現金流量淨額	-9,519,920.20	-98,070,662.97	-283,644,906.09	-238,641,537.98
吸收投資收到的現金	2,456,033.28	—	1,504,023,080.00	—
取得借款收到的現金	17,170,016.00	20,000,000.00	—	—
籌資活動現金流入小計	19,626,049.28	20,000,000.00	1,504,023,080.00	—
償還債務支付的現金	267,244,977.80	20,000,000.00	—	—
分配股利、利潤或償付利息支付的現金	58,446,480.73	62,272,948.14	68,139,957.78	84,223,359.47
籌資活動現金流出小計	325,691,458.53	82,272,948.14	68,139,957.78	84,223,359.47
籌資活動產生的現金流量淨額	-306,065,409.25	-62,272,948.14	1,435,883,122.22	-84,223,359.47
四、匯率變動對現金的影響	-837,973.21	-3,158,362.74	5,343,563.91	2,236,109.48
五、現金及現金等價物淨增加額	-142,626,539.54	53,850,705.92	1,522,515,158.18	238,591,950.65

表6-59(續)

報告年度	2007年	2008年	2009年	2010年
期初現金及現金等價物餘額	764,575,182.71	621,948,643.17	675,799,349.09	2,198,314,507.27
期末現金及現金等價物餘額	621,948,643.17	675,799,349.09	2,198,314,507.27	2,436,906,457.92

3. 2008—2010年主營業務（如表6-60所示）

表6-60　　　　　　　　　　2008—2010年主營業務

2008年			
項目名稱	主營業務收入（元）	主營業務成本（元）	主營業務毛利（元）	毛利率（%）
電視機	12,172,085,215.68	9,897,566,643.93	2,274,518,571.75	18.69
其他	155,872,668.12	121,736,652.63	34,136,015.49	21.90
合計	12,327,957,883.80	10,019,303,296.56	2,308,654,587.24	18.73
電視機	12,172,085,216.00	9,897,566,644.00	2,274,518,572.00	18.69
合計	12,327,957,884.00	10,019,303,297.00	2,308,654,587.00	18.73
2009年				
項目名稱	主營業務收入（元）	主營業務成本（元）	主營業務毛利（元）	毛利率（%）
電視機	16,710,013,775.37	13,345,626,074.80	3,364,387,700.57	20.13
其他	378,345,972.24	340,432,653.27	37,913,318.97	10.02
合計	17,088,359,747.61	13,686,058,728.07	3,402,301,019.54	19.91
2010年				
項目名稱	主營業務收入（元）	主營業務成本（元）	主營業務毛利（元）	毛利率（%）
電視機	19,280,928,712.16	15,719,394,788.14	3,561,533,924.02	18.47

（四）ST廈華

1. 基本情況

公司是在廈門華僑電子有限公司的基礎上，於1995年1月28日由廈門華僑電子企業有限公司、廈門經濟特區華夏集團和廈門市電子器材公司3家共同發起設立的公眾公司。公司主要生產彩電，始建於1984年，能夠開發多制式彩電，產品出口量在同行業中名列前茅。由於按國際標準組織生產顯示器，「廈華牌」顯示器在國內外品牌中，質量名列前茅。1997年6月份，公司彩電在全國35個城市106家大型商場的銷售排名中，已上升至全國第三名。

公司經營範圍：各類視聽設備；通信設備（通信終端設備、移動通信及終端設備、其他通信設備）；電子計算機；五金、注塑、模具、變壓器、電路板等基礎配套部件；公司自產產品的維修及銷售服務；經營各類商品和技術的進出口（不另附進出口商品目錄），但國家限定公司經營或禁止進出口的商品及技術除外；信息家電產品、技術開

發及轉讓、技術諮詢和技術服務；計算機軟件開發、應用；稅控收款機、稅控打印機、稅控器、銀稅一體機的開發、生產、銷售及服務。主要產品：彩色電視機、移動通信、彩色顯示器、計算機網路設備。

2. 2007—2010 年財務報表

（1）資產負債表（如表 6-61 所示）

表 6-61　　　　　　　　　ST 廈華資產負債表　　　　　　　　單位：元

會計年度	2007 年	2008 年	2009 年	2010 年
貨幣資金	622,133,698.80	307,103,400.10	641,737,523.36	461,751,066.36
交易性金融資產	—	—	—	5,995,000.00
應收票據	115,259,469.24	53,615,803.77	18,532,123.08	32,487,834.49
應收帳款	691,821,060.09	374,133,451.96	732,566,904.65	791,164,641.81
預付款項	19,776,018.22	11,528,873.72	41,574,775.97	21,230,508.60
其他應收款	106,368,741.98	12,132,640.59	18,084,290.49	13,952,461.34
存貨	1,118,774,137.05	364,392,267.85	273,150,745.77	281,055,205.56
流動資產合計	2,674,133,125.38	1,122,906,437.99	1,725,646,363.32	1,607,636,718.16
長期股權投資	23,313,638.95	14,245,869.67	14,199,931.24	14,296,289.28
投資性房地產	10,771,720.73	10,132,136.16	9,493,269.00	1,132,800.00
固定資產	344,161,119.85	169,531,050.71	141,750,528.41	122,855,184.32
在建工程	12,368,280.62	6,108,773.99	2,185,119.03	8,461.54
固定資產清理	—	72,417.80	—	—
無形資產	93,160,956.04	66,270,350.33	58,791,684.67	51,557,777.45
長期待攤費用	277,729.94	160,712.08	2,457,605.11	2,023,499.11
遞延所得稅資產	2,833,763.45	1,288,701.29	755,358.88	684,135.12
非流動資產合計	486,887,209.58	267,810,012.03	229,633,496.34	192,558,146.82
資產總計	3,161,020,334.96	1,390,716,450.02	1,955,279,859.66	1,800,194,864.98
短期借款	1,559,094,052.65	1,120,571,931.78	1,485,675,446.03	1,475,379,141.34
應付票據	100,000,000.00	53,500,000.00	146,944,481.41	206,798,822.72
應付帳款	1,284,810,926.18	928,988,537.06	707,927,504.41	439,565,205.34
預收款項	131,340,399.05	90,755,163.51	49,636,663.24	38,637,165.05
應付職工薪酬	36,916,794.99	30,788,527.92	22,637,691.81	20,134,723.22
應交稅費	-66,577,807.19	-8,738,348.80	-19,183,778.07	-18,669,110.25
應付利息	4,839,395.22	4,543,425.10	1,316,767.84	10,478,791.78
其他應付款	161,003,369.90	225,136,636.28	200,676,683.94	182,042,982.33
一年內到期的非流動負債	—	—	—	300,000,000.00

表6-61(续)

会计年度	2007年	2008年	2009年	2010年
流动负债合计	3,211,427,130.80	2,445,545,872.85	2,595,631,460.61	2,654,367,721.53
长期借款	159,693.70	—	300,000,000.00	—
专项应付款	50,000,000.00	—	—	—
其他非流动负债	—	49,033,521.55	50,033,521.55	53,013,521.55
非流动负债合计	50,159,693.70	49,033,521.55	350,033,521.55	53,013,521.55
负债合计	3,261,586,824.50	2,494,579,394.40	2,945,664,982.16	2,707,381,243.08
实收资本（或股本）	370,818,715.00	370,818,715.00	370,818,715.00	370,818,715.00
资本公积	933,725,470.78	933,901,868.47	947,092,868.47	963,587,141.95
盈余公积	55,004,947.70	55,004,947.70	55,004,947.70	55,004,947.70
未分配利润	-1,469,894,092.33	-2,479,156,995.71	-2,377,058,033.43	-2,314,981,132.89
少数股东权益	14,626,667.27	9,599,907.51	11,604,581.89	12,901,681.74
外币报表折算价差	-4,848,197.96	5,968,612.65	2,151,797.87	5,482,268.40
归属母公司所有者权益（或股东权益）	-115,193,156.81	-1,113,462,851.89	-1,001,989,704.39	-920,088,059.84
所有者权益（或股东权益）合计	-100,566,489.54	-1,103,862,944.38	-990,385,122.50	-907,186,378.10
负债与所有者权益（或股东权益）合计	3,161,020,334.96	1,390,716,450.02	1,955,279,859.66	1,800,194,864.98

(2) 利润表 (如表6-62所示)

表6-62　　　　　　　　　　ST 厦华利润表　　　　　　　　单位：元

会计年度	2007年	2008年	2009年	2010年
一、营业收入	6,498,920,818.59	3,551,361,116.51	4,157,582,413.29	4,291,977,843.16
减：营业成本	5,964,235,305.97	3,243,014,217.35	3,586,626,055.75	3,832,793,651.02
营业税金及附加	2,159,960.53	3,066,370.27	1,029,086.96	2,793,559.50
销售费用	675,157,444.54	542,778,163.19	270,652,970.12	199,739,475.88
管理费用	130,007,556.98	94,851,161.02	80,052,548.30	83,487,396.98
财务费用	93,069,618.08	140,355,865.12	63,203,622.29	91,747,683.62
资产减值损失	68,027,065.51	546,840,820.95	52,321,860.45	38,989,786.58
加：公允价值变动净收益	—	—	—	5,995,000.00
投资收益	6,286,480.21	627,515.17	32,136.95	2,604.92
其中：对联营企业和合营企业的投资收益	-442,293.25	-61,861.77	-44,845.42	-36,398.37

表6-62(續)

會計年度	2007 年	2008 年	2009 年	2010 年
二、營業利潤	-427,449,652.81	-1,018,917,966.22	103,728,406.37	48,423,894.50
加：營業外收入	42,273,114.02	19,892,754.81	10,417,821.61	24,770,081.54
減：營業外支出	2,050,308.61	9,771,726.97	8,850,488.30	7,041,769.79
其中：非流動資產處置淨損失	386,048.29	4,797,168.19	6,849,846.83	3,616,630.08
三、利潤總額	-387,226,847.40	-1,008,796,938.38	105,295,739.68	66,152,206.25
減：所得稅費用	2,740,207.05	3,069,482.77	1,193,262.89	1,719,634.76
四、淨利潤	-389,967,054.45	-1,011,866,421.15	104,102,476.79	64,432,571.49
歸屬於母公司所有者的淨利潤	-391,286,328.24	-1,009,262,903.38	102,098,962.28	61,416,772.59
少數股東損益	1,319,273.79	-2,603,517.77	2,003,514.51	3,015,798.90
五、每股收益	—	—	—	—
（一）基本每股收益	-1.06	-2.72	0.28	0.17
（二）稀釋每股收益	-1.06	-2.72	0.28	0.17

（3）現金流量表（如表6-63所示）

表6-63　　　　　　　　　ST廈華現金流量表　　　　　　　　　單位：元

報告年度	2007 年	2008 年	2009 年	2010 年
銷售商品、提供勞務收到的現金	8,447,296,714.40	3,903,409,512.93	3,931,441,719.93	4,248,697,179.99
收到的稅費返還	139,003,271.21	68,220,974.64	115,460,606.72	101,579,567.73
收到其他與經營活動有關的現金	84,414,930.88	104,663,741.78	109,329,653.97	138,872,344.95
經營活動現金流入小計	8,670,714,916.49	4,076,294,229.35	4,156,231,980.62	4,489,149,092.67
購買商品、接受勞務支付的現金	7,507,622,885.79	3,107,617,424.42	3,867,291,707.85	4,062,874,994.24
支付給職工以及為職工支付的現金	344,570,644.82	265,285,615.08	231,457,864.58	203,089,575.20
支付的各項稅費	41,179,613.28	73,170,853.72	21,579,191.76	26,691,265.39
支付其他與經營活動有關的現金	634,082,627.80	495,773,866.50	479,429,214.95	210,432,646.74
經營活動現金流出小計	8,527,455,771.69	3,941,847,759.72	4,599,757,979.14	4,503,088,481.57
經營活動產生的現金流量淨額	143,259,144.80	134,446,469.63	-443,525,998.52	-13,939,388.90

表6-63(續)

報告年度	2007年	2008年	2009年	2010年
收回投資收到的現金	20,000,000.00	728,187.71	——	——
取得投資收益收到的現金	180,000.00	130,000.00	76,982.37	39,003.29
處置固定資產、無形資產和其他長期資產收回的現金淨額	50,475,496.25	222,403,758.65	2,356,988.05	25,734,687.15
收到其他與投資活動有關的現金	2,232,306.47	——	——	——
投資活動現金流入小計	72,887,802.72	223,261,946.36	2,433,970.42	25,773,690.44
購建固定資產、無形資產和其他長期資產支付的現金	27,672,823.85	42,296,684.11	9,822,756.36	8,807,054.18
投資支付的現金	4,131,282.23	367,463.88	——	——
支付其他與投資活動有關的現金	——	24,945,880.50	——	1,899,088.14
投資活動現金流出小計	31,804,106.08	67,610,028.49	9,822,756.36	10,706,142.32
投資活動產生的現金流量淨額	41,083,696.64	155,651,917.87	-7,388,785.94	15,067,548.12
吸收投資收到的現金	1,329.84	——	——	——
取得借款收到的現金	2,921,029,718.96	2,892,386,327.03	3,666,195,064.16	4,041,695,675.10
收到其他與籌資活動有關的現金	30,000,000.00	——	——	——
籌資活動現金流入小計	2,951,031,048.80	2,892,386,327.03	3,666,195,064.16	4,041,695,675.10
償還債務支付的現金	3,012,201,634.37	3,316,145,830.37	3,005,259,068.09	4,054,465,827.03
分配股利、利潤或償付利息支付的現金	128,612,916.39	97,089,059.80	57,157,824.11	50,719,616.75
支付其他與籌資活動有關的現金	1,500,000.00	——	——	——
籌資活動現金流出小計	3,142,314,550.76	3,413,234,890.17	3,062,416,892.20	4,105,185,443.78
籌資活動產生的現金流量淨額	-191,283,501.96	-520,848,563.14	603,778,171.96	-63,489,768.68
四、匯率變動對現金的影響	28,195,838.63	-66,909,142.80	8,726,309.39	-6,898,742.46
五、現金及現金等價物淨增加額	21,255,178.11	-297,659,318.44	161,589,696.89	-69,260,351.92

表6－63(續)

報告年度	2007 年	2008 年	2009 年	2010 年
期初現金及現金等價物余額	514,724,930.49	535,980,108.60	238,320,790.16	399,910,487.05
期末現金及現金等價物余額	535,980,108.60	238,320,790.16	399,910,487.05	330,650,135.13

3. 2008—2010 年主營業務（如表 6－64 所示）

表 6－64　　　　　　　　2008—2010 年主營業務

2008 年			
項目名稱	主營業務收入（元）	主營業務成本（元）	主營業務毛利（元）	毛利率（％）
彩電及彩電配件銷售	3,363,248,029.70	3,096,449,103.66	266,798,926.04	8
車載監視器	87,645,670.74	71,055,403.86	16,590,266.88	18.93
彩電及彩電配件銷售	3,363,248,030.00	3,096,449,104.00	266,798,926.00	7.93
車載監視器	87,645,670.74	71,055,403.86	16,590,266.88	18.93
合計	6,901,787,401.18	6,335,009,015.38	1,566,778,385.80	8.21
2009 年				
項目名稱	主營業務收入（元）	主營業務成本（元）	主營業務毛利（元）	毛利率（％）
彩電及配件銷售	4,055,455,619.90	3,515,151,450.77	540,304,169.13	13.32
車載監視器及配件銷售	65,676,919.31	51,353,712.45	14,323,206.86	21.80
房租＆物業收入	200,430.96	638,867.16	－438,436.2	－218.70
廢料	3,340,587.27		3,340,587.27	100
加工費	410.26		410.26	100
合計	4,124,673,967.70	3,567,144,030.38		13.51
2010 年				
項目名稱	主營業務收入（元）	主營業務成本（元）	主營業務毛利（元）	毛利率（％）
彩電及配件銷售	4,179,627,908.69	3,759,256,525.43	420,371,383.26	10.06
車載監視器及配件銷售	65,210,471.83	49,176,255.05	16,034,216.78	24.59
合計	4,244,838,380.52	3,808,432,780.48	436,405,600.04	10.28

二、實訓要求

（1）四人一組，每個人負責一個公司。

（2）分別對所在公司的資產負債表、利潤表和現金流量表進行初步分析。

（3）計算各人所在公司 2008—2010 年有關償債能力、營運能力、盈利能力、獲現能力和發展能力的財務比率，各人計算出公司的財務比率作爲共享，每個人將其他三個公

模塊六　財務綜合分析

司的財務比率作為主要競爭對手數據，各自寫出所在公司2010年財務狀況質量分析報告。

案例五　雅戈爾杜邦分析

一、案例資料

雅戈爾集團股份有限公司（以下簡稱「雅戈爾」）系1993年經寧波市體改委以「甬體改〔1993〕28號」文批准，由寧波盛達發展公司和寧波富盛投資有限公司（原寧波青春服裝廠）等發起並以定向募集方式設立的股份有限公司。1998年10月12日，經中國證券監督管理委員會以「證監發字〔1998〕253號」文批准，公司向社會公眾公開發行境內上市內資股（A股）股票5,500萬股並在上海證券交易所上市交易。1999年至2010年間幾經資本公積金轉增股本、配股以及發行可轉換公司債券轉股，截至2010年6月30日止，公司股本總數為2,226,611,695股。其中：有限售條件股份為617,689,376股，占股份總數的27.74%；無限售條件股份為1,608,922,319股，占股份總數的72.26%。2010年年底，資產總額達483億元，營業收入145億元，實現淨利潤29.3億元。

公司的經營範圍：服裝製造；技術諮詢；房地產開發；項目投資；倉儲；針紡織品、金屬材料、化工產品、建築材料、機電、家電、電子器材的批發、零售；自營和代理各類商品及技術的進出口業務（國家規定的專營進出口商品和國家禁止進出口等特殊商品除外）。

以下是雅戈爾2008—2010年的財務報表

1. 雅戈爾資產負債表（如表6-65所示）

表6-65　　　　　　　　　雅戈爾資產負債表　　　　　　　單位：元

會計年度	2008年	2009年	2010年
貨幣資金	3,983,223,089.71	2,103,247,227.65	4,355,722,568.12
交易性金融資產	819,802.38	893,249,881.06	1,136,590,625.34
應收票據	3,070,273.50	11,583,398.87	2,768,480.00
應收帳款	795,883,873.18	666,535,693.00	682,189,607.84
預付款項	1,646,983,950.02	433,325,133.27	1,723,377,378.38
其他應收款	639,776,469.46	1,329,169,513.04	2,028,831,251.45
應收關聯公司款	——	——	——
應收利息	5,244.89	——	7,961,369.87
應收股利	——	——	——
存貨	13,334,950,567.87	18,256,615,495.36	18,727,363,249.05
流動資產合計	20,404,713,271.01	23,693,726,342.25	28,664,804,530.05
可供出售金融資產	4,672,338,450.18	11,247,021,729.96	12,188,685,053.96
持有至到期投資	——	——	——
長期應收款	5,831,896.16	7,106,235.01	5,000,507.93
長期股權投資	1,092,565,639.30	1,341,553,987.82	2,176,288,212.21

表6-65(續)

會計年度	2008年	2009年	2010年
投資性房地產	53,255,239.57	51,021,506.69	54,141,526.34
固定資產	4,506,866,042.50	4,636,678,902.31	3,840,337,447.29
在建工程	370,305,292.26	409,467,977.52	881,836,485.59
工程物資	—	—	
無形資產	368,735,336.39	367,892,951.13	263,658,312.23
商譽	47,814,252.96	47,814,252.96	47,814,252.96
長期待攤費用	37,083,818.20	27,148,829.17	28,006,274.26
遞延所得稅資產	72,116,403.70	104,526,813.15	112,085,114.82
其他非流動資產	40,464.03	41,588.17	42,346.83
非流動資產合計	11,226,952,835.25	18,240,274,773.89	19,597,895,534.42
資產總計	31,631,666,106.26	41,934,001,116.14	48,262,700,064.47
短期借款	7,455,568,284.18	8,207,684,616.79	11,996,743,137.18
交易性金融負債	3,761,921.48	190,213.02	
應付票據	347,946,162.29	488,527,063.87	308,030,747.60
應付帳款	666,811,807.56	467,421,795.80	1,030,124,801.63
預收款項	5,534,514,768.86	7,717,797,986.59	9,669,381,616.74
應付職工薪酬	346,061,880.84	381,030,262.59	378,250,048.10
應交稅費	-293,769,154.84	74,105,393.77	1,132,950,373.62
應付利息	41,372,601.14	16,514,674.82	10,731,617.27
應付股利	49,390,739.33	—	4,666,614.33
其他應付款	904,830,836.17	1,133,545,022.75	1,115,882,572.60
應付關聯公司款		—	
一年內到期的非流動負債	887,865,000.00	448,586,012.00	1,943,681,000.00
其他流動負債	1,903,280,000.00	1,805,486,000.00	
流動負債合計	17,847,634,847.01	20,740,889,042.00	27,590,442,529.07
長期借款	2,335,006,252.05	3,389,198,985.07	4,129,045,196.67
應付債券	—	—	
長期應付款	—	—	114,542,111.17
專項應付款	7,453,958.17	1,355,780.17	
預計負債		—	
遞延所得稅負債	1,534,101,191.29	2,229,341,412.68	1,221,818,717.24
其他非流動負債			

表6-65(續)

會計年度	2008年	2009年	2010年
非流動負債合計	3,876,561,401.51	5,619,896,177.92	5,465,406,025.08
負債合計	21,724,196,248.52	26,360,785,219.92	33,055,848,554.15
實收資本（或股本）	2,226,611,695.00	2,226,611,695.00	2,226,611,695.00
資本公積	2,306,050,375.48	5,176,852,896.72	3,331,710,917.93
盈余公積	677,535,305.10	916,227,764.99	1,115,566,361.47
減：庫存股	—	—	—
未分配利潤	3,882,983,972.73	6,200,216,711.82	7,448,116,076.97
少數股東權益	896,361,042.56	1,138,617,979.34	1,199,591,189.35
外幣報表折算價差	-82,072,533.13	-85,311,151.65	-114,744,730.40
歸屬母公司所有者權益（或股東權益）	9,011,108,815.18	14,434,597,916.88	14,007,260,320.97
所有者權益（或股東權益）合計	9,907,469,857.74	15,573,215,896.22	15,206,851,510.32
負債和所有者（或股東權益）合計	31,631,666,106.26	41,934,001,116.14	48,262,700,064.47

2. 利潤表（如表6-66所示）

表6-66　　　　　　　雅戈爾利潤表　　　　　　單位：元

會計年度	2008年	2009年	2010年
一、營業收入	10,780,310,835.33	12,278,622,223.27	14,513,590,505.84
減：營業成本	6,914,609,282.27	7,562,856,061.37	9,634,579,845.66
營業稅金及附加	254,693,176.67	350,015,942.23	971,053,947.10
銷售費用	978,248,046.39	1,098,217,781.09	1,139,286,518.75
管理費用	800,610,629.17	813,038,025.79	1,004,004,951.88
財務費用	451,464,408.86	301,151,231.61	420,632,282.73
資產減值損失	1,408,020,988.01	28,074,621.33	-30,511,151.59
加：公允價值變動淨收益	-1,308,532.06	35,434,412.03	-31,822,477.85
投資收益	2,222,044,343.19	1,979,018,706.93	2,057,854,203.72
其中：對聯營企業和合營企業的投資收益	—	2,683,363.41	50,638,664.96
二、營業利潤	2,193,400,115.09	4,139,721,678.81	3,400,575,837.18
加：補貼收入	—	—	—
營業外收入	208,826,619.07	61,035,869.28	306,479,966.20
減：營業外支出	27,020,004.10	103,156,289.72	46,332,485.63

表6-66(續)

會計年度	2008年	2009年	2010年
其中：非流動資產處置淨損失	2,341,961.46	17,513,685.82	3,232,857.90
三、利潤總額	2,375,206,730.06	4,097,601,258.37	3,660,723,317.75
減：所得稅費用	583,675,919.83	603,420,926.53	726,402,800.11
加：影響淨利潤的其他科目	——	——	——
四、淨利潤	1,791,530,810.23	3,494,180,331.84	2,934,320,517.64

二、分析要求

（1）計算雅戈爾2009年、2010年淨資產淨利率、總資產淨利率、總資產週轉率、銷售淨利率、權益乘數；

（2）根據杜邦分析原理逐層分析淨資產收益率2010年下降的原因。

案例六　雅戈爾與七匹狼財務能力對比分析

一、案例資料

雅戈爾與七匹狼均系從事服裝生產和銷售的上市公司，其2009年、2010年有關財務指標如表6-67所示。

表6-67　　雅戈爾與七匹狼2009年、2010年有關財務指標

比率	2009		2010	
	雅戈爾	七匹狼	雅戈爾	七匹狼
權益淨利率（％）	27.43	16.23	19.07	18.67
權益乘數	2.887,1	1.438,5	2.930,4	1.459,5
總資產週轉率	0.333,81	1.032,33	0.321,82	0.972,5
銷售淨利率（％）	28.46	10.93	20.22	13.15
總資產淨利率（％）	9.50	11.28	6.51	12.79

二、分析要求

（1）雅戈爾的權益淨利率2009—2010年均高於七匹狼，請運用杜邦分析原理分析差異的原因；

（2）並通過對比分析，指出這兩個公司在經營上各自存在的財務問題。

案例七　東方賓館財務狀況分析

一、案例資料

廣州市東方賓館股份有限公司（以下簡稱「東方賓館」）於1993年1月14日經廣州市工商行政管理局註冊登記成立。其前身系成立於1961年的羊城賓館。1993年9月經中國證監會監審字〔1993〕42號文批准轉爲社會募集公司，並於1993年11月18日在深圳證券交易所掛牌上市交易，股票代碼爲000524，截止到2011年9月30日，公司總股本爲26,967.37萬股，其中流通股26,967.16萬股。

公司主要經營旅館業、餐飲業、旅遊業和場地出租等,目前是廣州唯一上市的五星級會展商務酒店,嶺南集團成員酒店。公司連續獲得「國際五星鑽石獎」(2006—2009年)、「中國十大最受歡迎酒店」等殊榮。

以下是公司2009年第四季度至2011年第三季度的相關財務比率和財務報表:

1. 2009年第四季度至2011年第三季度的相關財務比率(如表6-68、表6-69、表6-70、表6-71、表6-72所示)

表6-68 償債能力指標 單位:%

比率	2011-9-30	2011-6-30	2011-3-31	2010-12-31	2010-9-30	2010-6-30	2010-3-31	2009-12-31
流動比率	1,696.7	1,600.2	1,339.4	1.171	0,826.7	0,640.3	0,688.2	0,606.8
速動比率	1,616.2	1,537.8	1,261.5	1,105.8	0,767.2	0,585.4	0,658.5	0,575.1
現金比率	143,015.2	136,138.1	103,366.7	86.817	45,600.2	29,078.5	48,068.1	42,675.3
股東權益比率	83,440.3	83,666.2	82.631	81,925.2	82,287.1	81,738.4	76,017.9	75,729.9
負債與所有者權益比率	19,846.2	19,522.6	21.02	22,062.6	21,525.8	22,341.5	31.548	32,048.3
固定資產淨值率	——	52,194.7	——	54,068.6	——	55,941.3	——	57,898.8
資產負債率	16,559.7	16,333.8	17.369	18,074.8	17,712.9	18,261.5	23,982.1	24,270.1

表6-69 營運能力指標

比率	2011-9-30	2011-6-30	2011-3-31	2010-12-31	2010-9-30	2010-6-30	2010-3-31	2009-12-31
應收帳款週轉率(%)	18,247.9	12,605.4	5,060.7	20,122.2	13,273.1	8,408.4	4,400.4	13,768.4
應收帳款週轉天數	19,728.3	28,559.2	71,136.4	17,890.7	27,122.5	42,814.3	81,810.7	26,146.8
存貨週轉天數	19,781.6	27,194.9	63,428.3	13,351.7	16,935.8	26,911.6	50,413.8	12,143.8
存貨週轉率(%)	18,198.7	13,237.8	5,675.7	26,962.8	21,256.5	13,377.4	7,140.9	29,644.5
固定資產週轉率	——	0.330.3	——	0.572.9	0.763.4	0.253	0.245.7	0.431.4
總資產週轉率(%)	0.306	0.199.8	0.097.3	0.346.3	0.239	0.158.3	0.074.5	0.271.8
總資產週轉天數	1,176,470.6	1,801,801.8	3,699,897.2	1,038,361.7	1,506,276.2	2,274.163	4,832,214.8	1,324,503.3
流動資產週轉率(%)	2,089.1	1,474.7	0,769.0	3,376.5	2,977.4	2,122.9	0,792.5	2,615.5
流動資產週轉天數	172.323	244,117.4	467,714.7	106,619.3	120,910.9	169,579.3	454,258.7	137.641

表6-70 盈利能力指標

比率	2011-9-30	2011-6-30	2011-3-31	2010-12-31	2010-9-30	2010-6-30	2010-3-31	2009-12-31
總資產利潤率(%)	2,006.1	1.394	0.600.8	0.918.9	0.440.3	0.273.4	-0.087.1	-6,499.9
主營業務利潤率(%)	50,239.9	52,811.5	52,406.7	51,401.2	51,241.6	53,632.8	51,727.4	41,289.2
總資產淨利率(%)	1,975.6	1,376.8	0.600.2	0.876.5	0.423.9	0.258.6	-0.086.6	-6,468.2
成本費用利潤率(%)	9,492.7	9,842.7	9,152.1	3,885.3	2,226.5	2,361.2	-1,973.5	-25.586
營業利潤率(%)	8,780.8	9,116.5	8,570.4	4,302.8	1,003.6	0,993.1	-1,933.5	-29,027.7
主營業務成本率(%)	44,284.9	41,639.7	42,032.3	43,122.5	43,211.1	40,722.2	42,628.5	53,140.1
銷售淨利率(%)	6,455.8	6,890.1	6,165.7	2,528.2	1,772.4	1,633.2	-1,162.2	-23.795
股本報酬率(%)	5,319.1	150,892.2	1,638.7	143,533.2	1,223.2	138,702.4	-0,258.2	111,990.5
總資產報酬率(%)	2,006.1	56,587.2	0.600.8	52,513.2	0.440.3	50,773.2	-0.087.1	37,358.3
銷售毛利率(%)	55,715.1	58,360.3	57,967.7	56,877.4	56,788.9	59,277.9	57,371.9	46,859.9
三項費用比重(%)	41,811.2	44.325	43,833.6	47,335.7	50,969.1	53,709.4	53,492.8	65,922.4
主營利潤比重(%)	577,962.8	586,312.9	626,317.3	1,379,019.3	2,307.705	2,269,642.5	-2,575,620.9	-129,479.7
主營業務利潤(元)	111,628,959	76,833,864	37,560,830	137,713,513	95,365,435	65,120,527	30,990,514	91,178,187
淨資產收益率(%)	2.4	1.67	0.73	1.12	0.54	0.33	-0.11	-8.58

表6-71　　　　　　　　　　　　　　　發展能力指標　　　　　　　　　　　　　單位:%

比率	2011-9-30	2011-6-30	2011-3-31	2010-12-31	2010-9-30	2010-6-30	2010-3-31	2009-12-31
主營業務收入增長率	19,387.7	19,821.9	19.63	21,324.8	22.833	16,037.2	9,151.7	-17,523.8
淨利潤增長率	334,860.6	405,503.7	—	—	—	—	—	-1,336,949.1
淨資產增長率	-3,221.3	1,481.7	-0,000.4	-1,363.2	0.010,7	-5,914.6	-1,449.9	-0,434.3
總資產增長率	-4,558.9	-0,856.6	-8,003.6	-8,822.2	-5,948.7	-10,938.3	0,092.6	-0,971.2

表6-72　　　　　　　　　　　　　　　獲現能力指標

	2011-9-30	2011-6-30	2011-3-31	2010-12-31	2010-9-30	2010-6-30	2010-3-31	2010-12-31
經營現金淨流量對銷售收入比率（%）	0.212,9	0.218,2	0.190,3	0.183,3	0.136,9	0.150,2	0.152,1	0.023,9
資產的經營現金流量回報率	0.066,2	0.044,2	0.018,5	0.066,6	0.034	0.025,2	0.011,4	0.006,5
經營現金淨流量與淨利潤的比率	3.297,9	3.167,4	3.086,1	7.252	7.723,5	9.219,2	—	—
經營現金淨流量對負債的比率	0.399,5	0.270,3	0.106,8	0.368,7	0.192	0.138	0.047,5	0.026,9
現金流量比率	63.997,2	46.186,9	18.463,2	65.884,3	39.274,3	27.224	7,858.8	4.48

2. 2010年第三季度至2011年第三季度財務報表（如表6-73、表6-74、表6-75所示）

表6-73　　　　　　　　　　東方賓館資產負債表　　　　　　　　　　單位：元

會計年度	2011-9-30	2011-6-30	2011-3-15	2010-12-31	2010-9-30
貨幣資金	105,712,867.47	93,585,819.36	76,351,539.53	64,727,736.72	29,580,095.53
交易性金融資產	792,788.00	951,080.00	971,640.00	973,620.00	932,020.00
應收帳款	9,936,013.56	8,666,701.62	13,908,320.54	14,416,514.33	15,830,537.90
預付款項	1,019,581.80	561,681.60	530,720.00	59,233.77	318,049.65
其他應收款	1,194,425.38	1,112,679.41	730,325.80	1,593,589.80	2,335,435.22
存貨	5,952,151.20	4,291,075.65	5,754,078.24	4,861,527.95	3,858,171.03
其他流動資產	808,331.41	832,995.05	684,668.02	671,036.49	771,064.96
流動資產合計	125,416,158.82	110,002,032.69	98,931,292.13	87,303,259.06	53,625,374.29
可供出售金融資產	93,770,986.20	106,205,834.37	121,856,973.10	122,536,472.95	144,008,668.21
固定資產	426,139,348.05	433,334,757.91	440,388,024.76	447,670,794.28	465,596,100.15
在建工程	240,838.58	—	—	—	—
無形資產	36,916,496.83	37,319,551.72	37,722,606.61	38,125,661.50	38,528,716.39
長期待攤費用	15,343,920.27	13,491,784.75	16,518,638.99	19,565,584.49	23,239,726.05
遞延所得稅資產	17,216,443.26	18,742,945.92	20,110,584.06	21,891,120.04	24,200,558.74
非流動資產合計	589,628,033.19	609,094,874.67	636,596,827.52	649,789,633.26	695,573,769.54
資產總計	715,044,192.01	719,096,907.36	735,528,119.65	737,092,892.32	749,199,143.83
應付帳款	25,386,622.59	14,253,650.65	19,262,158.55	15,356,005.02	17,510,812.72
預收款項	11,087,724.84	9,443,280.36	11,036,056.96	14,784,535.47	7,344,454.97
應付職工薪酬	16,898,494.04	17,266,181.29	14,738,703.88	17,469,220.54	17,026,303.95

表6-73(續)

會計年度	2011-9-30	2011-6-30	2011-3-15	2010-12-31	2010-9-30
應交稅費	1,275,509.22	5,117,066.80	4,008,947.46	2,509,995.95	1,401,974.44
其他應付款	19,268,851.30	22,663,131.11	24,673,673.35	24,436,793.54	21,584,790.98
其他流動負債	——	——	145,200.00	——	——
流動負債合計	73,917,201.99	68,743,310.21	73,864,740.20	74,556,550.52	64,868,337.06
預計負債	5,909,885.98	7,170,990.63	8,555,774.27	12,663,705.29	16,418,431.49
遞延所得稅負債	38,437,172.35	41,396,456.83	45,333,507.12	45,862,752.61	51,418,444.08
其他非流動負債	145,200.00	145,200.00	——	145,200.00	——
非流動負債合計	44,492,258.33	48,712,647.46	53,889,281.39	58,671,657.90	67,836,875.57
負債合計	118,409,460.32	117,455,957.67	127,754,021.59	133,228,208.42	132,705,212.63
實收資本（或股本）	269,673,744.00	269,673,744.00	269,673,744.00	269,673,744.00	269,673,744.00
資本公積	317,706,799.18	327,032,935.31	338,771,289.36	339,280,914.25	355,385,060.70
盈餘公積	25,641,819.65	25,641,819.65	25,641,819.65	25,641,819.65	25,641,819.65
減：庫存股	——	——	——	——	——
未分配利潤	-16,387,631.14	-20,707,549.27	-26,312,754.95	-30,731,794.00	-34,206,693.15
歸屬母公司所有者權益（或股東權益）	596,634,731.69	601,640,949.69	607,774,098.06	603,864,683.90	616,493,931.20
所有者權益（或股東權益）合計	596,634,731.69	601,640,949.69	607,774,098.06	603,864,683.90	616,493,931.20
負債和所有者（或股東權益）合計	715,044,192.01	719,096,907.36	735,528,119.65	737,092,892.32	749,199,143.83

表6-74　　　　　　　　　　東方賓館利潤表　　　　　　　　　　單位：元

會計年度	2011-9-30	2011-6-30	2011-3-15	2010-12-31	2010-9-30
一、營業收入	222,191,759.05	145,486,923.88	71,671,742.38	267,919,015.51	186,109,354.32
減：營業成本	98,397,482.34	60,580,329.72	30,125,282.42	115,533,525.94	80,419,936.03
營業稅金及附加	12,165,317.70	8,072,730.44	3,985,630.28	14,671,976.19	10,323,983.27
銷售費用	48,375,374.91	33,057,120.33	16,573,343.27	68,432,216.79	50,315,913.04
管理費用	43,340,501.85	30,555,438.56	14,564,091.75	55,297,155.49	42,771,360.77
財務費用	1,185,191.42	874,450.14	278,895.36	3,091,965.48	1,771,006.13
資產減值損失	-31,165.99	-31,165.99	——	1,046,733.84	142,670.96
加：公允價值變動淨收益	-180,832.00	-22,540.00	-1,980.00	-202,550.00	-244,150.00
投資收益	931,889.50	907,835.50	——	1,885,209.64	1,746,732.37
二、營業利潤	19,510,114.32	13,263,316.18	6,142,519.30	11,528,101.42	1,867,066.49
加：營業外收入	141,408.45	86,136.32	7,963.13	5,153,644.80	2,537,140.24
減：營業外支出	337,312.17	244,868.78	153,389.44	6,695,409.64	271,727.32

表6-74(續)

會計年度	2011-9-30	2011-6-30	2011-3-15	2010-12-31	2010-9-30
其中：非流動資產處置淨損失	—	—	—	296,052.85	—
三、利潤總額	19,314,210.60	13,104,583.72	5,997,092.99	9,986,336.58	4,132,479.41
減：所得稅費用	4,970,047.74	3,080,338.99	1,578,053.95	3,212,871.51	833,913.50
四、淨利潤	14,344,162.86	10,024,244.73	4,419,039.04	6,773,465.07	3,298,565.91
歸屬於母公司所有者的淨利潤	14,344,162.86	10,024,244.73	4,419,039.04	6,773,465.07	3,298,565.91
五、每股收益	—	—	—	—	—
（一）基本每股收益	0.05	0.04	0.02	0.02	0.01
（二）稀釋每股收益	0.05	0.04	0.02	0.02	0.01

表6-75　　　　　　　　　東方賓館現金流量表　　　　　　　　　單位：元

報告年度	2011-9-30	2011-6-30	2011-3-15	2010-12-31	2010-9-30
銷售商品、提供勞務收到的現金	222,296,866.32	146,087,221.94	68,840,425.40	264,687,889.34	175,318,270.48
收到的稅費返還	—	—	—	—	—
收到其他與經營活動有關的現金	1,442,340.91	1,051,154.14	515,126.12	3,293,172.13	2,306,545.96
經營活動現金流入小計	223,739,207.23	147,138,376.08	69,355,551.52	267,981,061.47	177,624,816.44
購買商品、接受勞務支付的現金	84,654,839.01	57,366,378.50	22,294,780.33	105,886,578.90	69,165,816.56
支付給職工以及為職工支付的現金	56,373,614.50	39,483,687.90	23,584,759.41	74,708,086.88	54,905,110.55
支付的各項稅費	20,571,013.22	10,028,775.04	4,892,515.40	22,699,591.28	17,721,218.57
支付其他與經營活動有關的現金	14,834,778.85	8,509,141.20	4,945,715.07	15,565,771.90	10,356,113.52
經營活動現金流出小計	176,434,245.58	115,387,982.64	55,717,770.21	218,860,028.96	152,148,259.20
經營活動產生的現金流量淨額	47,304,961.65	31,750,393.44	13,637,781.31	49,121,032.51	25,476,557.24
收回投資收到的現金	—	—	—	5,816,646.37	5,428,536.37
取得投資收益收到的現金	905,999.80	905,999.80	—	1,861,858.53	1,699,130.96
處置固定資產、無形資產和其他長期資產收回的現金淨額	39,665.50	29,353.00	—	16,532,036.47	866,979.90
收到其他與投資活動有關的現金	25,889.70	1,835.70	—	—	26,696.87
投資活動現金流入小計	971,555.00	937,188.50	—	24,210,541.37	8,021,344.10

表6-75(續)

報告年度	2011-9-30	2011-6-30	2011-3-15	2010-12-31	2010-9-30
購建固定資產、無形資產和其他長期資產支付的現金	7,291,117.58	3,829,499.30	2,013,978.50	12,552,211.10	8,254,289.75
投資支付的現金	——	——	——	557,120.00	169,010.00
投資活動現金流出小計	7,291,117.58	3,829,499.30	2,013,978.50	13,109,331.10	8,423,299.75
投資活動產生的現金流量淨額	-6,319,562.58	-2,892,310.80	-2,013,978.50	11,101,210.27	-401,955.65
取得借款收到的現金	——	——	——	38,000,000.00	30,000,000.00
收到其他與籌資活動有關的現金	——	——	——	——	8,000,000.00
籌資活動現金流入小計	——	——	——	38,000,000.00	38,000,000.00
償還債務支付的現金	——	——	——	83,000,000.00	75,000,000.00
分配股利、利潤或償付利息支付的現金	——	——	——	706,718.25	706,718.25
支付其他與籌資活動有關的現金	——	——	——	——	8,000,000.00
籌資活動現金流出小計	——	——	——	83,706,718.25	83,706,718.25
籌資活動產生的現金流量淨額	——	——	——	-45,706,718.25	-45,706,718.25
四、匯率變動對現金的影響	-268.32	——	——	——	——
五、現金及現金等價物淨增加額	40,985,130.75	28,858,082.64	11,623,802.81	14,515,524.53	-20,632,116.66
期初現金及現金等價物餘額	64,727,736.72	64,727,736.72	64,727,736.72	50,212,212.19	50,212,212.19
期末現金及現金等價物餘額	105,712,867.47	93,585,819.36	76,351,539.53	64,727,736.72	29,580,095.53

二、分析要求

觀察廣州市東方賓館股份有限公司以上財務比率，你認爲該公司在業務經營上有什麼特點，請從財務角度對公司一年的財務狀況和經營情況作出評價。

案例八　貴州茅臺綜合經濟效益評價

一、案例資料

（一）貴州茅臺基本情況

貴州茅臺酒股份有限公司是根據貴州省人民政府黔府函〔1999〕291號文《關於同意設立貴州茅臺酒股份有限公司的批覆》，由中國貴州茅臺酒廠有限責任公司作爲主發起人，聯合貴州茅臺酒廠技術開發公司、貴州省輕紡集體工業聯社、深圳清華大學研究院、中國食品發酵工業研究院、北京市糖業菸酒公司、江蘇省糖菸酒總公司、上海捷強菸草糖酒（集團）有限公司共同發起設立的股份有限公司。公司成立於1999年

11月20日，成立時註冊資本爲18,500萬元。經中國證監會證監發行字〔2001〕41號文核准並按照財政部企〔2001〕56號文件的批覆，公司於2001年7月31日在上海證券交易所公開發行7,150萬（其中，國有股存量發行650萬股）A股股票，公司股本總額增至25,000萬股。2001年8月20日，公司向貴州省工商行政管理局辦理了註冊資本變更登記手續。

根據公司2001年年度股東大會審議通過的2001年年度利潤分配及資本公積金轉增股本方案，公司以2001年年末總股本25,000萬股爲基數，向全體股東按每10股派6元（含稅）派發了現金紅利，同時以資本公積金按每10股轉增1股的比例轉增了股本，計轉增股本2,500萬股。本次利潤分配實施後，公司股本總額由原來的25,000萬股變爲27,500萬股，2003年2月13日向貴州省工商行政管理局辦理了註冊資本變更登記手續。

根據公司2002年年度股東大會審議通過的2002年年度利潤分配方案，公司以2002年年末總股本27,500萬股爲基數，向全體股東按每10股派2元（含稅）派發了現金紅利，同時以2002年年末總股本27,500萬股爲基數，每10股送紅股1股。本次利潤分配後，公司股本總額由原來的27,500萬股增至30,250萬股。公司於2004年6月10日向貴州省工商行政管理局辦理了註冊資本變更登記手續。

根據公司2003年年度股東大會審議通過的2003年年度利潤分配及資本公積金轉增股本方案，公司以2003年年末總股本30,250萬股爲基數，向全體股東按每10股派3元（含稅）派發了現金紅利，同時以2003年年末總股本30,250萬股爲基數，每10股資本公積轉增3股。本次利潤分配實施後，公司股本總額由原來的30,250萬股增至39,325萬股。公司於2005年6月24日向貴州省工商行政管理局辦理了註冊資本變更登記手續。

根據公司2004年年度股東大會審議通過的2004年年度利潤分配及資本公積金轉增股本方案，公司以2004年年末總股本39,325萬股爲基數，向全體股東按每10股派5元（含稅）派發了現金紅利，同時以2004年年末總股本39,325萬股爲基數，每10股資本公積轉增2股。本次利潤分配實施後，公司股本總額由原來的39,325萬股增至47,190萬股。公司於2006年1月11日向貴州省工商行政管理局辦理了註冊資本變更登記手續。根據公司2006年第二次臨時股東大會暨相關股東會議審議通過的《貴州茅臺酒股份有限公司股權分置改革方案（修訂稿）》，公司以2005年年末總股本47,190萬股爲基數，每10股資本公積轉增10股。本次資本公積金轉增股本實施後，公司股本總額由原來的47,190萬股增至94,380萬股。2006年11月17日向貴州省工商行政管理局辦理了註冊資本變更登記手續。

公司的經營範圍：貴州茅臺酒系列產品的生產與銷售；飲料、食品、包裝材料的生產與銷售；防偽技術開發；信息產業相關產品的研製、開發。

（二）貴州茅臺2008—2010年財務報表

1. 資產負債表（如表6-76所示）

表6-76　　　　　　　　　　貴州茅臺資產負債表

會計年度	2008年	2009年	2010年
貨幣資金	8,093,721,891.16	9,743,152,155.24	12,888,393,889.29

表6-76(續)

會計年度	2008年	2009年	2010年
應收票據	170,612,609.00	380,760,283.20	204,811,101.20
應收帳款	34,825,094.84	21,386,314.28	1,254,599.91
預付款項	741,638,536.34	1,203,126,087.16	1,529,868,837.52
其他應收款	82,601,388.17	96,001,483.15	59,101,891.63
應收利息	2,783,550.00	1,912,600.00	42,728,425.34
存貨	3,114,567,813.33	4,192,246,440.36	5,574,126,083.42
一年內到期的非流動資產	—	17,000,000.00	—
流動資產合計	12,240,750,882.84	15,655,585,363.39	20,300,284,828.31
持有至到期投資	42,000,000.00	10,000,000.00	60,000,000.00
長期股權投資	4,000,000.00	4,000,000.00	4,000,000.00
固定資產	2,190,171,911.89	3,168,725,156.29	4,191,851,111.97
在建工程	582,860,996.70	193,956,334.39	263,458,445.10
工程物資	62,368,950.89	24,915,041.53	18,528,802.46
無形資產	445,207,595.72	465,550,825.17	452,317,235.72
長期待攤費用	10,146,520.77	21,469,624.81	18,701,578.16
遞延所得稅資產	176,680,977.54	225,420,802.14	278,437,938.97
非流動資產合計	3,513,436,953.51	4,114,037,784.33	5,287,295,112.38
資產總計	15,754,187,836.35	19,769,623,147.72	25,587,579,940.69
應付帳款	121,289,073.57	139,121,352.45	232,013,104.28
預收款項	2,936,266,375.10	3,516,423,880.20	4,738,570,750.16
應付職工薪酬	361,007,478.77	463,948,636.85	500,258,690.69
應交稅費	256,300,257.23	140,524,984.34	419,882,954.10
應付股利	—	137,207,662.62	318,584,196.29
其他應付款	575,906,355.73	710,831,237.05	818,880,550.55
流動負債合計	4,250,769,540.40	5,108,057,753.51	7,028,190,246.07
專項應付款	—	10,000,000.00	10,000,000.00
非流動負債合計	—	10,000,000.00	10,000,000.00
負債合計	4,250,769,540.40	5,118,057,753.51	7,038,190,246.07
實收資本（或股本）	943,800,000.00	943,800,000.00	943,800,000.00
資本公積	1,374,964,415.72	1,374,964,415.72	1,374,964,415.72
盈餘公積	1,001,133,829.72	1,585,666,147.40	2,176,754,189.47
未分配利潤	7,924,671,271.03	10,561,552,279.69	13,903,255,455.61

表6-76(續)

會計年度	2008 年	2009 年	2010 年
少數股東權益	258,848,779.48	185,582,551.40	150,615,633.82
歸屬母公司所有者權益（或股東權益）	11,244,569,516.47	14,465,982,842.81	18,398,774,060.80
所有者權益（或股東權益）合計	11,503,418,295.95	14,651,565,394.21	18,549,389,694.62
負債和所有者（或股東權益）合計	15,754,187,836.35	19,769,623,147.72	25,587,579,940.69

3. 利潤表（如表6-77所示）

表6-77　　　　　　　　貴州茅臺利潤表

會計年度	2008 年	2009 年	2010 年
一、營業收入	8,241,685,564.11	9,669,999,065.39	11,633,283,740.18
減：營業成本	799,713,319.24	950,672,855.27	1,052,931,591.61
營業稅金及附加	681,761,604.71	940,508,549.66	1,577,013,104.90
銷售費用	532,024,659.80	621,284,334.75	676,531,662.09
管理費用	941,174,062.44	1,217,158,463.04	1,346,014,202.04
勘探費用	—	—	—
財務費用	-102,500,765.33	-133,636,115.78	-176,577,024.91
資產減值損失	450,078.22	-300,085.01	-3,066,975.05
投資收益	1,322,250.00	1,209,447.26	469,050.00
二、營業利潤	5,390,384,855.03	6,075,520,510.72	7,160,906,229.50
加：營業外收入	6,282,035.79	6,247,977.00	5,307,144.91
減：營業外支出	11,366,252.66	1,228,603.08	3,796,643.04
三、利潤總額	5,385,300,638.16	6,080,539,884.64	7,162,416,731.37
減：所得稅費用	1,384,541,295.05	1,527,650,940.64	1,822,655,234.40
四、淨利潤	4,000,759,343.11	4,552,888,944.00	5,339,761,496.97
歸屬於母公司所有者的淨利潤	3,799,480,558.51	4,312,446,124.73	5,051,194,218.26
少數股東損益	201,278,784.60	240,442,819.27	288,567,278.71
五、每股收益	—	—	—
（一）基本每股收益	4.03	4.57	5.35
（二）稀釋每股收益	4.03	4.57	5.35

3. 現金流量表（如表6-78所示）

表6-78　　　　　　　　　　貴州茅臺現金流量表　　　　　　　　　單位：元

報告年度	2008年	2009年	2010年
銷售商品、提供勞務收到的現金	11,275,230,701.85	11,756,243,820.83	14,938,581,885.61
收到的稅費返還	—	—	181,031.15
收到其他與經營活動有關的現金	242,355,759.12	185,888,008.21	138,196,684.26
經營活動現金流入小計	11,517,586,460.97	11,942,131,829.04	15,076,959,601.02
購買商品、接受勞務支付的現金	1,214,717,814.83	1,557,075,938.70	1,669,804,222.04
支付給職工以及爲職工支付的現金	809,386,845.15	1,229,305,038.48	1,492,813,443.35
支付的各項稅費	3,666,868,792.10	4,160,350,102.49	4,885,737,303.37
支付其他與經營活動有關的現金	579,124,473.15	771,463,605.18	827,128,112.69
經營活動現金流出小計	6,270,097,925.23	7,718,194,684.85	8,875,483,081.45
經營活動產生的現金流量淨額	5,247,488,535.74	4,223,937,144.19	6,201,476,519.57
收回投資收到的現金	21,000,000.00	25,000,000.00	17,000,000.00
取得投資收益收到的現金	2,123,100.00	2,080,397.26	1,731,400.00
處置固定資產、無形資產和其他長期資產收回的現金淨額	50,000.00	—	—
收到其他與投資活動有關的現金	—	—	56,315,726.51
投資活動現金流入小計	23,173,100.00	27,080,397.26	75,047,126.51
購建固定資產、無形資產和其他長期資產支付的現金	1,010,735,786.04	1,356,601,530.09	1,731,913,788.52
投資支付的現金	5,000,000.00	10,000,000.00	50,000,000.00
支付其他與投資活動有關的現金	—	—	56,522,892.71
投資活動現金流出小計	1,015,735,786.04	1,366,601,530.09	1,838,436,681.23
投資活動產生的現金流量淨額	-992,562,686.04	-1,339,521,132.83	-1,763,389,554.72
收到其他與籌資活動有關的現金	761,176.07	158,121.82	105,801.61
籌資活動現金流入小計	761,176.07	158,121.82	105,801.61
分配股利、利潤或償付利息支付的現金	884,671,434.63	1,235,143,869.10	1,292,951,032.41
籌資活動現金流出小計	884,671,434.63	1,235,143,869.10	1,292,951,032.41

表6-78(續)

報告年度	2008年	2009年	2010年
籌資活動產生的現金流量淨額	-883,910,258.56	-1,234,985,747.28	-1,292,845,230.80
五、現金及現金等價物淨增加額	3,371,015,591.14	1,649,430,264.08	3,145,241,734.05
期初現金及現金等價物余額	4,722,706,300.02	8,093,721,891.16	9,743,152,155.24
期末現金及現金等價物余額	8,093,721,891.16	9,743,152,155.24	12,888,393,889.29

(三) 2010年上市公司財務指標（如表6-79所示）

表6-79　　　　　　　　　2010年上市公司財務指標

比率	優秀值	良好值	平均值	較低值	較差值
速動比率（％）	365.5	168	73.7	55	36.1
現金流動負債比率（％）	55.2	38.8	16	-3.5	-16.9
利息保障倍數	25.5	18.5	7.5	2.4	1.4
資產負債率（％）	16.4	33.7	57.4	66.5	74.3
應收帳款週轉率	45.7	24.3	13.7	5	3.2
存貨週轉率	12.6	8.9	4.4	1.6	0.6
總資產週轉率	1.5	1.2	0.9	0.4	0.3
流動資產週轉率	3.2	2.4	1.7	0.6	0.4
營業利潤率（％）	25.5	15.9	7.5	3.3	0.9
總資產報酬率（％）	13.8	12	7.9	3.9	2.4
盈余現金保障倍數	2.5	1.9	1.2	-0.5	-2.2
股本收益率（％）	73.5	61.2	40	13.3	-0.1
淨資產收益率（％）	18.9	16.7	12.4	3.4	-0.3
營業收入增長率（％）	56	46.6	37.2	10.4	-3.5
資本擴張率（％）	130	41.3	21.8	5.7	-1.2
累計保留盈余率（％）	56.8	51.1	38.7	13	1.5
總資產增長率（％）	78.6	42.4	22.6	8.8	-1.3
營業利潤增長率（％）	60.8	37.9	23.5	-16.6	-38.5

(四) 綜合績效評價指標及權重（如表 6-80 所示）

表 6-80　　　　　　　　　　綜合績效評價指標及權重

指標類別（100）	基本指標及權重（100）	修正指標及權重
盈利能力狀況（34）	淨資產收益率（20） 總資產報酬率（14）	營業（銷售）利潤率（10） 盈余現金保障倍數（9） 成本費用利潤率（8） 資本收益率（7）
資產質量狀況（22）	總資產週轉率（10） 應收帳款週轉率（12）	不良資產比率（9） 流動資產週轉率（7） 資產現金回收率（6）
債務風險狀況（22）	資產負債率（12） 利息保障倍數（10）	速動比率（6） 現金流動負債比率（6） 帶息負債比率（5） 或有負債比率（5）
經營增長狀況（22）	銷售增長率（12） 資本保值增值率（10）	營業利潤增長率（10） 總資產增長率（7） 技術投入比率（5）

二、分析要求

(1) 計算該公司 2008—2010 年資料三所列的財務比率。

(2) 運用沃爾綜合評分法，按照基本指標，以資料三的良好值為標準，計算 2010 年的總評分。

(3) 對貴州茅臺 2010 年的經濟效益進行綜合分析與評價。

附錄一
2009—2010 年度中國上市公司業績評價標準

表 1　　　　　　　　　　2009 年上市公司財務指標

比率	優秀值	良好值	平均值	較低值	較差值
一、償債風險狀況					
速動比率（%）	210.6	122	6,936	46.1	31.6
現金流動負債比（%）	60.1	40.9	21.8	3.8	-6
利息保障倍數	20.2	11	6.2	1.5	0.3
資產負債率（%）	24.7	38.1	57.1	66.5	74.6
帶息負債比率（%）	8.5	26	45.2	65.4	75.4
二、資產質量狀況					
應收帳款週轉率	40	24.7	13.1	5.2	3.3
存貨週轉率	12	8	4.2	1.5	0.6
總資產週轉率	1.4	1.1	0.8	0.4	0.3
流動資產週轉率	3.1	2.3	1.6	0.7	0.4
三、財務效益狀況					
營業利潤率（%）	19.1	12.2	6.8	2.6	-2.1
總資產報酬率（%）	12.5	9.4	6.7	2.8	-0.3
盈余現金保障倍數	4.9	2.6	1.9	0.4	-0.5
股本收益率（%）	59.9	44	31.1	2.7	-14.5
淨資產收益率（%）	16.2	14.3	9.7	0.5	-5.9
四、發展能力狀況					
營業收入增長率（%）	41	20	2.9	-12.4	-27.4
資本擴張率（%）	50	33.6	16.8	2.2	-5.2
累計保留盈余率（%）	55.8	45	36.4	10.6	-3.5

表1(續)

比率	優秀值	良好值	平均值	較低值	較差值
三年營業收入平均增長率(%)	35.9	25.1	15	3	-8.9
總資產增長率(%)	47	30.7	21.8	1.5	-4.8
營業利潤增長率(%)	45	20	1.8	-17.9	-48.5
五、市場表現狀況					
市場投資回報率(%)	208.6	167.9	115.3	61.5	33.7
股價波動率(%)	68.7	93.6	139.1	185.5	216.8

表2　　　　　　　　　　2010年上市公司財務指標

比率	優秀值	良好值	平均值	較低值	較差值
一、償債風險狀況					
速動比率(%)	365.5	168	73.7	55	36.1
現金流動負債比(%)	55.2	38.8	16	-3.5	-16.9
利息保障倍數	25.5	18.5	7.5	2.4	1.4
資產負債率(%)	16.4	33.7	57.4	66.5	74.3
帶息負債比率(%)	3.3	22.1	44.4	59.6	73.8
二、資產質量狀況					
應收帳款週轉率	45.7	24.3	13.7	5	3.2
存貨週轉率	12.6	8.9	4.4	1.6	0.6
總資產週轉率	1.5	1.2	0.9	0.4	0.3
流動資產週轉率	3.2	2.4	1.7	0.6	0.4
三、財務效益狀況					
營業利潤率(%)	25.5	15.9	7.5	3.3	0.9
總資產報酬率(%)	13.8	12	7.9	3.9	2.4
盈余現金保障倍數	2.5	1.9	1.2	-0.5	-2.2
股本收益率(%)	73.5	61.2	40	13.3	-0.1
淨資產收益率(%)	18.9	16.7	12.4	3.4	-0.3
四、發展能力狀況					
營業收入增長率(%)	56	46.6	37.2	10.4	-3.5
資本擴張率(%)	130	41.3	21.8	5.7	-1.2
累計保留盈余率(%)	56.8	51.1	38.7	13	1.5
三年營業收入平均增長率(%)	38.9	26	19.3	4.1	-3.3

表2(續)

比率	優秀值	良好值	平均值	較低值	較差值
總資產增長率（%）	78.6	42.4	22.6	8.8	－1.3
營業利潤增長率（%）	60.8	37.9	23.5	－16.6	－38.5
五、市場表現狀況					
市場投資回報率（%）	68	42.7	12.4	－18.4	－31.7
股價波動率（%）	50	64.6	95	126.2	152.6

附錄二
2008—2010 年年度中國上市公司分行業財務指標平均值

表 1　　　　　　　　　中國上市公司分行業財務指標平均值

指標		上市公司平均值	行業平均值						
			煤炭	鋼鐵	有色金屬	石油石化	電力	機械	汽車
淨資產收益率（%）	2008 年	8.66	22.97	5.66	5.34	11.71	——	11.4	3.33
	2009 年	9.45	16.3	2.04	3.71	12.34	7.53	10.59	16.55
	2010 年	12.54	18.92	6.31	9.81	15.08	6.47	12.16	25.26
總資產報酬率（%）	2008 年	6.60	18.45	4.61	5.34	9.2	——	6.62	1.83
	2009 年	6.8	13.24	2.69	4.14	9.71	5.47	6.63	8.11
	2010 年	8.09	14.63	4.58	7.51	11.19	5.39	7.28	12.72
營業利潤率（%）	2008 年	4.83	27.49	2.3	3.65	4.15	——	6.34	4.09
	2009 年	7.07	21.4	1.3	3.1	8.74	8.25	7.59	6.01
	2010 年	7.7	21.04	2.79	5.54	8.21	6.83	8.44	8.11
盈利現金保障倍數	2008 年	1.82	1.39	3.68	2.63	1.79	——	0.88	2.59
	2009 年	2.09	1.69	6.69	1.48	2.48	3.38	1.22	2.17
	2010 年	1.24	1.33	1.78	0.68	2.02	3.18	0.74	1.1
股本收益率（%）	2008 年	31.83	124.6	23.5	21.24	42.69	——	37.96	——
	2009 年	36.9	100.9	10.17	15.73	50.72	25.57	42.27	
	2010 年	51.08	127.8	27.99	41.35	67.36	25.87	46.17	
總資產週轉率（%）	2008 年	0.9	0.66	1.27	5.34	1.28	——	0.84	1.17
	2009 年	0.78	0.59	0.95	0.82	1.02	0.33	0.7	1.24
	2010 年	0.88	0.67	1.1	1.04	1.26	0.35	0.73	1.48
流動資產週轉率（%）	2008 年	2.18	1.84	3.37	2.18	5.07	——	1.23	2.12
	2009 年	1.82	1.65	2.72	1.9	4.29	2.61	1.01	2.17
	2010 年	1.93	1.84	3.04	2.32	5.06	3.04	1.03	2.42

表1（續）

指標		上市公司平均值	行業平均值						
			煤炭	鋼鐵	有色金屬	石油石化	電力	機械	汽車
應收帳款週轉率	2008年	17.05	19.78	61.64	29.19	50.93	—	5.62	18.21
	2009年	14.1	18.33	46.9	28.09	41.25	9.64	4.56	19.41
	2010年	14.78	23.47	57.38	32.48	38.02	10.27	4.75	23.28
存貨週轉率	2008年	5.08	11.32	6.75	5.06	9.96	—	—	7.32
	2009年	4.13	11.82	5.55	4.27	7.31	13.16	—	8.32
	2010年	4.36	12.06	5.86	4.51	8.53	16.57	—	10.27
資產負債率（%）	2008年	54.59	39.02	59.1	50.55	42.11	—	62.39	60.27
	2009年	57.52	43.51	61.23	53.6	46.34	71.17	60.91	61.49
	2010年	57.6	41.6	62.5	54.6	46.77	71.94	55.12	59.49
已獲利息倍數	2008年	5.18	16.77	2.7	3.04	9.96	—	6.67	3.42
	2009年	7.21	24.64	1.96	3	12.32	2.32	9.31	17.09
	2010年	9.32	30.14	3.34	4.92	15.18	2.19	15.82	25.65
速動比率（%）	2008年	64.46	150.5	40.75	79.82	43.65	—	83.35	76.8
	2009年	69.84	133.2	41.11	62.61	41.62	34.28	90.81	86.82
	2010年	73.82	131.7	41.85	61.45	44.77	29.15	108.6	95.65
現金流動負債比率（%）	2008年	18.99	74.62	20.26	19.53	38.34	—	7.42	11.23
	2009年	21.75	61.17	14.38	7.51	49.81	27	11.05	23.48
	2010年	15.97	54.78	9.49	7.28	50.24	20.66	7.89	18.55
帶息負債比率（%）	2008年	48.51	53.13	53.9	63.32	49.48	—	31.05	26.6
	2009年	45.98	54.38	55.27	66.25	42.14	81.6	29.87	18.33
	2010年	45.08	49.28	56.17	62.58	42.89	81.58	25.1	18.43
營業收入增長率（%）	2008年	18.75	44.95	23.86	4.05	21.21	—	19.77	6.01
	2009年	3.85	13.37	-16	-5.94	-6.73	18.2	5.07	29.52
	2010年	37.7	34.87	31.52	50.39	42.2	31.84	29.38	68.74
資本擴張率（%）	2008年	14.74	35.39	3.5	17.33	12.91	—	13.72	-0.17
	2009年	17.6	15.62	8.39	5.27	9.33	25.16	24.38	30.88
	2010年	22.63	19.07	6.76	19.75	14.76	13.09	53.19	54.08
累計保留盈余率（%）	2008年	35.03	37.21	36.99	35.98	56.19	—	34.18	25.06
	2009年	35.83	34.94	34.38	33.85	56.95	28.29	37.8	35.02
	2010年	38.94	42.13	37.16	36.83	60.67	26.53	31.5	42.88
三年營業收入增長率（%）	2008年	35.03	30.91	26.8	34.93	22.02	—	27.55	34.27
	2009年	14.99	28.37	12.01	8.86	9.79	17.44	15.01	35.92
	2010年	19.5	30.04	11.59	13.61	17.33	22.53	21.07	31.88

表1(續)

指標		上市公司平均值	行業平均值						
			煤炭	鋼鐵	有色金屬	石油石化	電力	機械	汽車
總資產增長率(%)	2008年	17.97	30.05	10.06	21.82	12.47	—	24.26	6.99
	2009年	22.53	24.53	15.57	11.86	17.89	33.05	19.98	34.39
	2010年	22.95	14.85	10.39	22.59	15.44	16.08	32.36	47.64
營業利潤增長率(%)	2008年	-43.43	59.89	-64	-68.81	-48.86	—	13.22	-65
	2009年	51.83	-4.06	-55.6	-12.37	91.17	0	17.54	337.1
	2010年	47	32.79	183	145.32	34.17	9.39	41.68	125.8
市場投資回報率(%)	2008年	-59.03	-63.5	-67.8	-69.98	-60.24	—	-58.2	369.7
	2009年	116.28	170.4	89.6	160.08	118.82	89.17	112.6	165.9
	2010年	12.19	10.55	-19.7	41.53	5.25	1.29	19.95	13.92
股價波動率(%)	2008年	269.39	298.6	298	344.69	369.6	—	264.2	-45.3
	2009年	138.04	194.2	146.5	168.64	142.52	119.79	126.8	161.1
	2010年	94.83	117.9	107.7	142.57	92.34	92.33	91.42	102.5

表2　　　　　　　　　中國上市公司分行業財務指標平均值

指標		上市公司平均值	行業平均值				
			新興產業	交通運輸	建築	房地產	醫藥
淨資產收益率(%)	2008年	8.66	—	—	8.67	9.71	9.41
	2009年	9.45	—	2.52	12.32	11.33	12.74
	2010年	12.54	16.85	14.15	11.75	12.66	—
總資產報酬率(%)	2008年	6.60	—	—	4.43	6.27	8.54
	2009年	6.8	—	4.23	4.25	6.66	11.29
	2010年	8.09	10.29	9.01	4.25	6.58	—
營業利潤率(%)	2008年	4.83	—	—	2.87	18.12	6.44
	2009年	7.07	—	6.38	3.21	20.2	10.34
	2010年	7.7	10.85	16.24	3.06	20.57	—
盈利現金保障倍數	2008年	1.82	—	—	1.97	-1.59	1.39
	2009年	2.09	—	2.28	1.64	1.12	1.1
	2010年	1.24	1.12	1.59	-0.36	-1.43	—
股本收益率(%)	2008年	31.83	—	—	27.36	39.04	29.61
	2009年	36.9	—	13.06	34.85	41.97	49.04
	2010年	51.08	73.26	44.65	37.54	46.75	—
總資產週轉率(%)	2008年	0.9	—	—	0.92	0.3	0.91
	2009年	0.78	—	0.39	1.11	0.3	0.91
	2010年	0.88	0.86	0.48	1.16	0.29	—

表2(續)

指標		上市公司平均值	行業平均值				
			新興產業	交通運輸	建築	房地產	醫藥
流動資產週轉率	2008年	2.18	—	—	1.41	0.35	1.64
	2009年	1.82	—	1.94	1.41	0.36	1.59
	2010年	1.93	1.54	2.25	1.48	0.34	—
應收帳款週轉率	2008年	17.05	—	—	6.9	29.88	7.03
	2009年	14.1	—	14.74	7.14	22.96	7.53
	2010年	14.78	9.75	19.02	7.57	21.46	—
存貨週轉率	2008年	5.08	—	—	5.08	0.31	4.34
	2009年	4.13	—	26.1	4.49	0.34	4.06
	2010年	4.36	4.95	26.66	4.18	0.32	—
資產負債率（%）	2008年	54.59	—	—	70.97	63.1	49.21
	2009年	57.52	—	57.47	76.91	65.24	47.37
	2010年	57.6	54.18	55.79	78.68	69.54	—
已獲利息倍數	2008年	5.18	—	—	2.95	10.48	4.58
	2009年	7.21	—	3.78	8.25	13.32	10.36
	2010年	9.32	17.09	13.07	8.47	12.86	—
速動比率（%）	2008年	64.46	—	—	81.96	50.65	9.41
	2009年	69.84	—	72.7	90.12	64.81	11.03
	2010年	73.82	99.83	78.98	79.89	58.08	—
現金流動負債比率（%）	2008年	18.99	—	—	7.16	-13.11	16.22
	2009年	21.75	—	18.69	6.7	10.19	21.37
	2010年	15.97	19.28	37.94	-1.44	-11.86	—
帶息負債比率（%）	2008年	48.51	—	—	32.91	51.13	45.95
	2009年	45.98	—	62.17	24.39	45.66	40.95
	2010年	45.08	29.58	61.78	26.95	45.11	—
營業收入增長率（%）	2008年	18.75	—	—	26.73	17.05	12.06
	2009年	3.85	—	-19.59	37.59	30.58	15.46
	2010年	37.7	37.23	47.1	35.52	30.17	—
資本擴張率（%）	2008年	14.74	—	—	42.92	29	16.38
	2009年	17.6	—	8.91	60.33	30.32	24.28
	2010年	22.63	26.1	24.81	19	16.39	—
累計保留盈余率（%）	2008年	35.03	—	—	21.56	29.55	26.08
	2009年	35.83	—	20.69	18.77	32.77	33.5
	2010年	38.94	38.75	29.36	22.89	36.46	—

表2(續)

指標		上市公司平均值	行業平均值					
			新興產業	交通運輸	建築	房地產	醫藥
三年營業收入增長率(%)	2008年	35.03	—	—	26.51	33.04	12.96
	2009年	14.99	—	—	27.55	29.66	14.03
	2010年	19.5	24.65	—	32.92	24.44	—
總資產增長率(%)	2008年	17.97	—	—	31.43	31.07	11.34
	2009年	22.53	—	10.53	30.72	37.93	22.05
	2010年	22.95	22.78	22.66	29.15	33.86	
營業利潤增長率(%)	2008年	-43.43	—	—	-9.13	6.48	—
	2009年	51.83	—	-21.01	102.57	54.39	
	2010年	47	39.29	233.08	27.99	31.47	
市場投資回報率(%)	2008年	-59.03	—	—	-57.83	-62.5	-49.34
	2009年	116.28	—	89.07	138.04	144.49	95.04
	2010年	12.19	26.47	-8.38	15.93	-15.62	—
股價波動率(%)	2008年	269.39	—	—	256.6	289.81	235.04
	2009年	138.04	—	109.69	9.22	174.66	136.1
	2010年	94.83	113.79	83.26	8.93	98.04	—

參考文獻

1. 張新民，王秀麗. 解讀財務報表——案例分析方法 [M]. 北京：對外經濟貿易出版社，2003.
2. 張先治. 財務分析 [M]. 大連：東北財經大學出版社，2003.
3. 陳勇，弓劍煒，荊新. 財務管理案例較程 [M]. 北京：北京大學出版社，2003.
4. 張利，魏豔華. 財務報告分析 [M]. 上海：上海財經大學出版社，2009.
5. 李莉. 財務報表閱讀與分析 [M]. 北京：清華大學出版社，2009.
6. 王茜. 財務報表分析 [M]. 杭州：浙江大學出版社，2009.
7. 袁天榮. 企業財務分析 [M]. 北京：機械工業出版社，2010.

國家圖書館出版品預行編目(CIP)資料

看懂中國企業的財務報表分析實訓 / 韋秀華 主編. -- 第二版.
-- 臺北市：崧博出版，2018.09

　面　；　公分

ISBN 978-957-681-559-1(平裝)

1.財務報表 2.財務分析

　495.47　　　　107014217

書　　名：看懂中國企業的財務報表分析實訓
作　　者：韋秀華 主編
發行人：黃振庭
出版者：崧博出版事業有限公司
發行者：崧燁文化事業有限公司
E-mail：sonbookservice@gmail.com
粉絲頁　　　　　網　址：
地　　址：台北市中正區重慶南路一段六十一號八樓815室
8F.-815, No.61, Sec. 1, Chongqing S. Rd., Zhongzheng
Dist., Taipei City 100, Taiwan (R.O.C.)
電　　話：(02)2370-3310　傳　真：(02) 2370-3210
總經銷：紅螞蟻圖書有限公司
地　　址：台北市內湖區舊宗路二段121巷19號
電　　話：02-2795-3656　傳真：02-2795-4100　網址：
印　　刷：京峯彩色印刷有限公司（京峰數位）

本書版權為西南財經大學出版社所有授權崧博出版事業有限公司獨家發行
電子書繁體字版。若有其他相關權利及授權需求請與本公司聯繫。

定價：450 元
發行日期：2018 年 9 月第二版
◎ 本書以POD印製發行